U0170400

本书出版受中国科学院科技战略咨询研究院重大咨询项目
“支撑创新驱动转型关键领域技术预见与发展战略研究”资助

Technology Foresight Towards 2035 in China: Advanced Energy

中国先进能源2035技术预见

中国科学院创新发展研究中心
中国先进能源技术预见研究组 ◎著

科学出版社
北京

内 容 简 介

本书面向2035年，对化石能源，太阳能，风能，生物质能、海洋能及地热能，核能与安全，氢能与燃料电池，新型电网，节能与储能，新型能源系统9个主要先进能源领域进行技术预见分析。邀请国内专家展望各领域的发展趋势和前景，对遴选出的中国先进能源领域未来最重要的19项关键技术课题进行详细的述评。本书对我国先进能源技术预见研究、关键技术选择、重大科技政策及产业政策制定具有重要的现实意义与理论价值。

本书适合科技决策部门工作人员和管理者、广大科学技术工作者及科技政策研究人员阅读。本书内容有助于了解先进能源科技发展的现状与热点，科学判断和前瞻把握先进能源科技发展的前沿与趋势，有效支撑决策与规划的研究。

图书在版编目（CIP）数据

中国先进能源2035技术预见/中国科学院创新发展研究中心，中国先进能源技术预见研究组著. —北京：科学出版社，2020.1

（技术预见2035：中国科技创新的未来）

ISBN 978-7-03-062379-9

Ⅰ.①中… Ⅱ.①中… ②中… Ⅲ.①能源-技术预测-研究-中国 Ⅳ.①TK01

中国版本图书馆CIP数据核字（2019）第208702号

丛书策划：侯俊琳 牛 玲

责任编辑：朱萍萍 李嘉佳 / 责任校对：贾娜娜

责任印制：徐晓晨 / 封面设计：有道文化

科学出版社 出版

北京东黄城根北街16号

邮政编码：100717

http://www.sciencep.com

北京虎彩文化传播有限公司 印刷

科学出版社发行 各地新华书店经销

*

2020年1月第 一 版 开本：720×1000 B5

2021年3月第三次印刷 印张：19 1/4

字数：315 000

定价：98.00元

（如有印装质量问题，我社负责调换）

技术预见2035：中国科技创新的未来

丛书编委会

中国先进能源2035技术预见

研究组

组　　长：穆荣平

副 组 长：陈凯华　张久春

成　　员：任志鹏　冯　泽　王　峤　杨　捷　李雨晨　赵彦飞
李　娜　马　双　寇明桂　魏建武

专家组

组　　长：陈　勇

副 组 长：赵黛青

专家组成员（按照姓氏拼音排序）：

冯自平　韩怡卓　马隆龙　王树东　肖立业　徐瑚珊
许洪华　姚建曦

秘　　书：漆小玲　蔡国田

子领域专家名单

化石能源子领域：

毕继诚　樊卫斌　韩怡卓　蒋云峰　李永旺　刘　永　刘振宇
王辅臣　王建国　杨　勇　姚　洪　易广宙　张清德

太阳能子领域：

曹　镛　陈　军　冯良桓　侯剑辉　胡林华　季　杰　李永舫
林　红　刘向鑫　潘　旭　沈文忠　宋记锋　唐　江　王鸣魁
王志峰　冼海珍　徐　征　徐保民　杨德仁　杨上峰　姚建曦
叶轩立

风能子领域：

崔新维　胡书举　李海东　祁和生　秦世耀　许洪华　叶杭冶
张明明　赵生校

生物质能、海洋能及地热能子领域：

姜培学　蒋剑春　骆仲泱　马隆龙　马伟斌　孙永明　夏登文
易维明　游亚戈　赵立欣

核能与安全子领域：

蔡翔舟　陈俊凌　戴志敏　董玉杰　顾　龙　胡正国　李建刚
林继铭　刘永康　骆　鹏　彭子龙　秋惠正　芮　旻　王思成
徐瑚珊　杨　磊　叶国安　喻　宏　詹文龙　张东辉　张生栋
周志伟　朱立新

氢能与燃料电池子领域：

程谟杰　侯　明　姜鲁华　蒋利军　明平文　潘　牧　齐志刚
邵志刚　王树东　王蔚国　邢　巍　袁中山　张存满

新型电网子领域：

崔　翔　丁立健　来小康　李耀华　闵　勇　汤广福　王成山
韦统振　肖立业

节能与储能子领域：

樊栓狮　冯自平　蒋方明　李伟善　刘继平　刘金平　张正国

新型能源系统子领域：

冯良桓　胡书举　王成山　王一波　冼海珍　许洪华　赵栋利

加强技术预见研究　提升科技创新能力（序言）

新一轮科技革命和产业变革加速了全球科技竞争格局重构，世界各主要国家纷纷调整科技发展战略和政策，实施重大科技计划，力图把握国际科技竞争主动权。我国政府提出到2035年我国要跻身创新型国家前列、到2050年成为世界科技强国等宏伟目标，对于细化国家创新发展目标、精准识别创新战略重点和明确中国未来优先发展技术清单，迫切需要大力开展科学前瞻和技术预见活动，强化科技发展战略研究能力，把握新技术革命和产业变革引发的新机遇，合理配置科技资源，全面提升国家科技创新能力。

20世纪90年代以来，技术预见活动已经成为世界潮流，世界各主要国家纷纷开展技术预见活动，着力识别战略技术领域和通用新技术，力图把握科学技术发展新趋势、新机遇。20世纪初，技术预见与政策制定结合日益紧密，日本、英国、德国等国纷纷加强技术预见研究，并逐步将技术预见活动纳入科技发展规划和政策制定过程，不断调整科技发展战略与政策。2013～2014年，中国正式将政府组织开展的国家技术预见活动纳入《“十三五”国家科技创新规划》研究编制过程，标志着技术预见已经成为我国政策制定过程的重要环节。技术预见通过系统地研究科学、技术、经济和社会发展的远期趋势与愿景，识别和选择有可能带来最大经济效益、社会效益的研究领域或通用新技术，为加强宏观科技管理、提高科技战略规划能力、实现创新资源高效配置提供关键支撑。技术预见研究是利益相关者对科学、技术、经济、社会和环境的远期发展愿景和技术需求的认知与判断进行动态调整和修正的机制，为利益相关者共同探索未来、选择未来提供了沟通、协商与交流的平台，有利于学科交叉与官产学研的紧密结合，有利于提高国家创新体系效率。

2003年，中国科学院组织开展“中国未来20年技术预见研究”，研究了全面建设小康社会的科技需求，从全球化、信息化、工业化、城市化、消费型和循环型六个方面构建了中国社会发展愿景，出版发行了《中国未来 20 年技术预见》《中国未来 20 年技术预见（续）》《技术预见报告 2005》《技术预见报告 2008》等学术著作，在国内外学术界产生了广泛影响，部分成果为国家宏观管理决策提供了有力支撑。

2015 年中国科学院启动“支撑创新驱动转型关键领域技术预见与发展战略研究”，开展了新一轮着眼于2035 年的新时代“中国未来20 年技术预见研究”。中国科学院创新发展研究中心“中国未来 20 年技术预见”研究组基于世界创新发展趋势和国家中长期发展目标，利用技术预见方法论，结合全球竞争格局重构与中国创新发展战略研究的相关成果，从创新全球化、制造智能化、服务数字化、城乡一体化、消费健康化和环境绿色化六个方面，构建了2035 年中国创新发展愿景及发展目标，对于技术选择和科技创新发展规划与政策制定具有重要意义。“中国未来20年技术预见”研究组邀请了先进能源、空间科学技术、海洋科学技术、生态环境科学技术、生命健康科学技术、信息技术等领域国内著名专家领衔领域专家组，动员了4000 多位专家学者参与德尔菲调查，最终形成“技术预见技术清单”“技术子领域发展趋势分析报告”“重要技术发展趋势分析报告”，对于研究制定面向2035 年的“国家中长期科学和技术发展规划纲要”有重要参考价值。

需要指出的是，技术预见活动是一项系统工程，需要综合系统考虑影响技术预见结果的各种因素。一是方法论复杂，既包括开发人们创造力的方法，也包括开发利用人们专业知识的方法，前者提出可能的未来，后者判断可行的未来。二是利益相关者复杂多元，未来是社会各界共同的未来，社会各界利益相关者的有效参与对于技术预见形成共识具有重要影响。三是技术预见是科技、经济、社会、环境发展等领域的知识开发过程，对于研究者知识综合能力具有挑战性。

本丛书是新时代“中国未来20 年技术预见”研究组和技术预见领域专家组精诚合作的成果，没有领域专家组专家和问卷调查回函专家的支持，就不可能有这本书的出版，在此表示衷心的感谢。

穆荣平
2019 年 5 月

前言

PREFACE

在技术竞争和产业竞争日益激烈的背景下，世界各主要国家十分重视对技术的前瞻和布局。技术预见是把握技术领域发展趋势、展望技术未来、塑造未来社会的重要方法和手段，在技术的前瞻和布局中发挥越来越重要的作用，并为科技战略和决策提供重要支撑。

2003 年，中国科学院开展了“中国未来 20 年技术预见研究”。该项目由中国科学院原院长路甬祥院士、原副院长江绵恒同志担任项目总顾问，中国科学院原科技政策与管理科学研究所所长穆荣平研究员担任研究组组长。项目完成了信息、通信与电子技术，能源技术，材料科学与技术，生物技术与药物技术，先进制造技术，资源与环境技术，化学与化工技术和空间科学与技术 8 个领域的技术预见研究工作，出版发行了《中国未来 20 年技术预见》《中国未来 20 年技术预见（续）》《技术预见报告 2005》《技术预见报告 2008》等学术著作，在国内外学术界产生了广泛影响，部分成果为国家宏观管理决策提供了有力支撑。

技术预见研究工作需要持续进行。有鉴于此，中国科学院科技战略咨询研究院（原中国科学院科技政策与管理科学研究所）于 2015 年底布局重大咨询项目“支撑创新驱动转型关键领域技术预见与发展战略研究”，开展了新时代“中国未来 20 年技术预见研究”，穆荣平研究员担任研究组组长。“中国先进能源 2035 技术预见研究”是该重大咨询项目的重要组成部分。为了实施该项目，中国科学院科技战略咨询研究院成立了中国先进能源技术预见研究组（组长穆荣平，副组长陈凯华、张久春）。研究组邀请陈勇院士和赵黛青研究员分别担任中国先进能源技术预见研究专家组的组长和副组长，邀请姚建曦、冯自平、韩怡卓、马隆龙、王树东、肖立业、徐瑚珊、许洪华等专家担任专家组成员。专家组把先进能源科技领域划分为 9 个子领域，即化石能源，太阳能，风能，生物质能、海洋能及地热能，核能与安全，氢能与燃料电池，新型电网，节能与储能，新型能源系统；并由专家组成员担任子领域的负责人，子领域负责人再选定各自子领域的专家成员。由专家组和子领域专家成员根据未来中国的经济、社会和国家安全发展的需要和科技发展现状，结合世界主要国家在相关领域的发展现状和战略布局，提出和商定面向 2035 年中国先进能源需要发展的重要技术课题。然后采用德尔菲法，进行两轮大规模的问卷调查。问卷调查结束后，结合调查结果，由专家组最终遴选出面向 2035 年中国先进能源需要发展的 19 项最重要关键技术课题。

在确定 19 项最重要关键技术课题后，研究组开始本书的研究和撰写。本书的引言由研究组撰写，主要是技术预见历史回顾与展望。第一章由研究组撰写，简述本次技术预见的概况及项目实施的具体流程。第二章由研究组撰写，介绍本次德尔菲调查结果的统计方法及分析结果。第三章由专家组成员负责撰写，主要分析各子领域的发展趋势。第四章由专家组推荐的技术领域知名专家撰写，主要系统介绍各项关键技术的意义、现状和未来展望。附录列出了专家信息调查表、技术子领域调查问卷、技术课题调查问卷及参与问卷调查的专家名单。

本次先进能源技术预见研究与组织主要由中国科学院创新发展研究中心和中国科学院大学公共政策与管理学院的人员完成，课题组成员任志鹏、冯泽、王峤、杨捷、李雨晨、赵彦飞、李娜、马双、寇明桂、魏建武也在本次技术预见研究与报告撰写中承担了不同程度的工作，感谢他们的付出。

在研究实施过程中，中国科学院广州能源研究所陈勇院士、赵黛青研究员、马隆龙研究员、漆小玲副研究员、蔡国田研究员等给予了大力协助，在此对他们表示感谢。本书得以顺利完成更离不开专家组、子领域专家、参与问卷调查专家的积极参与，部分专家积极为本书中的先进能源技术子领域发展趋势和关键技术展望撰写了高水平的专业分析，在此一并感谢。由于多方面的原因，本书不可避免地存在一些不足之处，请各方面的专家批评指正。

中国先进能源技术预见研究组

2019 年 5 月

技术预见历史回顾与展望（引言）

穆荣平　陈凯华

（中国科学院科技战略咨询研究院）

人类对于未来社会的推测和预言活动早已有之。在科技政策与管理领域探索和完善各种技术预测方法的同时，逐步形成了以德尔菲调查、情景分析和技术路线图等为核心的技术预见方法，同时在技术预见实践过程中不断探索出与文献计量、专利分析、环境扫描、头脑风暴等方法相结合的技术预见综合方法。技术预见研究已把未来学、战略规划和政策分析有机结合起来，为把握技术发展趋势和选择科学技术优先发展领域或方向提供了重要支撑。随着科技政策和管理环境的不断复杂，面向未来的技术分析从最初简单确定性环境下的技术预测，逐渐转向复杂不确定性环境下的技术预见。近几年，技术预见中的方法和工具的应用趋向综合集成。

科技在面向未来经济社会发展规划和战略中的作用越来越重要，因此对科技发展方向和重点领域的准确预判与战略布局已成为世界各国发展规划中的重要内容。科技发展方向的不确定性和复杂性日益增加，科技发展突破需要利益相关者之间达成共识及公众的参与，这就为“技术预见”（technology foresight）的诞生与发展提供了必要条件。作为创造和促进公众参与的重要方法，技术预见在当今世界各主要国家制定科技政策过程中发挥着越来越重要的作用，未来也将在全球创新治理与超智能社会建设中发挥重要作用。

一、技术预见的兴起与发展——从技术预测到技术预见

“技术预见”是由英国萨塞克斯大学（University of Sussex）的 J.Irvine 和 B.R.Martin 两位学者在 1983 年为英国应用研究与开发咨询委员会（Advisory Council for Applied Research and Development，ACARD）做的一项研究中提出来的，随后被学术界正式接受。J. Irvine 和 B. R. Martin 最终选择“foresight”[①]一词作为“识别产生最大经济效益和社会效益的研究领域”工作的简称。这个词最早出现在两位学者的两本书中。一本是 1984 年出版的《科学中的预见：挑选赢家》（*Foresight in Science:Picking the Winners*）[②]，另一本是 1989 年出版的《预见研究：科学的优先选择》（*Research Foresight: Priority-setting in Science*）[③]。按照 B.R. Martin 的解释，“技术预见是对科学、技术、经济和社会的远期未来进行有步骤的探索过程，其目的是选定可能产生最大经济效益和社会效益的战略研究领域与通用新技术”。

1983 年是技术预见发展历程中具有里程碑意义的一年。此前，相关的类似活动被称为技术预测（technology forecasting）。技术预测活动于 20 世纪 40 年代在美国兴起，当时人们主要关注技术本身的发展规律。至 20 世纪 60 年代，基于定量方法的技术预测的整体关注度有下滑的趋势。可以说，技术预测兴于美国，也衰于美国。20 世纪 70～80 年代，技术预测在美国商业领域备受非议，主要是因为 20 世纪 60 年代末以后，科技、经济、社会发展越来越复杂多变，传统的技术预测已不能适应这种瞬息万变的节奏[④]。在 20 世纪 80 年代中期之后的十年里，“technology foresight”一词迅速扩散，尤其是在 20 世纪 90 年代初之后的五年里，这一词在文献中使用的频率远超“technology forecasting”和“technological forecasting”[⑤]。这是由于在 20 世纪 90 年代初，各国都意识到技术预见对于国家未来发展和前途的重要性，纷纷抓紧开展技术预见研究，使得技术预见迅速成为世界潮流。但在美国，大多数学者在表述技术预见活动时仍然采用“technology

① 与英国之前类似研究中所用的 hindsight 一词相对，hindsight 可理解为“事后诸葛亮”。

② Irvine J，Martin B R. Foresight in Science：Picking the Winners［M］. London：Frances Pinter，1984.

③ Irvine J，Martin B R. Research Foresight：Priority-setting in Science［M］. London：Pinter Publishers，1989.

④ Coates J F. Boom time in forecasting［J］. Technological Forecasting and Social Change，1999，62（1-2）：37-40.

⑤ Miles I. The development of technology foresight：A review［J］. Technological Forecasting and Social Change，2010，77（9）：1448-1456.

forecasting”或“technological forecasting”。

有理由认为，政府主导的技术预见是在技术预测基础上发展起来的。也可以说，技术预测是技术预见的前期工作，它对应于技术预见活动中的“趋势预测”环节，但还没有上升到技术预见理念中的“整体化预测”的高度。相比较而言，技术预见具有更加广泛的内涵，除了要考虑技术自身因素外，还要系统地考虑经济与社会需求、资源与环境制约等诸多因素，实际上，它就是将技术发展路径置身于一个大系统中来进行多维度分析[①]。国内技术预见理论与实践的先行者中国科学院穆荣平研究员指出：从“技术预测”到“技术预见”不仅仅是一个名词的变化，后者所涵盖的内容要广得多[②]。其进一步指出，技术预见是“对科学、技术、经济、环境和社会的远期未来进行有步骤的探索过程，其目的是选定可能产生最大经济效益和社会效益的战略研究领域和通用新技术”，而传统的“技术预测”的目的仅是准确地预言、推测未来的技术发展动向，而“技术预见”则旨在通过对未来可能的发展趋势及带来这些发展变化的因素的了解，为政府和企业决策者提供作为决策基础的战略信息，这与英国学者 B. R. Martin 对技术预见的阐释接近。预见活动的假定条件是：未来存在多种可能性，最后到底哪一种可能会变为现实，则要依赖于我们现在所做出的选择。因而，就对未来的态度而言，预见比预测更积极。它所涉及的不仅仅是“推测”，更多的则是对我们（从无限多的可能之中）所选择的未来进行“塑造”（shaping）乃至“创造”（creating）。然而，技术预见的出现并不意味着技术预测退出历史舞台。技术预测的方法（如趋势预测）仍然可以作为技术预见的辅助手段，两者都属于未来导向的技术分析（future-oriented technology analyses，FTA）。

可以说，从技术预测到技术预见的转变正是人类对科技发展动力的认识更加充分的体现。科技发展不能孤立社会与经济因素；对创新系统的充分认识，更需要传统定量的技术预测向更加综合的技术预见的转变。技术预见是一个知识收集、整理和加工的过程，是一种不断修正对未来发展趋势认识的动态调整机制。因此，技术预见活动的影响不仅体现在预见结果对现实的指导意义，还体现在预见活动过程本身所产生的溢出效应。通常认为技术预见收益主要体现

---

① 万劲波，崔志明，浦根祥. 整合技术预见与技术评估的科技发展战略［J］. 自然辩证法通讯，2003，(6)：62-66.

② 王瑞祥，穆荣平. 从技术预测到技术预见：理论与方法［J］. 世界科学，2003，19（4）：49-51.

在五个方面[①]：一是沟通（communication），技术预见活动促进了企业之间、产业部门之间及企业、政府和学术界之间的沟通和交流；二是集中于长期目标（concentration on the longer term），技术预见活动有助于促使官、产、学、研各方共同将注意力集中在长期性、战略性问题，着眼于国家和企业的可持续发展；三是协商一致（consensus），技术预见活动有助于预见参与各方就未来社会发展图景达成一致认识；四是协作（co-ordination），技术预见活动有助于各参与者相互了解，协调企业与企业、企业与科研部门间为共同发展图景而努力；五是承诺（commitment），技术预见活动有助于大家在协商一致的基础上，不断调整各自的发展战略，将创意转化为行动。随后 B. R. Martin 和 R. Johnston 又根据澳大利亚的实践提出了第六个 C，即理解（comprehension）[②]。

技术预见成为世界潮流有着深刻的背景。首先，经济全球化加剧了国际竞争，技术能力和创新能力已成为一个企业乃至一个国家竞争力的决定性因素，从而奠定了战略高技术研究与开发的基础性和战略性地位。技术预见恰好提供了一个系统的选择工具，可用于确定优先支持项目，将有限的公共科研资金投入关键技术领域中。其次，技术预见提供了一个强化国家和地区创新体系的手段。国家和地区创新体系的效率不仅取决于某个创新单元的绩效，更取决于各创新单元之间的耦合水平。基于德尔菲调查的技术预见过程本身既是加强各单元之间联系与沟通的过程，也是共同探讨长远发展战略问题的过程。它可以使人们对技术的未来发展趋势达成共识，并据此调整各自的战略乃至达成合作意向。再次，技术预见活动是一项复杂的系统工程，不是一般中小企业所能承担的，政府组织的国家技术预见活动有利于中小企业把握未来技术的发展机会，制定正确的投资战略。最后，现代科学技术是一把双刃剑，在给人类创造财富的同时也带来了一系列问题，政府组织的国家技术预见活动有利于引导社会各界认识技术发展可能带来的社会、环境问题，从而起到一定的预警作用[③]。2004 年，穆荣平和王瑞祥总结了技术预见进入 21 世纪的五个特征：第一，各个层面的技术预见活动不断出现；第二，各国不断探索新的技术预见方法；第三，在继续开

---

① 吴贵生，王毅. 技术创新管理［M］. 2 版. 北京：清华大学出版社，2009.

② Martin B R，Johnston R. Technology foresight for wiring up the national innovation system：Experiences in Britain，Australia，and New Zealand［J］. Technological Forecasting & Social Change，1999，60（1）：37-54.

③ 穆荣平，王瑞祥. 技术预见的发展及其在中国的应用［J］. 中国科学院院刊，2004，（4）：259-263.

展针对技术领域的预见活动的同时，一些国家开始围绕重大问题进行预见研究；第四，技术预见活动的国际交流与合作日趋频繁；第五，更加重视对预见结果的跟踪、监测及预见结果的决策支持作用①。这些前瞻性的特征今天看来更加明显。

未来的技术预见在方法上迫切需要解决两个问题：一是如何提高技术预见的效率，二是如何提高技术预见的质量。第一个问题的趋向是借助计算机技术和网络技术实现技术预见的无纸化操作。第二个问题的趋向是借助文本分析和大数据计算充分利用客观信息（如已有的报告、文献信息）来支撑专家的预判。准确来讲，第一个问题是操作问题，第二个问题是方法问题。随着技术预见的愈加复杂，两个问题都迫切需要进行深入的研究，采用主客观综合的方法是其有效选择。2019 年，为支撑新一轮国家中长期科学与技术发展规划的研究编制，中华人民共和国科学技术部（简称科技部）主导开展的第六次国家技术预见工作，明确要提高技术预见的科学性，特别要重视大数据、人工智能等技术手段在预见中的应用。技术预见主流国家（如日本、韩国）都已应用大数据方法。在日本 2019 年完成的第十一次技术预见中又引入人工智能的方法。

未来科技发展的动力愈加复杂，同时面向中长期的科技战略规划又愈加重要，并且需要更多的主体参与科技治理，因此技术预见方法将是一个必然的选择。相比于日本、韩国等国，我国迫切需要建立基于技术预见的科技规划与战略方法和制度，并将其尽快纳入国家科技活动的常规管理办法或法律条文中。未来的方法研究可借鉴“综合集成研讨厅”的思想，充分发挥大数据和人工智能的支撑作用，构建集成主客观/定性定量信息的综合性技术预见方法。未来一个主要研究工作是，基于大数据和人工智能的决策思想，构建主客观/定性定量信息整合的技术预见理论与方法，并尝试基于大数据和人工智能方法搭建人机互动平台，拟实现主客观方法互相支撑。在实践上，未来迫切需要解决的问题是如何充分利用技术预见支撑政策实践。此外，促进技术预见与情景分析方法相结合，技术预见与技术路线图相结合，加强技术预见在科技发展战略中的支撑作用，迫切需要从方法和实践上取得突破。

---

① 穆荣平，王瑞祥. 技术预见的发展及其在中国的应用［J］. 中国科学院院刊，2004，(4)：259-263.

二、技术预见国内外实践发展

1. 国内技术预见实践

面向未来的技术预见活动逐渐成为学术研究与政策制定关注的焦点，对中国这一需要借助科技战略的前瞻布局来实现创新跨越式发展的大国来说显得更为重要，尤其是在推进创新型国家和世界科技强国建设背景下需要进一步加强。特别是随着创新驱动战略的实施，我国多个政府部门和科研单位（包括科技部、中国科学院和中国工程院等）展开了新一轮的技术预见，20 世纪 90 年代开始，中国开展的技术预见实践层出不穷，从研究路径、方法、规模等方面来看，整体呈现越来越系统化的趋势（表 0-2-1）。最新的技术预见实践是 2015 年中国科学院科技战略咨询研究院启动组织的“支撑创新驱动转型关键领域技术预见与发展战略研究”（即新时代“中国未来 20 年技术预见研究”），以及 2019 年科技部主导、中国科学技术发展战略研究院作为主要承担单位启动的第六次国家技术预见，旨在支持新一轮的国家中长期科技发展规划。

表 0-2-1　中国国家层面技术预见实践一览表

项目名称	项目实施时间	主要承担机构	预见时长
国家关键技术选择	1992～1995 年	国家科学技术委员会（简称国家科委）；中国科学技术促进发展研究中心/中国科学技术信息研究所	—
未来十年中国经济发展的关键技术	1993～1997 年	国家计划委员会；国家科委；国家经济贸易委员会	未来 10 年
国家重点领域技术预测	1997～1999 年	科技部	—
我国高新技术领域技术预测与关键技术选择研究	2003～2005 年	科技部	未来 10 年
中国未来 20 年技术预见研究	2003～2005 年	中国科学院高技术研究与发展局；中国科学院科技政策与管理科学研究所	未来 20 年
中国至 2050 年重要领域科技发展路线图战略研究	2007～2009 年	中国科学院	至 2050 年
“十三五”科技规划研究	2013～2014 年	科技部；中国科学技术发展战略研究院	未来 5～10 年
中国工程科技 2035 发展战略研究	2015 年启动	中国工程院；国家自然科学基金委员会	未来 20 年
支撑创新驱动转型关键领域技术预见与发展战略研究（新时代“中国未来 20 年技术预见研究”）	2015 年启动	中国科学院科技战略咨询研究院	至 2035 年
第六次国家技术预测	2019 年启动	科技部；中国科技发展战略研究院	至 2035 年

中国国家层面技术预见活动典型实践之一由科技部［原中华人民共和国科学技术委员会（简称国家科委）[①]］牵头，已经完成了五次国家技术预见活动，目前正在进行第六次国家技术预见活动。国家科委在1992年组织的“国家关键技术选择”项目是第一次技术预见活动，1993年进行第二次技术预见活动，1997年进行第三次技术预见活动。前三次技术预见活动所用方法不详[②]，2003年科技部进行了第四次技术预见活动，主要用到德尔菲法、情景分析、文献计量、专家研讨会等多种方法。2013～2016年，其与中国科学技术发展战略研究院合作，以德尔菲法为主，结合文献计量、专利分析等方法，开展了第五次技术预见活动[③]。“八五”期间，国家科委于1992～1995年组织实施的“国家关键技术选择”遴选出信息、生物、制造和材料领域中的24项关键技术、124个重点技术项目，其成果在国家“九五”科技发展规划中得到了应用；该项研究还带动了一些部门和地方开展本部门或地方的关键技术选择工作，支撑了相关科技规划。1997～1999年，国家科委和国家计委（1998年更名为“国家发展计划委员会”，2003年改组为国家发改委）等机构又对农业、信息和先进制造3个重点领域的技术发展进行了专项预见；该项研究在国家“十五”科技发展规划的制定中得到了应用，并且在理论和实践上积累了丰富经验，形成了一批专门从事技术预见研究的人才队伍和专家网络[④]。2003～2005年，科技部对信息、生物、新材料、先进制造、资源环境、能源、农业、人口与健康、公共安全9个领域开展了技术预见，通过调查3981位专家，对1000余个技术项目（备选技术）进行评价，选出120余项国家关键技术。相较之前科技部主持的技术预见活动，这次预见的调查研究更加科学规范；在综合集成社会各方面专家意见的基础上，分析了未来10年中国经济和社会的发展趋势与科技发展方向，选择出优先发展的关键技术群，为中国科技政策、科技发展战略和科技规划的制定提供了基础信息。

科技部最近完成的一次大规模技术预见活动由中国科学技术发展战略研究院在2013年承担组织实施，按照“技术摸底、技术预见、关键技术选择”三个

---

① 1998年更名为科技部。

② Li N，Chen K H，Kou M T. Technology foresight in China：Academics studies，governmental practices and policy applications［J］. Technological Forecasting & Social Change，2017，119：246-255.

③ 张永伟，周晓纪，宋超，等. 国内外技术预见研究：学术研究与政府实践的区别与联系［J］.情报理论与实践，2019，42（2）：50-55，95.

④ 薛军，杨耀武. 论技术预见及其在制定中长期科技规划中的作用［J］. 软科学，2005，1：53-55，63.

阶段推进，采用文献计量与德尔菲法等定性和定量相结合的方法，完成了包括信息、生物、新材料、制造、地球观测与导航、能源、资源环境、人口健康、农业、海洋、交通、公共安全、城镇化 13 个领域的调查，从科技整体状况、领域发展状况和重大科技典型案例等方面，分析了中国与世界先进水平的差距，力图客观评价中国技术发展水平①。

为支撑新一轮国家中长期科技发展规划的研究编制，科技部已于 2019 年上半年启动第六次国家技术预见工作。本次技术预见的重点工作包括技术竞争评价、重大科技需求分析、科技前沿趋势分析、领域技术调查、关键技术选择 5 个方面，涉及信息、新材料、制造、空天、能源、交通、现代服务业、农业农村、食品、生物、资源、环境、人口健康、海洋、公共安全、城镇化与城市发展、前沿交叉 17 个领域。

中国国家层面技术预见活动典型实践之二是由中国科学院完成的。2003～2005 年，中国科学院科技政策与管理科学研究所（现中国科学院科技战略咨询研究院）穆荣平研究员作为组长主持承担“中国未来 20 年技术预见研究”项目，在刻画并深入分析全面建设小康社会的重大科技需求的基础上，应用情景分析、德尔菲调查、专家会议等方法，针对信息、通信与电子技术，先进制造技术，生物技术与药物技术，能源技术，化学与化工技术，资源与环境技术，空间科学与技术和材料科学与技术 8 个技术领域，邀请国内 70 余位著名技术专家组成 8 个领域专家组，400 余位专家组成 63 个技术子领域专家组，遴选出 737 项重要技术课题并进行了两轮德尔菲调查。全国 2000 余位专家填写了问卷，对技术课题的重要性、预计实现时间、实现可能性、当前我国研究开发水平、国际领先国家和发展制约因素等进行了独立判断，筛选出了中国未来 20 年最重要的技术课题，项目部分研究成果在《国家中长期科学和技术发展规划纲要（2006—2020 年）》和《中国科学院“十一五”规划》中得以应用，为科技决策制定提供了有力支撑。

2013 年，中国科学院科技政策与管理科学研究所（穆荣平为中方负责人）与日本科技政策研究所、韩国科技评价与规划院联合开展了“中日韩三国可再生能源技术预见”，形成了“东北亚可再生能源2030：中日韩联合技术预见”报告。中国科学院科技战略咨询研究院于 2015 年 10 月启动“支撑创新驱动转型关键领域

---

① Yuan L. Characteristics and Procedure of the New Round of National Technology Foresight in China [R]. Proceeding of the 10th Trilateral Science and Technology Policy Seminar, 2015.

技术预见与发展战略研究”重大咨询项目，展开了新时代“中国未来20年技术预见研究”，由穆荣平研究员担任组长。本次预见中，首先，项目组系统梳理了主要国家和国际组织近年来发布的面向中远期科技和创新战略规划、研究报告等，总结分析中国经济、社会和国家安全等领域的中长期发展规划里对未来发展目标的设定，综合采用情景分析、专家研讨等方法，分析未来经济社会和国家安全重大需求，从创新全球化、制造智能化、服务数字化、城乡一体化、消费健康化和环境绿色化六个方面系统描绘2035年中国创新发展愿景，提出未来经济社会发展面临的若干重大问题，明确相应的科技需求。其次，项目组开展主要学科领域文献计量分析，并把结果用于支撑技术课题的遴选、专家选择及德尔菲调查等技术预见的关键环节。然后，项目组组织开展两轮大规模德尔菲调查。重点聚焦先进能源、空间科学与技术、信息技术、生命健康、生态环境、海洋等事关国家长远发展的重点领域，目的是按领域分析德尔菲调查结果，精炼出2035年关键领域重大技术课题及其发展趋势。最后，在相关理论研究的基础上，结合经济社会愿景和技术预见研究的成果，分析2035年中国制造业发展机遇和制约因素，制订出重点制造业领域发展的技术路线图，并提出相应的发展战略、发展路径和政策建议。本次技术预见活动的预见周期较长，面向中远期科技发展目标，领域专家选择涵盖多方的利益相关者；由于不与科技规划、计划等直接利益挂钩，在重点领域和技术课题选择等方面受专家自身利益的影响相对较小。

2015年，中国工程院与国家自然科学基金委员会共同组织开展“中国工程科技2035发展战略研究”项目，应用文献计量、专利分析、德尔菲调查和技术路线图等方法，提出了面向2035年中国工程科技的发展目标、重点发展领域、需要突破的关键技术、需建设的重大工程及需要优先开展的基础研究方向，为国家工程科技及相关领域基础研究的系统谋划和前瞻部署提供了有力支撑[①]。在这个项目中，技术预见问卷针对五个方面进行了调查：技术本身的重要性、技术应用的重要性、预期实现时间、技术基础与竞争力、技术发展的制约因素。其中，技术本身的重要性包括技术核心性、通用性、带动性和非连续性四个问题，技术应用的重要性包括技术对经济发展、社会发展、国防安全三方面的作用；在预期实现时间方面，为突出工程科技可用性的判断和纵横向比较分析，设置了世界技术实现时

---

① 郑永和. 中国工程科技2035发展战略研究中的技术预见［R］. 第十届全国技术预见学术研讨会报告，2015.

间、中国技术实现时间及中国社会实现时间三个问题。为进一步征集专家对未来技术发展的判断，调查中分别设置了几个开放性问题，包括备选技术清单之外的重要技术方向、2035 年可能出现的重大产品，以及需要提前部署的基础研究方向等。项目还针对此次技术预见的调查需求开发了在线问卷调查系统，加强了问卷调查的直观性、灵活性，有效提高了调查效率和轮次间反馈的有效性。同时，网上调查系统开设了技术预见调查管理模块，各领域组技术预见专员可以实时查询、监测专家调查进展情况，及时采取推进措施[①]。

2. 国外技术预见实践

技术预见起源于美国。早在第二次世界大战期间，技术预见的前期研究——技术预测就开始在美国出现。成立于 20 世纪 40 年代末期的兰德公司（Rand）在开发和推广技术预测方法方面发挥了重要作用。第二次世界大战以后，科学技术迅猛发展，技术发展的不确定性越来越强，预测难度也越来越大，因此出现了新的技术预测方法，其中以兰德公司的德尔菲法最著名。20 世纪 70～80 年代，美国认为“科技发展要顺其自然”，技术预测在国家技术政策制定方面的指导作用逐渐弱化。20 世纪 90 年代，美国非常重视未来技术的前瞻研究，且重点放在国家关键技术的选择上。1990 年美国国家关键技术委员会和 1992 年兰德公司关键技术研究所成立，定期发布《美国关键技术报告》，对美国科技政策制定和科技界产生了重要影响。美国并不专门组织国家层面的技术预见，虽然在国家层面设有专门的工作小组对未来技术进行评估，但是仅供美国国会参考，影响力并不大。相反，美国产业界为了应对国际化竞争和争取政府的研发支持等，开展了许多“类预见”活动，因此美国的预见活动的时间范围主要是未来 5～10 年，所运用的主要方法包括情景分析、德尔菲法、技术情报、技术路线图等，且专家在这些预见活动中发挥着重要的作用。

日本是迄今从事技术预见工作最系统、最成功的国家。日本经历了技术预测到技术预见的过程。1971 年起，日本科学技术厅利用德尔菲法组织实施了第一次技术预测活动，此后每五年实施一次技术预测的德尔菲调查，2000 年起改为技术预见的德尔菲调查。至 2016 年，日本已完成十次技术预见，2019 年又完成第十一次技术预见，7 月起陆续发布技术预见结果。1971～1996 年，日本前

---

① 王崑声，周晓纪，龚旭，等. 中国工程科技 2035 技术预见研究［J］. 中国工程科学，2017，19（1）：34-42.

六次技术预见活动的方法均以德尔菲法为主，2001 年开展的第七次技术预见活动在德尔菲法的基础上增加了需求分析，2005 年开展的第八次技术预见活动在第七次技术预见活动的基础上又新增了情景分析和用于分析新兴技术的文献计量方法，第九次技术预见活动和第十次技术预见活动以德尔菲法和情景分析为主，尤其是第十次技术预见活动更突出了“对将来社会愿景的探讨”。第十次技术预见活动注重科技政策与创新政策一体化，首先开展未来社会愿景调查，根据愿景提出未来可能实现的科学技术并进行评估，基于提出的相关科学技术群开展多选项研究，进而创建未来情景。通过技术情景与社会情景的组合分析，提出政策选项，实现科技政策与创新政策的一体化。这些方法相辅相成，提高了技术预见活动的科学性和准确性，第十一次技术预见进一步引入人工智能的方法。

德国在欧洲率先开展制度化的技术预见活动。1992 年，德国借鉴日本的经验，开展第一次技术预见德尔菲调查，基本沿用日本第五次技术预见调查的问卷。1998 年，德国完成第二次德尔菲调查，并充分利用互联网实时调查和及时发布预见项目的进展。2001 年，德国联邦教育及研究部（Bundesministerium für Bildung und Forschung，BMBF）发起“Futur program”计划，旨在通过社会各界的广泛对话来识别未来科学技术研究的优先领域。这次预见活动的主要方法不仅包括德尔菲调查，还包括情景分析。2007 年，为了确定优先发展领域和支撑相关科技政策的制定，BMBF 又发起了新一轮的预见活动，2007～2009 年，实施第一轮技术预见活动（Cycle 1），重点选择、确定未来关键技术。2012～2014 年，BMBF 委托并与德国工程师联合会技术中心（VDI Tehcnologiezentrum GmbH）、弗劳恩霍夫系统与创新研究所（Fraunhofer Institute for Systems and Innovation Research，ISI）共同实施第二轮技术预见活动（Cycle 2），该轮预见强调未来社会的发展趋势和所面临的挑战，预见时间至 2030 年。所用方法较之前更系统，包括德尔菲法、文献计量分析、访谈、国际顾问小组等，国际顾问小组在预见活动中扮演了重要角色[①]。德国这两次技术预见活动的结果很好地支撑了德国政府高技术战略制定，并且在产业人员及公众范围内也引起广泛讨论，整体有较高的接受度。

① 创新发展的战略预见研究组. 创新发展的战略预见［M］. 北京：知识产权出版社，2011.

1994年，英国正式实施第一次技术预见活动，采用的主要方法是德尔菲调查，涉及16个领域的1207项技术课题，注重技术的负面影响与预见结果在全社会的扩散和应用。1997年，英国启动第二次技术预见活动，相较前一次预见活动，其方法和组织形式有很大改变，将重点转移到“实现技术和社会经济的全面整合”。在方法上，第二次技术预见活动弱化了德尔菲调查，强调情景分析、专家会议、座谈会等技术预见方法，并充分利用互联网平台，广泛收集了社会各界人士对技术发展的看法。2002年，英国开展第三次技术预见活动。与前两次相比，第三次技术预见活动又有较大变化，采取专题滚动项目的形式，重点在为公共政策制定提供支撑，采取的方法包括情景分析、德尔菲调查、专家座谈等。英国科学技术办公室（Office of Science and Technology，OST）在前三次技术预见活动中担当重要的角色，后更名为英国政府科学办公室（Government Office for Science），主要负责支持和推动公共领域的科学研究。2010年，英国发布了第一轮技术预见报告，确定了未来10～20年对英国至关重要的技术，特别是能够产生经济效益的技术，并对英国未来的科技工作提出建议。2012年底又发布了第三次技术预见活动的第二轮发现，并更新了2010年发布的53项技术，重新评估了2010年确定的主要技术。2017年，英国发布了第三轮技术预见报告，这一轮技术预见活动引入了公共和私人部门专家对新兴技术的观点和意见，而且拓宽了信息来源。报告指出，已有技术和新兴技术之间的交互是未来发展的重要方向。

韩国从20世纪80年代后期开始技术预见工作，此任务被纳入研发管理范围之内，并且完全由国家机构负责，由韩国科技政策研究院（STEPI）和韩国科技评价与规划院（KISTEP）的研究小组主持。韩国《科学技术基本法》规定每5年开展一次中长期的科学技术预见。从1993年启动以来，截至2016年，已经开展了5次，预见结果为“科学技术基本计划”等科技战略的制定提供支撑。前两次技术预见活动运用了德尔菲法和头脑风暴，由韩国科学技术政策研究院和韩国科技评价与规划院共同完成；而第三次技术预见活动则增加了情景分析和横向扫描两种预测方法，由韩国科技评价与规划院一方完成。近三次技术预见活动为韩国的科技决策层提供了新兴科技领域的愿景和方向，确定了对国家财富增长和人民生活质量提高极具潜力的新技术。三次技术预见活动的成果均落实到国家关键技术选择和科技战略与规划中，并指导了韩国每隔5年一次的“科学技术基本计划”的制定工作。2010年，韩国科技评价与规划院启动了为期两年的第四次技术预见活动，预见时间跨度为2010～2035年，此次技术预见活动采用文本挖掘、网络分析等先进技术，以便更好地把握社会和技术的发展态势[①②]。2017年9月，韩国发布了面向2040年的第五次技术预见报告，预测了未来社会的发展趋势，分析了技术的寿命及临界点，提供了支撑未来发展的267项关键技术，对未来社会科技态势发展产生了深远影响。

除上述国家外，法国、意大利、加拿大、西班牙、荷兰、丹麦、印度、马来西亚等国均根据各自的国情陆续开展了有针对性的技术预见活动，使技术预见活动的重要性提升到新的高度。此外，一些国际性和区域性组织也积极开展技术预见活动。例如，欧洲委员会联合研究中心（Joint Research Centre，JRC）在促进技术预见成为欧洲政策制定工具上起到了重要作用；"APEC技术预见中心"先后开展了多项技术预见项目；经济合作与发展组织（Organization for Economic Co-operation and Development，OECD）积极推进多国参与预见活动，推动了技术预见理论方法及成果的扩散与应用；联合国工业发展组织（United Nations Industrial Development Organization，UNIDO）在推动跨国技术预见、人才培养和培训等方面也做出了大量卓有成效的工作。

三、技术预见与科技政策研究

技术预见为复杂背景下面向未来的科技政策研究与制定提供了有效的途径。技术预见通过系统地研究科学、技术、经济和社会未来的发展态势，探索国家未来的技术需求，识别和选择那些有可能给经济与社会带来最大化效益的研究领域或通用新技术，为加强宏观科技管理、提高科技战略分析与规划的水平、优化科技资源的组合与配置提供了有益的支撑手段。Da Costa等[③]认为技术预见在政策制定过程中有6项功能（function）：①为政策提供信息（informing policy），即提供关于变革动力、未来挑战与选择的见解及新想法的预期情报，并作为政策概念化和设计的输入传递给政策制定者，旨在为政策设计和思考提供知识基础；②促进政策实施（facilitating policy implementation），

① 任真.韩国科技规划制定方法与启示［J］. 图书情报工作，2013，57（23）：95-99.

② 韩秋明，袁立科，王革. 韩国第五次技术预测实践及对我国的启示［J］. 全球科技经济瞭望，2017，（8）：41-50.

③ Da Costa O，Warnke P，Cagnin C，et al. The impact of foresight on policy-making：insights from the FORLEARN mutual learning process［J］. Technology Analysis & Strategic Management，2008，20（3）：369-387.

即通过建立对当前形势和未来挑战的共识及构建利益相关者之间的新网络和新愿景，提高特定政策领域内的变革能力；③嵌入式参与政策制定（embedding participation in policy-making），即促进民间社会参与政策制定过程，从而提高其透明度和合法性；④支持政策界定（supporting policy definition），即联合负责具体政策领域的政策制定者，将集体过程的结果转化为政策定义和实施的具体选择；⑤重构政策体系（reconfiguring the policy system），即使其更容易适应及迎接长期挑战；⑥信号作用（symbolic function），即向公众传递政策是基于合理信息的信号。

技术预见为共识性和系统性政策制定奠定了基础。技术预见致力于将科技、经济与社会发展进行系统化的整体研究，为各方利益相关者共同探索未来、选择未来提供了一致的沟通、协商与交流平台，有利于学科交叉与官、产、学、研的结合。技术预见过程是系统整合不同利益相关者意见的过程，一方面要创造有效沟通机制，使技术专家了解国家战略需求，使社会学家、经济学家、未来学家了解技术发展的多种可能性；另一方面要谋求各方协商一致，并将共同选择的未来落实到各方的发展战略之中。

技术预见已经成为国家科技规划和政策制定的重要工具。技术预见在制定科技发展战略、政策和规划中的作用日益显著，受到政府、学术界和社会公众的广泛关注①，在科技政策制定和科技发展规划制定中发挥了重要作用[2]。作为一种新的“战略分析与集成的工具”，技术预见创造了一种更加有利于制定中长期科技规划的新机制。国家开展技术预见活动多是为政府依据预见结果制定研究与发展（R&D）政策、选择技术发展优先领域、调整财政科技资源配置提供服务。日本前七次技术预见活动开展的目的都是确定优先发展领域，为科技决策和科技政策制定提供参考，第八次技术预见活动强调直接为日本第三期“科学技术基本计划”制定服务。韩国的技术预见结果用以直接支撑国家中长期科技发展战略中核心技术和战略路线图的制定，前三次技术预见活动为韩国的科技决策层提供了新兴科技领域的愿景和方向，指导了韩国每隔 5 年一次的“科学技术基本计划”的制定工作。英国联邦政府和地方政府都积极利用预见结果，描绘科技政策新蓝图；德国 BMBF 通过与国外技术预见结果的比较，重新

① 穆荣平，任中保，袁思达，等. 中国未来 20 年技术预见德尔菲调查方法研究［J］. 科研管理，2006，27（1）：1-7.

调整政府预算的配置。技术预见为主的方法体系在为提升科技政策科学性中发挥着越来越重要的作用。例如，《战略政策情报工具：提升欧盟 RTDI 创新政策的决策质量》（*Strategic Policy Intelligence Tools：A Guide*）报告（简称 SPI 报告）肯定包括技术预见在内的系列 SPI 工具[①]在科技创新政策中有显著作用。

技术预见过程有助于改善科技规划的制定。目前科技规划研究制定存在着技术问题（目标、任务与发展重点之间的关系是隐性的，规划与计划关系也是隐性的），在对技术预见结果深入分析的基础上进行扩展性分析，可把这些隐性关系显现出来。基本思路是把战略需求分析和关键技术对接起来，然后以关键技术重要性指数为基础，根据专家的评价按照战略任务对关键技术进行归类。除此之外，通过对一些要素（重要性、技术基础、技术差距、实现时间、发展路径等）的分析，可以绘制出综合技术路线图。通过集成技术、产业等方面专家对影响科技项目决策的一些重要因素的判断，指出未来技术发展路径、可能形成的产品、市场应用前景，并对它们之间的关系进行分析，勾勒出有优先顺序与相互关联的一系列技术获取和扩散的图谱。旨在为制定规划开辟新的思路，为改进科技规划研制工作进行一些基础性研究。

技术预见结果对科技决策如科技发展规划制定具有重要支撑作用。一般来说，成熟的技术预见包括 4 个部分：情景分析；重要、新兴科学技术领域研究；热点专题研究；大规模德尔菲调查（图 0-3-1）。情景分析可以帮助我们把握经济和社会的未来走势，重要、新兴科学技术领域研究与热点专题研究可以帮助我们了解未来面临的重大经济问题及其可能的技术解决方案，大规模德尔菲调查可以把握重要技术课题的国际国内现状、发展趋势、限制因素和可能产生的社会经济效益，所有这些都是制定国家科技发展计划的重要依据。因此，技术预见的成果可以提高国家科技发展规划的针对性和准确性，有利于决策者更好地把握科学技术的未来走势和可选的应对策略。任中保[②]曾尝试提出把创新政策制定过程融入技术预见的思路。他指出，技术预见作为创新政策制定的支撑工具，其根本目标是通过促进相关利益者充分有效的交流沟通，提高创新政策制定的科学性和合理性。为此，建议从创新政策制定的流程角度，提出创新

---

① Clar G，Acheson H，Hafner-Zimmermann S，et al. Strategic Policy Intelligence Tools：A Guide［J］. Stuttgart：Steinbeis-Edition，2008.

② 任中保. 创新政策制订过程融合技术预见方法的思路［J］. 科学学研究，2008，(5)：994-999.

政策制定过程中融入技术预见的基本思路：政策问题识别过程中应用技术预见中的情景分析法（scenario analysis），强调预见性和参与性；政策方案产生与选择过程中应用德尔菲法（Delphi），强调选择性和参与性；征求意见与修订政策方案过程中应用技术路线图法（road mapping），明确技术创新路线。

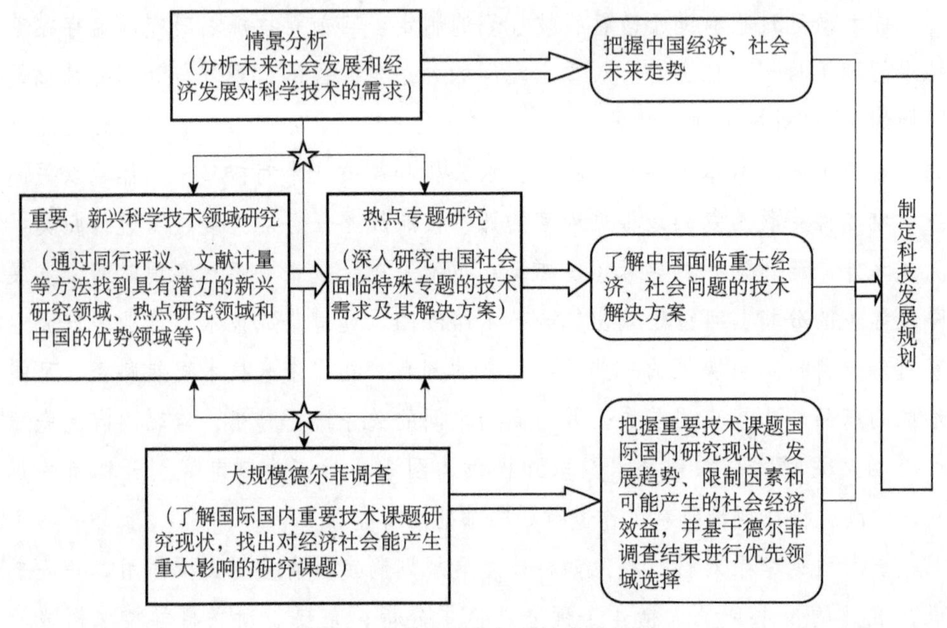

图 0-3-1　技术预见与科技发展规划

技术预见的过程特征满足了科技规划公众参与的需要。技术预见的本质特点在于它的社会学特征——过程机制和过程效益，在于它具有确保不同参与者之间有反馈关系所需要的商议程序。技术预见的目标和功能是靠其过程机制实现的，选择能产生最大经济和社会回报的战略研究领域和新兴通用技术，就必须在预见的过程中从调查的标准、工作专家和调查专家的结构等方面设计科学推力和市场拉力之间的结合机制[①]。我们可以设想，目标相同的技术预见，若是过程机制不同（如介入的参与者不同），带来的结果就会不同。可以说，技术预见是一个集体选择过程，或者说是一个社会建构过程。随着新技术的应用，基于 Web 的技术预见活动将在更大程度上发挥利益相关者在政策制定中的作用。Web 平台可以引入实时反馈流程，允许更多的交互和协作。利益相关者可以实

① 樊春良. 技术预见和科技规划［J］. 科研管理，2003，24（6）：6-12.

时看到彼此的反应并对其做出反馈。从主要基于专家的方法到使用Web平台的持续高度参与预见活动，可以激发利益相关者的兴趣，以更低的成本参与政策制定过程。在这种情况下，技术预见过程可以最大限度满足政策制定过程中公共参与的需要、发挥参与者的作用。

技术预见方法的研究将成为科技政策研究与制定关注的重点。日本的技术预见项目已经形成一整套严格的调查体系，技术预见成果为日本科技政策的制定和"科学技术基本计划"的实施等提供支持。韩国的技术预见同样强调对国家科技规划的支撑作用，已经形成了一个较规范的应用和管理流程。发展中国家往往面临着重大结构调整的需求，因此对前瞻性信息的需求要比其他国家更紧迫。对于新兴经济体，技术预见可以为解决那些对国家未来发展道路至关重要的问题建立复杂的政策情报系统铺平道路，在制定产业创新发展政策及构建知识密集型经济的道路上提供强有力的支撑[①]。我国主要的科技管理部门和研究机构也开展了技术预见方面的研究，包括科技部、中国科学院、中国工程院等，认为技术预见可以将科技规划总体战略研究和技术项目清单的提出结合起来，可以解决国家科技规划顶层设计实现的工具问题，同时以较低成本使研究开发一线的科学家和工程师参与到国家科技发展决策过程中，从而解决不同专家群体参与决策的结果一致性问题。

把技术预见融入创新政策制定过程具有重要意义。第一，限于知识和眼界，个人和少数人组成的团体很难准确把握未来技术发展趋势，而技术预见系统集成官、产、学、研各方面专家和社会公众的智慧来完成对未来的探索与选择，可提高创新政策制定的科学性和合理性。第二，在技术预见过程中，相关利益者通过反复沟通和交流就共同关注的问题达成共识，可以降低创新政策落实的难度。第三，相关利益者参与预见项目，建立起良好的合作伙伴关系，以便充分利用新的市场机会，消除技术开发、应用过程中的种种障碍（如以往政策、法规对新技术应用的制约，技术转化链条的脱节等），促进创新成果转化。第四，通过技术预见可识别出创新中存在的主要问题，遴选出未来优先发展方向，为创新政策制定提供直接支持。

---

① Havas A，Schartinger D，Weber M. The impact of foresight on innovation policy-making：recent experiences and future perspectives［J］. Research Evaluation，2010，19（2）：91-104.

目 录
CONTENTS

第一章 中国先进能源 2035 技术预见研究简介

新时代“中国未来 20 年技术预见研究”是“支撑创新驱动转型关键领域技术预见与发展战略研究”项目的成果之一，是继 2003 年中国科学院成功组织“中国未来 20 年技术预见研究”项目后，再次根据新时代国家重大科技战略需求启动的重大研究项目。

中国先进能源 2035 技术预见是新时代“中国未来 20 年技术预见研究”的重要组成部分。由中国科学院科技战略咨询研究院书记穆荣平研究员担任研究组组长，由中国科学院广州能源研究所能源专家陈勇院士和赵黛青研究员分别担任专家组组长和副组长，邀请国内著名专家担任领域专家组成员。

先进能源技术预见着眼于未来能源领域技术发展趋势，旨在提出未来先进能源领域符合国家战略需求的技术清单，即结合经济、社会和国家安全需求，遴选出 2035 年前最重要的技术领域和关键技术。研究成果将提供给国家发改委、科技部、中国科学院、国家自然科学基金委员会等部门参考，为制定国家新的中长期科技发展规划和实现创新驱动转型提供重要的战略支撑。

第一节 技术预见方法设计

技术预见常用的方法包括德尔菲法、情景分析法、相关树法、趋势外推法、技术投资组合法、专利分析、文献计量和交叉影响矩阵法等[1]。本次技术预见聚焦于先进能源领域，结合能源领域发展的战略需求，对未来社会的发展情景进行构建，以勾勒出 2035 年能源领域技术发展的可能需求。通过多轮会议研讨，在广泛听取技术专家的意见和建议的基础上，划分出子领域，筛选出能源领域的重要技术课题。再开展大规模德尔菲问卷调查，以集成专家的集体智慧，确定能源领域的关键技术课题。最后，针对调查所得到的成果，组织专家组成员进行专题研讨，依据关键技术课题的选择原则，分析并遴选出 2035 年前先进能源领域最重要的技术子领域和关键技术。项目的思路和流程设计如图 1-1-1 所示。

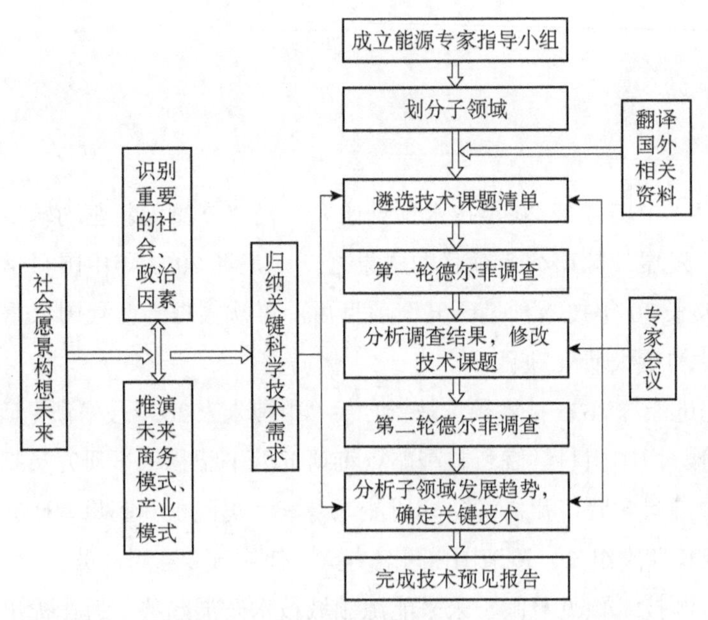

图 1-1-1　先进能源领域技术预见流程图

本次技术预见延续“中国未来 20 年技术预见研究”技术课题的产生方法，综合采用情景分析法和专家提名法确定技术课题。具体过程如下：第一步，项目组面向 2035 年提出未来中国创新发展的愿景。在中国创新发展阶段定位与国内外相关研究的基础上，结合全球竞争格局，重构与中国创新发展战略研究的相关成果，并从全球化、工业化、城市化、智能化、绿色化、健康化等发展趋势出发，构建 2035 年中国创新发展愿景。在 2035 年中国创新发展愿景分析基础上，提出实现 2035 年全球化、工业化、城市化、智能化、绿色化、健康化等发展目标需要解决的重大技术问题。第二步，为提高技术课题准确性，防止遗漏国际前沿问题，项目组翻译和学习了韩国第四次和第五次、日本第九次和第十次技术预见及英国第三次技术预见等相关材料，供专家和研究组参考。第三步，结合当前中国能源技术的发展水平，在考虑未来战略发展需求的基础上，各子领域专家经讨论提出了初步的技术课题清单。第四步，项目组汇总各子领域课题清单，经与子领域专家沟通，删除不符合选择原则的技术课题，合并重复的技术课题。第五步，召开专家组会议，对技术课题清单进行审核，讨论并确定第一轮德尔菲调查备选技术课题清单，随后进行第一轮大规模德尔菲问卷调查。第六步，汇总整理第一轮德尔菲调查中获得的大量专家意见，交由专家组在会议上进行讨论，确定需要修订的技术课题清单，会后最终形成第二轮德尔菲调查的备选技术课题清单，进行第二轮德尔菲问卷调查，并汇总最终结果。

第二节 成立技术预见专家组

先进能源技术预见专家组主要负责技术课题的筛选、修改和审定，并为问卷设计等提供咨询和建议。专家组组长首先应当具备极高的专业知识，能够把握能源领域技术发展趋势；其次应当熟悉技术预见方法，准确把控技术预见过程；最重要的是，其具有高度的责任感与使命感，能够从国家未来的战略角度出发，客观公正地选择对未来发展至关重要的能源技术。依据以上原则，项目组聘请陈勇院士担任“中国先进能源 2035 技术预见”专家组组长。为协助组长工作，项目组聘请赵黛青研究员担任专家组副组长，具体负责协调专家组成员的工作，以配合组长及项目组完成各项任务。

一般来说，领域专家组成员应当由来自政府、企业、高校及研究机构的知名专家组成。本次技术预见着重从以下几个方面选择专家组成员：

（1）专家组成员必须是各个子领域的知名专家，必须在工作中努力保证公平公正，具有责任感和使命感。

（2）专家组成员整体应当有合理的知识结构。

（3）专家组成员应当熟悉或了解技术预见。

（4）专家组成员必须保证全程参与。

根据以上原则，经过与专家组组长、副组长商定，最终确定了“中国先进能源 2035 技术预见”专家组的成员。

第三节　技术预见子领域划分

在技术预见中，子领域的划分对后续工作的开展至关重要，必须遵循科学合理的原则。本次先进能源领域的子领域的划分主要考虑以下几个方面：

（1）强调学科属性，尽可能涵盖所有重点领域。

（2）相近的技术方向合并到同一子领域，同时尽可能避免不同子领域间的交叉重复。

（3）关注热点领域，充分考虑未来学科融合的趋势。

借鉴国内以往技术预见能源子领域的划分及国外相关成果，经过专家组成员的讨论，确定将先进能源领域划分为 9 个子领域：化石能源、太阳能、风能、生物质及其他可再生能源①、核能与安全、氢能与燃料电池、新型电网、节能储能②、新型能源系统。

第四节　技术课题遴选

技术课题的遴选必须坚持全面、客观、公开、公正[1]的原则。以往经验表明，技术课题修改幅度大会影响调查结果的准确性。因此，技术课题的选择必须遵循以下原则[2]。

1. 唯一性

技术课题必须严格按照原理阐明、开发成功、实际应用和广泛应用 4 个阶段描述，不允许一个技术课题同时处于多个发展阶段。

2. 前瞻性

技术课题应是在远期未来（10～20 年）最重要的，并且能够解决未来经济社会发展所面临的关键问题。

3. 战略性

战略性体现了技术在未来的重要程度。技术课题的选择应优先着眼于未来

---

① 在第二轮德尔菲调查中，其更名为“生物质能、海洋能及地热能”。

② 在第二轮德尔菲调查中，其更名为“节能与储能”。

能够产生最大经济效益和社会效益的战略研究领域与通用新技术。

4. 可行性

技术课题除了要考虑技术上是否可行（技术可行性）外，还应具备商业价值（商业可行性），且不能忽视对社会的影响（社会可行性）。

5. 一致性

技术课题的遴选要尽可能保持在同一层次上。

6. 完备性

遴选技术课题时要尽可能保证重大技术课题无遗漏，同时避免不同领域间的重复。

第五节 德尔菲调查

一、德尔菲调查问卷

德尔菲调查问卷的设计必须坚持“全面、简洁、准确、客观、可行、一致”的原则[3]。本次技术预见项目沿用“中国未来20年技术预见研究”项目的调查问卷格式（表1-5-1），设置了 11 栏，旨在通过调查获取专家对备选技术课题的五大判断：未来技术的重要性、未来技术的可能性、未来技术的可行性、未来技术合作与竞争对手、未来技术优先发展领域[1]。

表 1-5-1 调查问卷示例

技术子领域	技术课题编号	技术课题	您对该课题的熟悉程度（仅选择一项）				在中国*预计实现时间（仅选择一项）①					对促进经济增长的重要程度	对提高生活质量的重要程度	对保障国家安全的重要程度	当前中国*的研究开发水平（仅选择一项）			技术水平领先国家（地区）（可做多项选择）					当前制约该技术课题发展的因素（可做多项选择）					
			很熟悉	熟悉	一般	不熟悉	2020年前	2021～2025年	2026～2030年	2030年以后	无法预见				国际领先	接近国际水平	落后国际水平	美国	日本	欧盟	俄罗斯	其他（请填写）	技术可能性	商业可行性	法规、政策和标准	人力资源	研究开发投入	基础设施
				√								C	C	A			√	√								√	√	

* 此处不含香港、澳门、台湾情况。

① 本次调查，2030年以后指2030～2035年，无法预见指2035年后。

调查问卷有 8 个需要被调查专家回答的问题，具体如下。

（1）您对该课题的熟悉程度：A.很熟悉；B.熟悉；C.一般；D.不熟悉。

（2）在中国预计实现时间：A.2020 年前；B.2021～2025 年；C.2026～2030 年；D.2030 年以后；E.无法预见。

（3）对促进经济增长的重要程度：A.很重要；B.重要；C.一般；D.不重要。

（4）对提高生活质量的重要程度：A.很重要；B.重要；C.一般；D.不重要。

（5）对保障国家安全的重要程度：A.很重要；B.重要；C.一般；D.不重要。

（6）当前中国的研究开发水平：A.国际领先；B.接近国际水平；C.落后国际水平。

（7）技术水平领先国家（地区）（可做多项选择）：A.美国；B.日本；C.欧盟；D.俄罗斯；E.其他（请填写）。

（8）当前制约该技术课题发展的因素（可做多项选择）：A.技术可能性；B.商业可行性；C.法规、政策和标准；D.人力资源；E.研究开发投入；F.基础设施。

考虑到被调查专家的年龄分布及作答习惯，在第一轮德尔菲调查中，采用“纸质版+电子版”的形式有针对性地发放调查问卷。考虑到当前的工作方式逐渐转向计算机端甚至手机移动端，为方便专家作答，第二轮德尔菲调查增加了在线问卷的形式，采用“纸质版+电子版+在线问卷”三者结合的调查方式。最终的调查取得满意的效果，第一轮、第二轮德尔菲调查问卷回收率分别达到 54.38%和 55.17%。

二、德尔菲调查专家筛选

被调查专家在很大程度上影响着德尔菲调查的结果。“先进能源领域”技术预见项目吸取以往技术预见的经验，在专家筛选上严格把关。

首先，被调查专家数量必须达到一定规模。专家群体的规模太小，采集的数据无法反映真实的技术发展情况；规模太大，不便操作。本次先进能源领域技术预见项目共征集到 708 位专家的信息，为调查提供了有效的保障。

其次，被调查专家的组成结构要全面。专家筛选的机构要尽可能涵盖政府、企业、高校和科研院所等，以保证调查的全面。我国的研发力量主要分布在大学和科研院所中[4]，他们对当前技术的发展状况及趋势有更加深入的了解。考虑到这种情况，本次技术预见中征集的调查专家来自高校和科研院所的人数相较于政府和企业来说更多。

最后，被调查专家必须具备权威性。专家的权威性是保证调查结果质量的先决条件。本次技术预见要求所选专家必须为教授、副教授以上职称。虽然职称不能反映专家的真实水平，但在一定程度上能减少调查的“噪声”，提高调查结果的可靠性。

依据以上原则，本次技术预见项目采用“专家推荐制”来确定德尔菲调查专家。具体来说，首先由专家组成员和子领域专家组推荐一批专家，然后由这些专家滚动推荐。项目组核查被推荐的专家名单，剔除不合格人选，最终形成德尔菲调查专家库。

三、第一轮德尔菲调查

经典德尔菲调查一般需要经过四轮，直至调查结果趋于一致。但在实际操作中由于成本、周期等问题，调查过程往往会根据具体情况进行修改。本次技术预见调查规模大、涉及范围广、课题数量多，难以采取四轮调查的方法。因此，本次技术预见在实际操作过程中对传统技术预见程序进行合理修改，将部分操作步骤合并，并加以多轮专家审核以保证最后预见结果的可信度。

第一轮德尔菲调查涉及 9 个子领域的 95 项技术课题，发放问卷 708 份，回收问卷 396 份（其中 385 份为有效问卷）。参与作答的专家来自高校、科研院所、政府部门和企业的比例分别为 39.8%、33.4%、1.3%和 24.0%，如图 1-5-1 所示。在回收的问卷中，对技术课题“很熟悉”和“熟悉”的专家占回函专家总数的 37.3%，“不熟悉”的专家占 32.1%，如图 1-5-2 所示。除去“不熟悉”的作答（回答“不熟悉”的技术课题组在做统计分析时不做考虑），平均每个技术课题的回答人数仍超过 100 人次。因此，第一轮德尔菲调查的结果是客观的。

第一轮德尔菲调查结束后，项目组共收到 97 位专家提出的各种意见和建议。按照子领域整理、分析和汇总后，参与调查专家的意见被及时反馈给专家组。针对这些建议，专家组经过讨论，对原有技术课题做出一定程度上的修正，删减、合并了部分技术课题，并修改了部分技术课题的描述。

总体来看，第一轮德尔菲调查受到广大专家的肯定。专家提出的意见主要是针对技术课题的描述，对所选技术本身的质疑声很小。从这个角度上看，本轮德尔菲调查的结果是可信的。

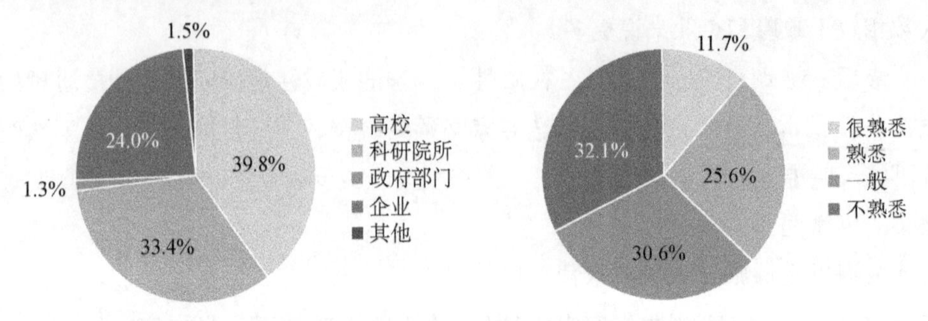

图 1-5-1　第一轮德尔菲调查专家构成情况　　图 1-5-2　第一轮德尔菲调查专家熟悉程度分布

四、第二轮德尔菲调查

第二轮德尔菲调查在第一轮德尔菲调查的基础上进行修订。参考调查结果和“中国先进能源 2035 技术预见”专家组的意见，本轮调查将“生物质及其他可再生能源”“节能储能”子领域依次更名为“生物质能、海洋能及地热能”“节能与储能”。

第二轮德尔菲调查涉及 9 个子领域的 91 项技术课题，发放问卷 600 份，回收问卷 331 份。参与作答的专家来自高校、科研院所、政府部门和企业的比例分别为 44.3%、19.7%、1.5%和 23.6%，如图 1-5-3 所示。相较于第一轮德尔菲调查，来自科研院所的专家比例明显下降，而选择“其他”的专家比例显著升高。对技术课题“很熟悉”和“熟悉”的专家占回函专家总数的 44.6%，比例有所提升，如图 1-5-4 所示。

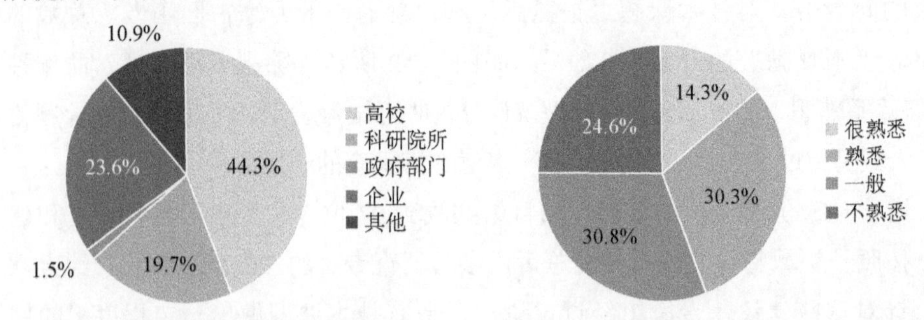

图 1-5-3　第二轮德尔菲调查专家构成情况　　图 1-5-4　第二轮德尔菲调查专家熟悉程度分布

为了提高第二轮德尔菲调查的效果，项目组控制了发放问卷的专家人数。结果表明，专家平均作答技术课题数量减少，但每项技术课题的平均有效作答人数仍达

105 人，反映出被调查专家的答题认真程度增加。总体来看，第二轮德尔菲调查所得数据样本量大、可信度高，取得了满意的效果。

第六节　专家会议

在两轮德尔菲调查结束后，项目组将技术预见调查结果向专家组汇报，并组织召开专家会议对调查结果进行深入分析。专家组结合国家重大战略需求，讨论后筛选出面向 2035 年最重要的 19 项关键技术课题，即陆上及海上智能化风电装备与风电场技术，核聚变技术，新一代核裂变能技术，核燃料后处理技术，煤炭分级液化生产油品技术，天然气水合物安全、高效开采技术，超超临界发电技术，低成本长寿命高效安全的储电技术，综合热效率达到 60%以上的燃气轮机联合循环发电技术，燃料电池电动汽车技术，燃料电池分布式发电系统技术，硅太阳电池材料制备及器件技术，大容量太阳能储能系统技术，高效新型太阳电池材料及电池制备关键技术，电压等级达±500 千伏及以上的柔性直流输电技术，大型可再生能源多能互补系统技术，分布式可再生能源冷热电集成供能系统技术，生物质高品质液体燃料技术，深远海海洋能源综合利用技术。根据专家会议达成的一致意见，项目组邀请子领域专家撰写各子领域未来发展趋势，由专家组推荐合适人选撰写 19 项关键技术的展望。

本书汇总了德尔菲调查结果、各子领域发展趋势及 19 项关键技术的展望，以期对未来先进能源领域发展规划制定提供战略性支持。

参考文献

[1] 中国未来 20 年技术预见研究组. 中国未来 20 年技术预见 [M]. 北京：科学出版社，2006.

[2] 穆荣平，任中保. 技术预见德尔菲调查中技术课题选择研究 [J]. 科学学与科学技术管理，2006,（3）：22-27.

[3] 穆荣平，任中保，袁思达，等. 中国未来 20 年技术预见德尔菲调查方法研究 [J]. 科研管理，2006,（1）：1-7.

[4] 袁志彬，任中保. 德尔菲法在技术预见中的应用与思考 [J]. 科技管理研究，2006,（10）：217-219.

第二章 德尔菲调查结果综合分析

第一节 德尔菲调查概述

“支撑创新驱动转型关键领域技术预见与发展战略研究”之“先进能源领域”参考日本第十次技术预见活动的分类方法，并结合“中国先进能源技术预见专家组”的意见，进行子领域的分类，并在第一轮调查后根据专家的意见做了适当调整。

回函专家构成对比见图 2-1-1。总的来说，回函专家主要分布在高校和科研院所，来自企业的专家占比不大，来自政府部门的专家最少。

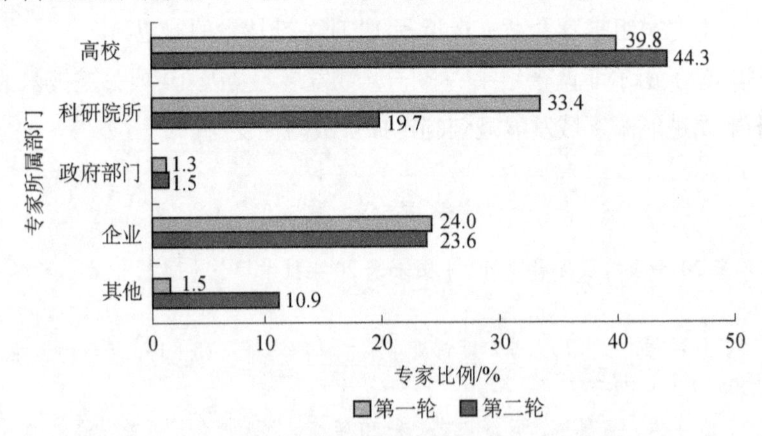

图 2-1-1 先进能源领域德尔菲调查回函专家构成情况

德尔菲调查回函专家的专业背景对调查结果有重要影响，因此德尔菲调查表中特别区分了专家对技术课题的熟悉程度。从调查结果看，在第一轮德尔菲调查中，对技术课题“很熟悉”和“熟悉”的专家分别占回函专家总数的 11.7%和 25.6%，“不熟悉”的专家占 32.1%。在第二轮德尔菲调查中，对技术课题“很熟悉”“熟悉”“一般”“不熟悉”的专家分别占 14.3%、30.3%、30.8%和 24.6%。为排除“不熟悉”专家作答的影响，第二轮德尔菲调查要求专家仅就熟悉的技术课题作答，使回函专家中对技术课题“很熟悉”和“熟悉”的比例显著增加，由 37.3%增加到 44.6%，“不熟悉”的专家比例大幅度减少，由 32.1%减少至 24.6%（图 2-1-2）。

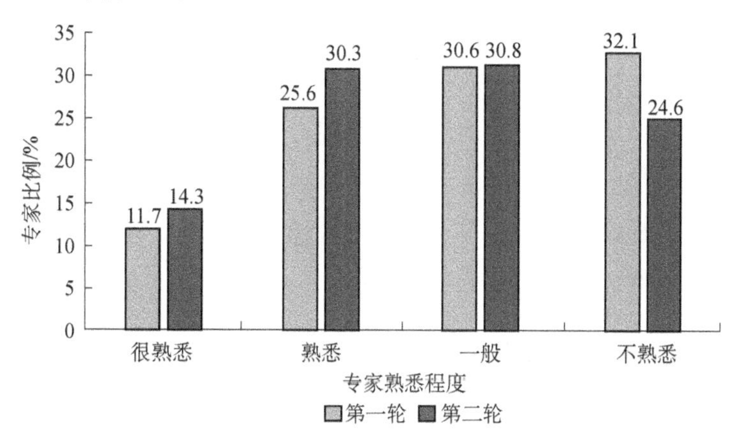

图 2-1-2　先进能源领域德尔菲调查回函专家熟悉情况

第二节　德尔菲调查统计方法

本书中德尔菲调查有两个基本假设。

基本假设 1：“很熟悉”技术课题的专家对技术课题重要程度的判断要比“熟悉”技术课题的专家的判断为优，不熟悉技术课题的专家的判断可以忽略不计。

基本假设 2：“促进经济增长”“提高生活质量”“保障国家安全”对于判定技术课题的重要程度具有同等的重要性。

基本假设 1 是由技术的专有属性决定的。技术的专有属性决定了对技术重要程度的判断在很大程度上依赖专家的专业知识水平。长期从事某项技术课题研究开发的高水平专家对于该技术课题的重要程度、目前领先国家、国内研究开发水平、实现可能性、制约因素和预计实现时间等问题的判断显然比“较熟悉”该技术课题的专家的判断要可靠。相应地，一个对技术课题根本不熟悉的专家对该技术未来的发展趋势的判断是很难令人信服的。因此，在处理德尔菲调查问卷中“很熟悉”、“熟悉”、“一般”和“不熟悉”四类专家的判断时，分别赋予其权重 4、2、1 和 0，用加权回函专家人数取代实际回函专家人数，统计对某个问题的认同度，使结果更趋向于熟悉技术课题的专家的判断。

从“促进经济增长”、“提高生活质量”和“保障国家安全”三者之间关系来看，促进经济增长能够为提高生活质量和保障国家安全奠定重要的物质基础；提高生活质量能够凝聚人心，增强全社会的创造活力；保障国家安全能够为经济发展与人民生活创造和谐的社会氛围，从而促进经济增长和提高生活水平。因此，可以认为“促进经济增长”、“提高生活质量”和“保障国家安全”具有同等重要的地位，基本假设 2 成立；在德尔菲调查问卷统计时，明确上述三项指标权重相等。

一、单因素重要程度指数

单因素重要程度指数包括 3 项：技术课题对促进经济增长的重要程度指数、对提高生活质量的重要程度指数和对保障国家安全的重要程度指数。其计算公式如下：

$$I = \frac{I_1 \cdot T_1 \cdot 4 + I_2 \cdot T_2 \cdot 2 + I_3 \cdot T_3 \cdot 1}{T_1 \cdot 4 + T_2 \cdot 2 + T_3 \cdot 1}$$

其中，$I_i = \dfrac{100 \cdot N_{i1} + N_{i2} \cdot 50 + N_{i3} \cdot 25 + N_{i4} \cdot 0}{N_{i1} + N_{i2} + N_{i3} + N_{i4}}$；$i = 1,2,3,4$。

式中，I_1、I_2、I_3、I_4 分别代表根据“很熟悉”、“熟悉”、“一般”和“不熟悉”专家作答情况，计算得出技术课题重要程度指数。当所有专家都认为该技术课题的重要性为“很重要”时，其指数为 100；当所有专家都认为“不重要”时，其指数为 0；当所有专家都认为该技术课题的重要性为“重要”时，其指数为 50；当所有专家都认为“较重要”时，其指数为 25。N_{i1}、N_{i2}、N_{i3}、N_{i4} 分别代表某种熟悉程度的专家中选择技术课题“很重要”“重要”“较重要”“不重要”的作答数。T_i 代表第 i 熟悉程度的作答人数（表 2-2-1）。

表 2-2-1　重要程度和熟悉程度交叉变量的定义

熟悉程度＼重要程度	很重要	重要	较重要	不重要	总计
很熟悉	N_{11}	N_{12}	N_{13}	N_{14}	T_1
熟悉	N_{21}	N_{22}	N_{23}	N_{24}	T_2
一般	N_{31}	N_{32}	N_{33}	N_{34}	T_3
不熟悉	N_{41}	N_{42}	N_{43}	N_{44}	T_4

二、三因素重要程度综合指数

在德尔菲调查结果的统计分析中，除了分别计算技术课题对促进经济增长的重要程度指数、对提高生活质量的重要程度指数和对保障国家安全的重要程度指数外，还需要综合考虑促进经济增长、提高生活质量和保障国家安全 3 个指标，以确定技术课题的综合重要程度指数。为此，需要找出合理的三因素综合重要程度指数的计算方法，以确定优先发展技术课题。从遴选优先发展技术课题出发，项目组提出在计算三因素综合重要程度指数的时候需要“适度强调拔尖”，即充分考虑对某一因素（如促进经济增长、提高生活质量和保障国家安全）的重要程度指数的边际贡献率呈非线性递增趋势，以使选择单项指标突出而不是各项指标平均的技术课题。值得指出的是，三因素综合重要程度计算方法的选择必须充分考虑本研究的假设，即选择“很熟悉”、“熟悉”、“一般”和“不熟悉”4 类专家判断的权重为 4、2、1 和 0；促进经济增长、提高生活质量和保障国家安全 3 个指标权重相等。

线性加权和法、平方和加权法和逼近理想解的排序方法（简称 TOPSIS 法）是解决类似多目标决策问题常用的计算方法。三因素综合重要程度计算属于典型的多目标决策问题，因此选择三因素综合重要程度指数的计算方法时重点考察了上述 3 种方法。

线性加权和法比较直观，容易理解和接受，但必须满足 3 个基本假设条件：①指标之间必须具有完全可补偿性；②指标之间价值相互独立；③单项指标边际价值是线性的。因此，采用线性加权和法不能够满足“单因素重要程度指数的边际贡献率呈非线性递增”的要求，因而不适合本研究。

TOPSIS 法是根据技术课题到正负“理想点”的距离来判定技术课题的优

劣，体现了存在最优方向的思想。最优方向为负理想点到正理想点的连线方向。具体计算时，首先将单因素指数进行向量规范化处理；其次，在属性空间中确定正负“理想点”；最后，计算技术课题与正“理想点”之间的距离 D_n'，与负理想点之间的距离 D_n''，则技术课题综合评价指数（I_n）为

$$I_n = \frac{D_n''}{D_n' + D_n''}$$

由于 TOPSIS 法较多地强调样本不同维度指标之间的均衡，所以它不适用于解决本书中研究所面临的问题。

与线性加权和法相比，平方和加权法在一定程度上突出了单项指标作用显著的技术课题。具体计算时，需要在属性空间中确定由单因素指数最小值构成的“负理想点”，然后分别计算每项技术课题由三项指标确定的空间点到“负理想点”之间的距离，并根据距离对技术课题进行排序，与“负理想点”之间的距离越大，其重要程度的排名越靠前。

基于对上述 3 种方法的分析，项目组决定采用平方和加权法计算技术课题的综合重要程度指数。它满足了本书中研究提出的单因素重要程度指数的边际贡献率呈非线性递增的要求，计算公式如下：

$$I_{\text{综合}} = \sqrt{I_{\text{增}}^2 + I_{\text{质}}^2 + I_{\text{安}}^2}$$

式中，$I_{\text{增}}$，$I_{\text{质}}$，$I_{\text{安}}$ 分别代表三项单因素重要程度指数（对促进经济增长的重要程度指数、对提高生活质量的重要程度指数和对保障国家安全的重要程度指数）。

三、技术课题的预计实现时间

中位数法是国内外德尔菲调查计算预计实现时间的最常用方法。本书中研究也采用该方法计算某一技术课题的预计实现时间。在德尔菲调查问卷中，“技术课题的预计实现时间”调查栏目设置了 5 个选项：①2020 年前；②2021～2025 年；③2026～2030 年；④2030 年以后；⑤无法预见。其中“2030 年以后”选项指 2031～2035 年，“无法预见”选项指 2035 年以后。

在采用中位数法计算每个技术课题的预计实现时间过程中，先将各位专家的预测结果在时间轴上按先后顺序排列，并将考虑专家熟悉程度的加权专家人数分为四等分。则，中分值点的预测结果称为中位数（M），表示专家中有一

半人（加权专家人数）预测实现的时间早于它，而另一半人预测实现的时间晚于它；先于中分点的四分点为下四分点（Q_1）；后于中分点的四分点为上四分点（Q_2）；技术课题预计实现时间 $T_i = M$（图 2-2-1）。

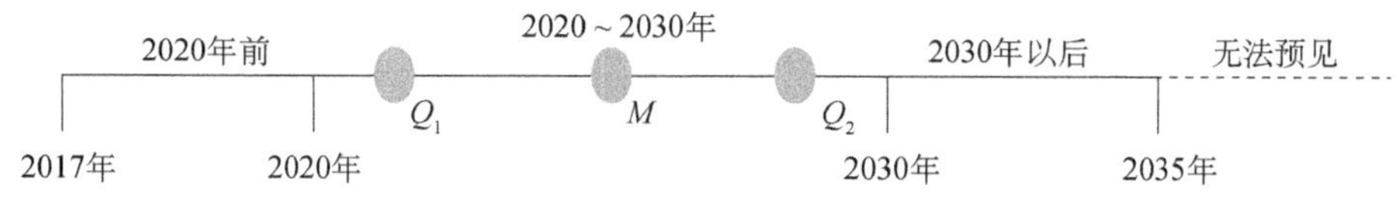

图 2-2-1　技术课题预计实现时间

四、技术课题实现可能性指数

技术课题的实现可能性主要取决于该技术课题自身的技术推动力（技术可能性）和市场拉动力（商业可行性）。为此，把“技术课题实现可能性”定义为技术可能性指数和商业可行性指数的乘积。如果用 T_i 和 B_i 分别表示技术课题编号为 i 的技术课题受技术可能性和商业可行性制约的专家认同度，那么技术课题 i 的实现可能性指数 R_i 就可以表示为 $R_i = (1-T_i)(1-B_i)$，其中 $i=(1,2,3,\cdots,n)$，表示技术课题编号。

五、技术课题的我国目前研究开发水平指数

由于回函专家对于技术课题我国“领先”的认同度普遍很低，可以将“国际领先”认同度和“接近国际水平”认同度简化处理为“技术课题的我国目前研究开发水平指数”，即用回函专家对于技术课题“接近国际水平”和“国际领先”的认同度，以表征我国研究开发水平。“技术课题的我国目前研究开发水平指数”定义如下：

$$\mathrm{RI} = \frac{R_{\mathrm{LX}} + 0.5R_{\mathrm{JJ}}}{R_{\mathrm{LX}} + R_{\mathrm{JJ}} + R_{\mathrm{LH}}}$$

式中，RI 代表技术课题的我国目前研究开发水平指数；R_{LX} 代表“国际领先”选项专家选择人数；R_{JJ} 代表“接近国际水平”选项专家选择人数；R_{LH} 代表“落后于国际水平”选项专家选择人数。

技术课题研究开发水平指数越高，说明该技术课题我国目前的研究开发水平越高；反之，说明该技术课题我国目前的研究开发水平也就越低。

六、专家认同度

专家认同度是指回函专家选择某选项的人数（考虑专家熟悉程度影响的加权人数）占回函专家总数（考虑专家熟悉程度影响的加权人数）的比例。具体计算公式如下：

$$I=\frac{Q_{i1}\cdot 4+Q_{i2}\cdot 2+Q_{i3}\cdot 1+Q_{i4}\cdot 0}{E_1\cdot 4+E_2\cdot 2+E_3\cdot 1+E_4\cdot 0}$$

式中，I 代表专家认同度；Q_{i1}、Q_{i2}、Q_{i3} 和 Q_{i4} 分别代表选择 i 选项“很熟悉”、“熟悉”、“一般”和“不熟悉”的专家人数；E_1、E_2、E_3 和 E_4 分别代表回函专家中选择“很熟悉”、“熟悉”、“一般”和“不熟悉”的专家人数。

第三节　先进能源领域最重要技术课题

为了确定有关技术课题的重要程度，项目组在德尔菲调查问卷设计的过程中，提出了促进经济增长、提高生活质量和保障国家安全 3 个判据；并在分别判断技术课题的重要程度的基础上，用改进后的平方和加权法将技术课题促进经济增长、提高生活质量和保障国家安全的重要程度指数加以综合，得到技术课题的综合重要程度排序。利用单因素重要程度指数计算方法和三因素综合重要程度指数计算方法对第二轮德尔菲调查结果进行数据处理，分别确定对促进经济增长、提高生活质量和保障国家安全最重要的 10 项技术课题，以及综合考虑上述 3 项指标的最重要的 10 项技术课题（见本节第四点）。

一、对促进经济增长最重要的 10 项技术课题

根据技术课题对促进经济增长的重要程度，遴选出未来对促进经济增长最重要的 10 项技术课题，其中以“循环寿命超过 10 000 次、充放电速度快、成本低的大规模储能电池得到广泛应用”最重要，其他依次是“开发出成本低、循环寿命长、能量密度高、安全性好、易回收的新型锂离子电池”、“硅太阳电池材料制备及器件效率取得重大突破”、“电压等级达±500 千伏及以上的柔性直流输电得到实际应用”、“实现可再生能源与化石能源的深度融合及协调运行”、

"开发出使用 750 摄氏度蒸汽、热效率超过 50%的超超临界蒸汽发电机组"、"能量密度达到 600 瓦·时/千克、循环次数超过 10 000 次的全固态锂离子电池将得到大规模应用"、"100 千瓦级全功率、寿命达 5000 小时以上的车用燃料电池获得实际应用"、"建立适合我国环境、气候特点的风电机组设计体系并研制设备"和"大容量太阳能储能系统得到实际应用"（表 2-3-1）。

表 2-3-1　先进能源领域对促进我国经济增长最重要的 10 项技术课题[①]

技术课题名称	子领域	实现年份	实现可能性指数	目前领先国家和地区		制约因素	
				第一	第二	第一	第二
循环寿命超过 10 000 次、充放电速度快、成本低的大规模储能电池得到广泛应用	节能与储能	2025	0.23	日本	美国	研究开发投入	基础设施
开发出成本低、循环寿命长、能量密度高、安全性好、易回收的新型锂离子电池	节能与储能	2026	0.23	日本	美国	研究开发投入	基础设施
硅太阳电池材料制备及器件效率取得重大突破	太阳能	2024	0.32	欧盟	美国	研究开发投入	法规、政策和标准
电压等级达±500 千伏及以上的柔性直流输电得到实际应用	新型电网	2022	0.24	欧盟	美国	研究开发投入	基础设施
实现可再生能源与化石能源的深度融合及协调运行	新型能源系统	2026	0.20	欧盟	美国	法规、政策和标准	研究开发投入
开发出使用 750 摄氏度蒸汽、热效率超过 50%的超超临界蒸汽发电机组	化石能源	2028	0.15	欧盟	美国	研究开发投入	基础设施
能量密度达到 600 瓦·时/千克、循环次数超过 10 000 次的全固态锂电池将得到大规模应用	节能与储能	2028	0.14	日本	美国	研究开发投入	人力资源
100 千瓦级全功率、寿命达 5 000 小时以上的车用燃料电池获得实际应用	氢能与燃料电池	2026	0.24	日本	美国	研究开发投入	基础设施
建立适合我国环境、气候特点的风电机组设计体系并研制设备	风能	2024	0.38	欧盟	美国	研究开发投入	基础设施
大容量太阳能储能系统得到实际应用	太阳能	2024	0.19	美国	欧盟	研究开发投入	法规、政策和标准

从子领域分布看，上述 10 项技术课题有 3 项技术课题属于节能与储能子领域，2 项技术课题属于太阳能子领域，新型电网、新型能源系统、化石能源、氢能与燃料电池、风能子领域则各拥有 1 项技术课题。结果表明，对于经济增长而言，节能与储能技术最重要，其次是太阳能。从预计实现时间上看，上述 10

① 表中数据经过四舍五入处理，排序以原始数据为准，全书余同。

项技术课题中，有 5 项技术课题预计在近中期（2021～2025 年）实现，有 5 项技术课题预计在中长期（2026～2030 年）实现。从实现可能性看，“建立适合我国环境、气候特点的风电机组设计体系并研制设备”实现可能性最大，“能量密度达到 600 瓦・时/千克、循环次数超过 10 000 次的全固态锂电池将得到大规模应用”实现的可能性最小。从制约因素上看，上述 10 项技术课题中，有 9 项技术课题面临的第一制约因素均是研究开发投入，只有“实现可再生能源与化石能源的深度融合及协调运行”的第一制约因素是法规、政策和标准，有 6 项技术课题的第二制约因素是基础设施。从目前领先国家和地区来看，上述 10 项技术课题中欧盟有 5 项排名世界第一位，日本有 4 项排名世界第一位，而美国仅有 1 项排名世界第一位，但是美国在其余 9 项技术课题中均排名第二位。

二、对提高生活质量最重要的 10 项技术课题

根据技术课题对提高生活质量的重要程度，遴选出未来对提高生活质量最重要的 10 项技术课题，其中以“循环寿命超过 10 000 次、充放电速度快、成本低的大规模储能电池得到广泛应用”最重要，其他依次是“开发出成本低、循环寿命长、能量密度高、安全性好、易回收的新型锂离子电池”、“能量密度达到 600 瓦・时/千克、循环次数超过 10 000 次的全固态锂电池将得到大规模应用”、“开发出整体效率达到 250 流/瓦的更高效 LED[①]灯具”、“100 千瓦级全功率、寿命达 5000 小时以上的车用燃料电池获得实际应用”、“硅太阳电池材料制备及器件效率取得重大突破”、“区域性以可再生能源为主能源系统获得实际应用”、“分布式微能源网获得广泛应用”、“热色智能节能玻璃获得实际应用和大规模推广”和“开发出制冷能效 COP[②]>10、热泵能效 COP>6 的高效民用空调技术”（表 2-3-2）。

表 2-3-2 先进能源领域对提高生活质量最重要的 10 项技术课题

技术课题名称	子领域	实现年份	实现可能性指数	目前领先国家和地区		制约因素	
				第一	第二	第一	第二
循环寿命超过 10 000 次、充放电速度快、成本低的大规模储能电池得到广泛应用	节能与储能	2025	0.23	日本	美国	研究开发投入	基础设施

① 发光二极管（light emitting diode，LED）。

② 性能系数（coefficient of performance，COP）。

续表

技术课题名称	子领域	实现年份	实现可能性指数	目前领先国家和地区		制约因素	
				第一	第二	第一	第二
开发出成本低、循环寿命长、能量密度高、安全性好、易回收的新型锂离子电池	节能与储能	2026	0.23	日本	美国	研究开发投入	基础设施
能量密度达到600瓦·时/千克、循环次数超过10 000次的全固态锂电池将得到大规模应用	节能与储能	2028	0.14	日本	美国	研究开发投入	人力资源
开发出整体效率达到250流/瓦的更高效LED灯具	节能与储能	2024	0.26	美国	日本	研究开发投入	基础设施
100千瓦级全功率、寿命达5 000小时以上的车用燃料电池获得实际应用	氢能与燃料电池	2026	0.24	日本	美国	研究开发投入	基础设施
硅太阳电池材料制备及器件效率取得重大突破	太阳能	2024	0.32	欧盟	美国	研究开发投入	法规、政策和标准
区域性以可再生能源为主能源系统获得实际应用	新型能源系统	2025	0.20	欧盟	美国	研究开发投入	法规、政策和标准
分布式微能源网获得广泛应用	新型能源系统	2025	0.22	欧盟	美国	法规、政策和标准	研究开发投入
热色智能节能玻璃获得实际应用和大规模推广	太阳能	2023	0.18	美国	欧盟	研究开发投入	法规、政策和标准
开发出制冷能效COP>10、热泵能效COP>6的高效民用空调技术	节能与储能	2027	0.21	日本	美国	研究开发投入	基础设施

从子领域分布看，上述10项技术课题有5项技术课题属于节能与储能子领域，2项属于太阳能子领域，2项技术课题属于新型能源系统子领域，1项技术课题属于氢能与燃料电池子领域。结果表明，对于提高生活质量而言，节能与储能技术最重要，其次是太阳能与新型能源系统相关技术，再次是氢能与燃料电池相关技术。从预计实现时间上看，上述10项技术课题中有6项技术课题预计在近中期（2021～2025年）实现，有4项技术课题预计在中长期（2026～2030年）实现。从实现可能性看，“硅太阳电池材料制备及器件效率取得重大突破”实现可能性最大，“能量密度达到600瓦·时/千克、循环次数超过10 000次的全固态锂电池将得到大规模应用”实现的可能性最小。从制约因素上看，上述10项技术课题中有9项技术课题面临的第一制约因素是研究开发投入，只有“分布式微能源网获得广泛应用”的第一制约因素是法规、政策和标准，有5项技术课题的第二制约因素是基础设施，3项技术课题的第二制约因素为法规、政策和标准。另外，人力资源也是重要的制约因素。由此可见，研究开发投入因

素对实现上述 10 项技术课题十分重要，值得关注。从目前领先国家和地区来看，在上述 10 项技术课题中，日本有 5 项技术课题排名世界第一位，欧盟有 3 项技术课题排名世界第一位，美国有 2 项技术课题排名世界第一位，同时美国有 8 项技术课题排名世界第二位。

三、对保障国家安全最重要的 10 项技术课题

根据技术课题对保障国家安全的重要程度，遴选出未来对保障国家安全最重要的 10 项技术课题，其中以“核燃料后处理技术获得实际应用”最重要，其他依次是“紧凑型和一体化小型压水堆获得实际应用”、“聚变堆取得示范性应用成果”、“钠冷快堆电站获得商业化应用”、“循环寿命超过 10 000 次、充放电速度快、成本低的大规模储能电池得到广泛应用”、“开发出综合热效率达到 60%以上的燃气轮机联合循环发电技术”、“天然气水合物安全、高效开采技术得到商业应用”、“开发出低阶煤分级液化与费托合成耦合技术”、“百兆瓦级的加速器驱动先进核能系统获得实际应用”和“能量密度达到 600 瓦·时/千克、循环次数超过 10 000 次的全固态锂电池将得到大规模应用”（表 2-3-3）。上述技术课题多是具有基础性、前瞻性、战略性特征的技术课题。

表 2-3-3　先进能源领域对保障国家安全最重要的 10 项技术课题

技术课题名称	子领域	实现年份	实现可能性指数	目前领先国家和地区		制约因素	
				第一	第二	第一	第二
核燃料后处理技术获得实际应用	核能与安全	2029	0.22	欧盟	美国	研究开发投入	基础设施
紧凑型和一体化小型压水堆获得实际应用	核能与安全	2025	0.23	美国	俄罗斯	研究开发投入	法规、政策和标准
聚变堆取得示范性应用成果	核能与安全	2032	0.07	欧盟	美国	研究开发投入	基础设施
钠冷快堆电站获得商业化应用	核能与安全	2029	0.21	俄罗斯	欧盟	研究开发投入	法规、政策和标准
循环寿命超过 10 000 次、充放电速度快、成本低的大规模储能电池得到广泛应用	节能与储能	2025	0.23	日本	美国	研究开发投入	基础设施
开发出综合热效率达到 60%以上的燃气轮机联合循环发电技术	节能与储能	2027	0.18	美国	欧盟	研究开发投入	基础设施
天然气水合物安全、高效开采技术得到商业应用	化石能源	2028	0.14	美国	日本	研究开发投入	基础设施
开发出低阶煤分级液化与费托合成耦合技术	化石能源	2024	0.19	美国	欧盟	研究开发投入	法规、政策和标准

续表

技术课题名称	子领域	实现年份	实现可能性指数	目前领先国家和地区		制约因素	
				第一	第二	第一	第二
百兆瓦级的加速器驱动先进核能系统获得实际应用	核能与安全	2030	0.13	欧盟	美国	研究开发投入	基础设施
能量密度达到 600 瓦·时/千克、循环次数超过 10 000 次的全固态锂电池将得到大规模应用	节能与储能	2028	0.14	日本	美国	研究开发投入	人力资源

从子领域分布看，上述 10 项技术课题有 5 项技术课题属于核能与安全子领域，3 项技术课题属于节能与储能子领域，2 项技术课题属于化石能源子领域。结果表明，对于保障国家安全而言，核能与安全技术至关重要，其次是节能与储能和化石能源相关技术。从预计实现时间上看，在上述 10 项技术课题中，有 3 项技术课题预计在近中期（2021～2025 年）实现，有 6 项技术课题预计在中长期（2026～2030 年）实现，有 1 项技术课题（即“聚变堆取得示范性应用成果”）预计在远期（2031 年及以后）实现。从实现可能性看，多数技术课题的实现可能性偏低，主要是由于该类技术强调基础性、前瞻性和战略性。其中，“循环寿命超过 10 000 次、充放电速度快、成本低的大规模储能电池得到广泛应用”实现可能性最大，“聚变堆取得示范性应用成果”实现的可能性最小，仅为 0.07。从制约因素上看，上述 10 项技术课题面临的第一制约因素均是研究开发投入，有 6 项技术课题的第二制约因素是基础设施，3 项技术课题的第二制约因素为法规、政策和标准，仅有“能量密度达到 600 瓦·时/千克、循环次数超过 10 000 次的全固态锂电池将得到大规模应用”面临的第二制约因素为人力资源。由此可见，除研究开发投入因素外，基础设施与法规、政策和标准对实现上述 10 项技术课题也十分重要，不能忽视。从目前领先国家和地区来看，在上述 10 项技术课题中，美国有 4 项技术课题排名世界第一位、5 项技术课题排名世界第二位，欧盟有 3 项技术课题排名世界第一位、3 项技术课题排名世界第二位，日本有 2 项技术课题排名世界第一位、1 项技术课题排名世界第二位，而俄罗斯也有 1 项技术课题分别排名第一位和第二位。

四、对中国未来发展最重要的 10 项技术课题

根据技术课题在促进经济增长、提高生活质量和保障国家安全 3 个方面的重要程度，采用“三因素综合重要程度指数”计算方法，遴选出对中国未来发

展最重要的 10 项技术课题，依次是“循环寿命超过 10 000 次、充放电速度快、成本低的大规模储能电池得到广泛应用”、“开发出成本低、循环寿命长、能量密度高、安全性好、易回收的新型锂离子电池”、“能量密度达到 600 瓦·时/千克、循环次数超过 10 000 次的全固态锂离子电池将得到大规模应用”、“聚变堆取得示范性应用成果”、“紧凑型和一体化小型压水堆获得实际应用”、“实现可再生能源与化石能源的深度融合及协调运行”、“100 千瓦级全功率、寿命达 5000 小时以上的车用燃料电池获得实际应用”、“硅太阳电池材料制备及器件效率取得重大突破”、“区域性以可再生能源为主能源系统获得实际应用”和“核燃料后处理技术获得实际应用”（表 2-3-4）。

表 2-3-4 先进能源领域对中国未来发展最重要的 10 项技术课题
（三因素综合重要程度指数）

技术课题名称	子领域	实现年份	实现可能性指数	目前领先国家和地区		制约因素	
				第一	第二	第一	第二
循环寿命超过 10 000 次、充放电速度快、成本低的大规模储能电池得到广泛应用	节能与储能	2025	0.23	日本	美国	研究开发投入	基础设施
开发出成本低、循环寿命长、能量密度高、安全性好、易回收的新型锂离子电池	节能与储能	2026	0.23	日本	美国	研究开发投入	基础设施
能量密度达到 600 瓦·时/千克、循环次数超过 10 000 次的全固态锂离子电池将得到大规模应用	节能与储能	2028	0.14	日本	美国	研究开发投入	人力资源
聚变堆取得示范性应用成果	核能与安全	2032	0.07	欧盟	美国	研究开发投入	基础设施
紧凑型和一体化小型压水堆获得实际应用	核能与安全	2025	0.23	美国	俄罗斯	研究开发投入	法规、政策和标准
实现可再生能源与化石能源的深度融合及协调运行	新型能源系统	2026	0.20	欧盟	美国	法规、政策和标准	研究开发投入
100 千瓦级全功率、寿命达 5 000 小时以上的车用燃料电池获得实际应用	氢能与燃料电池	2026	0.24	日本	美国	研究开发投入	基础设施
硅太阳电池材料制备及器件效率取得重大突破	太阳能	2024	0.32	欧盟	美国	研究开发投入	法规、政策和标准
区域性以可再生能源为主能源系统获得实际应用	新型能源系统	2025	0.20	欧盟	美国	研究开发投入	法规、政策和标准
核燃料后处理技术获得实际应用	核能与安全	2029	0.22	欧盟	美国	研究开发投入	基础设施

从子领域分布看，上述10项技术课题有3项技术课题属于节能与储能子领域，3项技术课题属于核能与安全子领域，2项技术课题属于新型能源系统子领域，1项技术课题属于氢能与燃料电池子领域，1项技术课题属于太阳能子领域。结果表明，对于国家未来发展而言，节能与储能至关重要，其次是核能与安全相关技术，新型能源系统等子领域也值得关注。从预计实现时间上看，上述10项技术课题中，有4项技术课题预计在近中期（2021～2025年）实现，有5项技术课题预计在中长期（2026～2030年）实现，有1项技术课题（即"聚变堆取得示范性应用成果"）预计在远期（2031年及以后）实现。从实现可能性看，太阳能子领域的"硅太阳电池材料制备及器件效率取得重大突破"技术课题实现可能性最大，核能与安全子领域的"聚变堆取得示范性应用成果"实现的可能性最小。从制约因素上看，上述10项技术课题中，9项技术课题面临的第一制约因素是研究开发投入，仅有"实现可再生能源与化石能源的深度融合及协调运行"技术课题的第一制约因素为法规、政策和标准，有5项技术课题的第二制约因素是基础设施，3项技术课题的第二制约因素为法规、政策和标准，"能量密度达到600瓦·时/千克、循环次数超过10 000次的全固态锂电池将得到大规模应用"和"实现可再生能源与化石能源的深度融合及协调运行"面临的第二制约因素分别为人力资源和研究开发投入。由此可见，研究开发投入、基础设施、法规、政策和标准和人力资源对实现上述10项技术课题均十分重要，不应忽视。从目前领先国家和地区来看，欧盟较为领先，日本、美国与俄罗斯也各具特色。上述10项技术课题中，欧盟有5项技术课题排名世界第一位，日本有4项技术课题排名世界第一位，美国有1项技术课题排名世界第一位，同时美国在除排名世界第一位项外的其他技术课题领域均排名世界第二位，发展均衡，俄罗斯在"紧凑型和一体化小型压水堆获得实际应用"技术课题领域排名世界第二位。

第四节　技术课题的预计实现时间

一、预计实现时间概述

技术课题的预计实现时间与技术课题实现可能性有一定的相关性，技术课题的预计实现时间与技术课题所处的发展阶段也有一定相关性。从预计实现时间看，先进能源领域多数技术课题的预计实现时间集中在 2026 年前后，预计在 2026～2030 年实现的技术课题约占 51.65%，有 5.49%的技术课题预计实现时间在 2031 年及之后（图 2-4-1）。

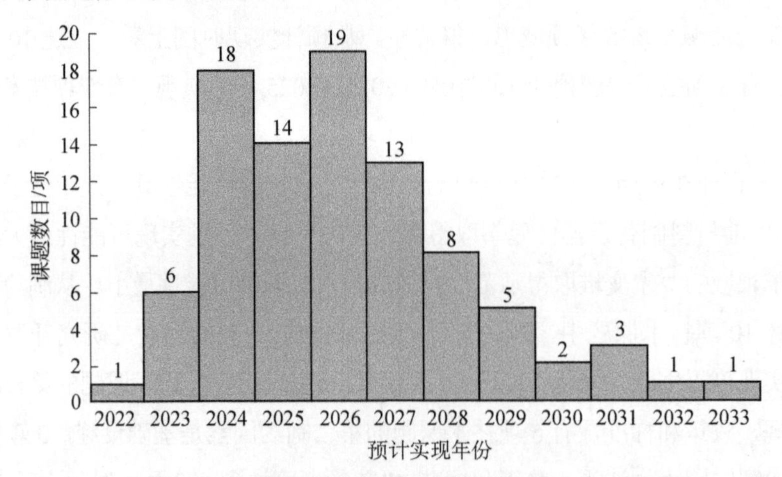

图 2-4-1　先进能源领域技术课题预计实现时间分布

二、技术课题预计实现时间与实现可能性

从技术课题预计实现时间与实现可能性之间的关系看，预计实现时间越晚的技术课题，一般其实现的可能性也越小，只有个别技术课题例外（图 2-4-2）。

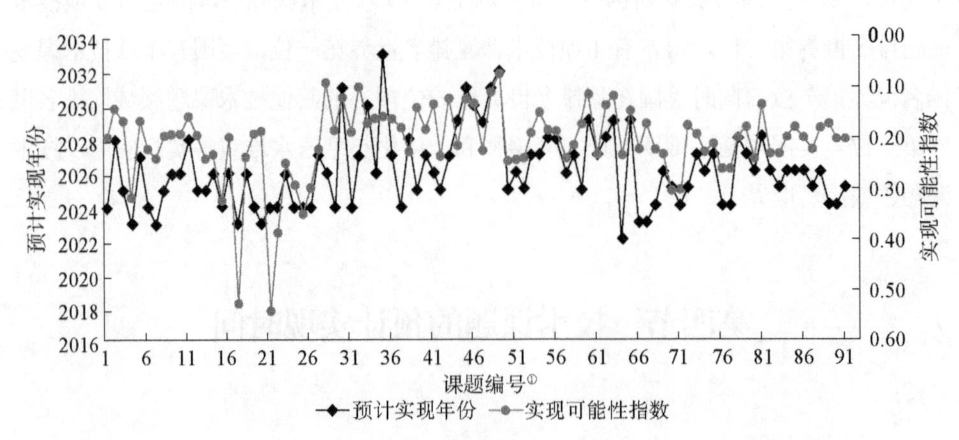

图 2-4-2　先进能源领域技术课题预计实现时间与实现可能性关系

① 本书中课题编号指德尔菲调查问卷中技术课题的顺序编号，见附录。

三、技术课题预计实现时间与发展阶段

从预计实现时间与技术课题发展阶段之间的关系看，处于广泛应用阶段的技术课题预计实现时间的平均值点是 2024 年，实际应用和开发成功阶段的技术课题预计实现时间的平均值点分别为 2025 年和 2026 年（图 2-4-3）。

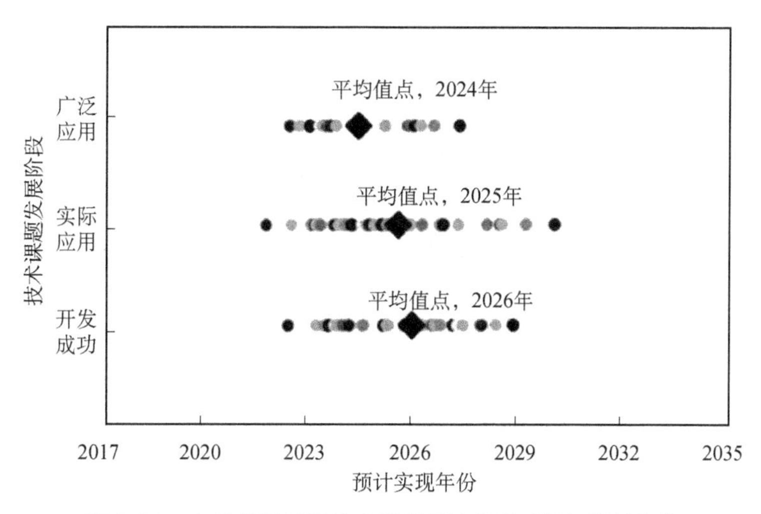

图 2-4-3　先进能源领域技术课题预计实现时间与发展阶段

总体上讲，发展阶段处于开发成功阶段的技术课题一般预计实现时间比较晚，处于实际应用阶段的技术课题预计实现时间要早于处在开发成功阶段的技术课题，处在广泛应用阶段的技术课题，一般预计实现时间最早。

四、技术课题预计实现时间与重要程度分布

技术课题预计实现时间与技术课题重要程度是选择重要技术课题的两个重要指标。书中将综合重要程度指数排在前 1/3 区域定义为“高重要程度区域”，后 1/3 区域定义为“低重要程度区域”；同时对技术预计实现时间进行分类，将 2017～2020 年定义为近期，2021～2025 年定义为近中期，2026～2030 年定义为中长期，2031～2035 年定义为远期。根据德尔菲调查结果，技术课题按照预计实现时间和重要程度两个指标进行分类，结果如图 2-4-4 所示。

从图 2-4-4 可以看出，处于高重要程度区域的技术课题中，预计近中期能够实现的技术课题为 15 项；预计中长期能够实现的技术课题为 10 项；预计远期能够实现的技术课题为 1 项。

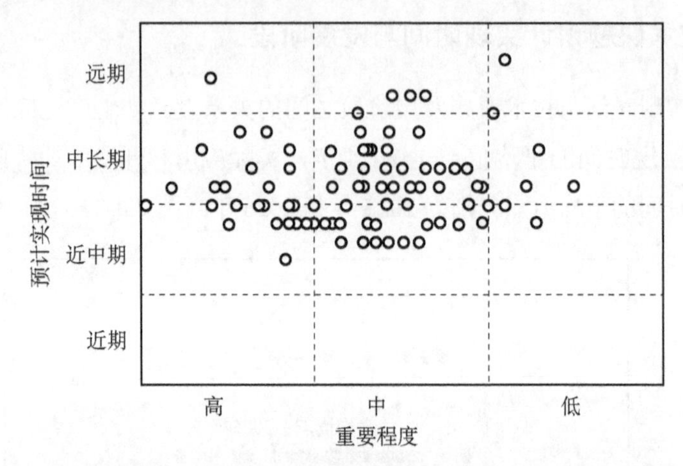

图 2-4-4 先进能源领域技术课题重要程度排列与预计实现时间分布

第五节 我国先进能源技术研究开发水平

一、研究开发水平概述

我国先进能源技术研究开发水平是确定优先发展技术课题的重要依据之一，也是决定我国先进能源国际科技合作模式的重要影响因素之一。根据德尔菲调查回函专家对“我国目前研究开发水平”问题的认同度，即认定我国的研究开发水平是处于国际领先，还是接近国际水平[①]或者是落后国际水平，以确定被调查技术课题的我国研究开发水平。

德尔菲调查数据表明，我国先进能源领域技术课题的总体研究水平低于或接近国际水平。对我国处于国际领先水平的专家认同度大于 50%的技术课题有 3 项，它们是认同度达到 57.24%的“煤制丙烯关键技术获得实际应用”、认同度达到 55.94%的“模块化高温气冷堆得到广泛应用”，以及认同度达到 60.78%的“电压等级达±500 千伏及以上的柔性直流输电得到实际应用”。对处在接近国际水平的专家认同度大于 50%的技术课题有 55 项，对处在落后国际水平的专家认同度大于 50%的技术课题有 13 项（图 2-5-1）。

① 这里的“国际水平”是指“国际先进水平”，下同。

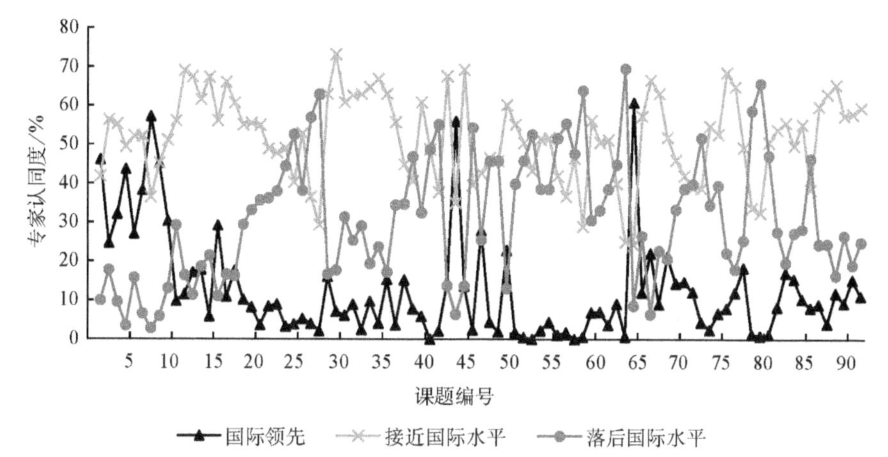

图 2-5-1　先进能源科技领域技术课题研究开发水平

分析先进能源领域 91 项技术课题的研究开发水平指数后发现，技术课题“煤制丙烯关键技术获得实际应用”的研究开发水平指数达 0.78，名列 91 项技术课题之首；“开发出兆瓦级固体氧化物燃料电池和燃气轮机联合循环发电系统”的研究开发水平指数最低，只有 0.14。“研究开发水平指数”大于等于 0.70 的技术课题有 5 项，介于 0.60～0.70（包括 0.60）的有 3 项，介于 0.50～0.60（包括 0.50）的有 12 项，介于 0.40～0.50（包括 0.40）的有 22 项，介于 0.30～0.40（包括 0.30）的有 27 项，介于 0.20～0.30（包括 0.20）的有 17 项，介于 0.10～0.20（包括 0.10）的有 5 项，没有出现小于 0.10 的技术课题（图 2-5-2）。

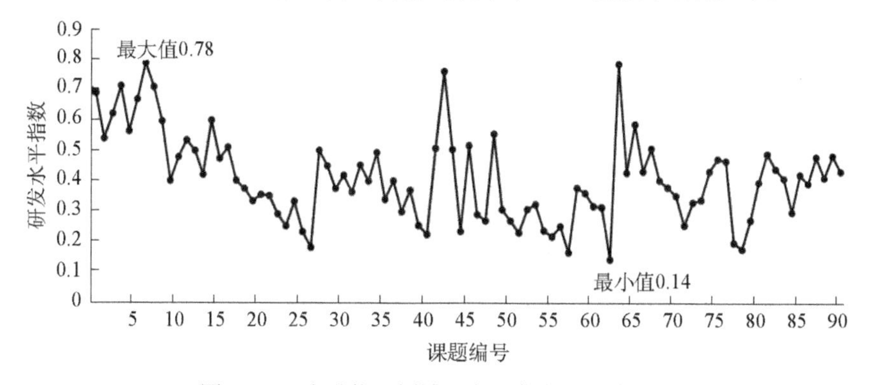

图 2-5-2　先进能源领域研究开发水平指数分布

二、我国研究开发水平最高的 10 项技术课题

根据“技术课题的我国目前研究开发水平指数”排序，列出我国研究开发水平最高的 10 项技术课题，依次为“煤制丙烯关键技术获得实际应用”、“电压等

级达±500 千伏及以上的柔性直流输电得到实际应用”、“模块化高温气冷堆得到广泛应用”、“单炉 2000 吨级/天规模的多喷嘴对置式粉煤加压气化技术获得实际应用”、“十万吨级的煤基甲醇制高附加值芳烃技术获得实际应用”、“开发出低阶煤分级液化与费托合成耦合技术”、“10 万吨级的煤经甲醇/二甲醚制清洁柴油添加剂技术获得实际应用”、“单炉 1000 吨级/天规模的加压流化床煤催化加氢气化制甲烷技术获得实际应用”、“硅太阳电池材料制备及器件效率取得重大突破”和“煤基氧热法电石生产技术获得实际应用”（表 2-5-1）。

表 2-5-1 先进能源领域我国研究开发水平最高的 10 项技术课题

技术课题名称	子领域	我国目前研究开发水平指数	实现年份	实现可能性指数	目前领先国家和地区		制约因素	
					第一	第二	第一	第二
煤制丙烯关键技术获得实际应用	化石能源	0.78	2023	0.24	美国	欧盟	研究开发投入	法规、政策和标准
电压等级达±500 千伏及以上的柔性直流输电得到实际应用	新型电网	0.78	2022	0.24	欧盟	美国	研究开发投入	基础设施
模块化高温气冷堆得到广泛应用	核能与安全	0.76	2027	0.12	美国	欧盟	研究开发投入	法规、政策和标准
单炉 2000 吨级/天规模的多喷嘴对置式粉煤加压气化技术获得实际应用	化石能源	0.71	2023	0.31	美国	欧盟	研究开发投入	法规、政策和标准
十万吨级的煤基甲醇制高附加值芳烃技术获得实际应用	化石能源	0.70	2025	0.19	美国	欧盟	研究开发投入	法规、政策和标准
开发出低阶煤分级液化与费托合成耦合技术	化石能源	0.69	2024	0.19	美国	欧盟	研究开发投入	法规、政策和标准
10 万吨级的煤经甲醇/二甲醚制清洁柴油添加剂技术获得实际应用	化石能源	0.66	2024	0.22	美国	欧盟	法规、政策和标准	研究开发投入
单炉 1000 吨级/天规模的加压流化床煤催化加氢气化制甲烷技术获得实际应用	化石能源	0.62	2025	0.16	美国	欧盟	研究开发投入	法规、政策和标准
硅太阳电池材料制备及器件效率取得重大突破	太阳能	0.59	2024	0.32	欧盟	美国	研究开发投入	法规、政策和标准
煤基氧热法电石生产技术获得实际应用	化石能源	0.59	2026	0.19	美国	欧盟	研究开发投入	法规、政策和标准

从上述的研究开发水平最高的 10 项技术课题的子领域分布看，化石能源子领域有 7 项，核能与安全、太阳能和新型电网子领域各有 1 项技术课题；从发展阶段①看，处于实际应用的有 7 项技术课题，处于开发成功的有 2 项技术课题，处于广泛应用的有 1 项技术课题；从研究开发水平②看，10 项技术课题的研究

①② 根据课题描述而来。

开发水平普遍较高，高于本领域 91 项技术课题的平均水平；从实现可能性来看，有 5 项技术课题的实现可能性高于本领域 91 项技术课题的平均水平；从预计实现时间来看，有 8 项技术课题预计在近中期实现，有 2 项技术课题预计在中长期实现。

第六节　技术课题的目前领先国家和地区

一、目前领先国家和地区概述

德尔菲调查结果表明（图 2-6-1），美国先进能源领域技术课题的研究开发处于领先地位，41 项技术课题研究开发水平居世界第一位，47 项技术课题研究开发水平居世界第二位。欧盟先进能源领域技术课题的研究开发水平排名世界第二位，34 项技术课题研究开发水平居世界第一位，其中技术课题“基于大数据的建筑、工厂及园区能源管理的技术（EMS）将得到大规模应用”与美国并列世界第一位；33 项技术课题研究开发水平居世界第二位。日本先进能源领域技术课题的研究开发水平排名世界第三位，15 项技术课题研究开发水平居世界第一位，10 项技术课题研究开发水平居世界第二位。

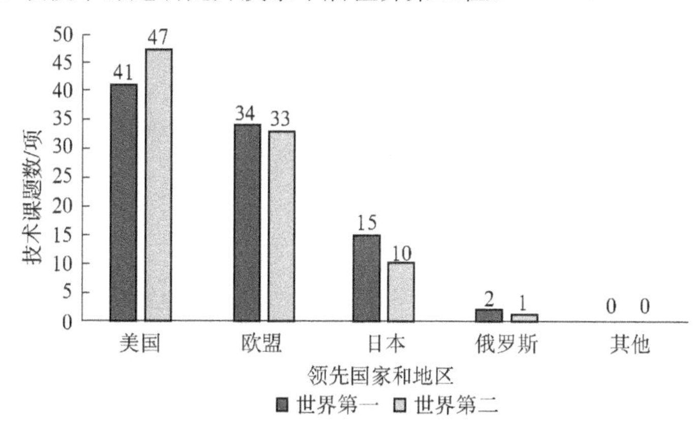

图 2-6-1　先进能源领域目前领先国家和地区分布图

二、美国最领先的 10 项技术课题

美国先进能源领域技术课题研究开发水平处于全面领先地位的数量最多，在 91 项技术课题中，美国领先的（按专家认同度排名前十）技术课题依次为

“紧凑型和一体化小型压水堆获得实际应用”、“开发出综合热效率达到 60%以上的燃气轮机联合循环发电技术”、“百兆瓦级钍基熔盐堆核能系统获得实际应用”、“超导直流输电技术将实现示范”、“开发出热效率超过 50%的车用汽油发动机和柴油发动机”、“高效薄膜电池材料及器件工艺技术取得突破”、“新型电介质材料与磁性材料在电力设备中得到实际应用”、“开发出热电比可在 0～2.0 范围内自由调节的 1～2 兆瓦内燃机热电冷联合循环技术”、“适应复杂赋存条件煤层气的开采技术实现工业应用”和“宽禁带电力电子器件将在电力电子装备中得到一定规模的应用”（表 2-6-1）。

表 2-6-1 先进能源领域美国最领先的 10 项技术课题

世界排名	技术课题名称	子领域	“美国领先”的专家认同度	我国目前研究开发水平指数	实现年份	实现可能性指数	制约因素	
							第一	第二
1	紧凑型和一体化小型压水堆获得实际应用	核能与安全	0.89	0.50	2025	0.23	研究开发投入	法规、政策和标准
1	开发出综合热效率达到60%以上的燃气轮机联合循环发电技术	节能与储能	0.87	0.17	2027	0.18	研究开发投入	基础设施
1	百兆瓦级钍基熔盐堆核能系统获得实际应用	核能与安全	0.83	0.27	2031	0.11	研究开发投入	基础设施
1	超导直流输电技术将实现示范	新型电网	0.79	0.42	2029	0.15	研究开发投入	基础设施
1	开发出热效率超过 50%的车用汽油发动机和柴油发动机	节能与储能	0.78	0.19	2028	0.20	研究开发投入	法规、政策和标准
1	高效薄膜电池材料以及器件工艺技术取得突破	太阳能	0.77	0.50	2025	0.24	研究开发投入	基础设施
1	新型电介质材料与磁性材料在电力设备中得到实际应用	新型电网	0.75	0.32	2027	0.19	研究开发投入	人力资源
1	开发出热电比可在 0～2.0 范围内自由调节的 1～2 兆瓦内燃机热电冷联合循环技术	节能与储能	0.75	0.27	2026	0.24	研究开发投入	人力资源
1	适应复杂赋存条件煤层气的开采技术实现工业应用	化石能源	0.74	0.40	2026	0.19	法规、政策和标准	研究开发投入
1	宽禁带电力电子器件将在电力电子装备中得到一定规模的应用	新型电网	0.74	0.25	2025	0.18	研究开发投入	人力资源

从上述 10 项技术课题的子领域分布看，节能与储能、新型电网子领域各有 3 项技术课题，核能与安全子领域有 2 项技术课题，太阳能和化石能源子领域各有

1 项技术课题；从发展阶段[①]看，有 5 项技术课题处于开发成功阶段，有 5 项技术课题处于实际应用阶段；从预计实现时间看，有 1 项技术课题预计在远期实现，6 项技术课题预计在中长期实现，3 项技术课题预计在近中期实现。

三、欧盟最领先的 10 项技术课题

欧盟先进能源领域技术课题研究开发水平处于全面领先的数量仅次于美国。在 91 项课题中，欧盟领先的（按专家认同度排名前十）技术课题均排名世界第一，依次为“研制出可测试 10～20 兆瓦大型海上风电机组及其关键部件的试验测试装置”、“实现 10～20 兆瓦大型风电机组的产业化”、“开发出大型海上风电场成套关键技术”、“电网友好且可与其他电源协同运行的智能化风电场技术得到广泛应用”、“掌握风电设备回收处理及循环再利用技术并开展应用示范”、“聚变堆取得示范性应用成果”、“高燃烧效率、少炉膛结渣的生物质发电得到广泛商业应用”、“区域性以可再生能源为主能源系统获得实际应用”、“建立适合我国环境、气候特点的风电机组设计体系并研制设备”和“高品质、高效制备的生物燃气获得广泛应用”（表 2-6-2）。

表 2-6-2　先进能源领域欧盟最领先的 10 项技术课题

世界排名	技术课题名称	子领域	“欧盟领先”的专家认同度	我国目前研究开发水平指数	实现年份	实现可能性指数	制约因素	
							第一	第二
1	研制出可测试 10～20 兆瓦大型海上风电机组及其关键部件的试验测试装置	风能	0.92	0.25	2024	0.29	研究开发投入	基础设施
1	实现 10～20 兆瓦大型风电机组的产业化	风能	0.91	0.29	2026	0.25	研究开发投入	基础设施
1	开发出大型海上风电场成套关键技术	风能	0.90	0.23	2024	0.30	研究开发投入	基础设施
1	电网友好且可与其他电源协同运行的智能化风电场技术得到广泛应用	风能	0.87	0.33	2024	0.35	研究开发投入	法规、政策和标准
1	掌握风电设备回收处理及循环再利用技术并开展应用示范	风能	0.87	0.18	2027	0.22	研究开发投入	法规、政策和标准
1	聚变堆取得示范性应用成果	核能与安全	0.85	0.55	2032	0.07	研究开发投入	基础设施
1	高燃烧效率、少炉膛结渣的生物质发电得到广泛商业应用	生物质能、海洋能及地热能	0.83	0.49	2033	0.15	法规、政策和标准	研究开发投入

① 根据课题描述而来。

续表

世界排名	技术课题名称	子领域	“欧盟领先”的专家认同度	我国目前研究开发水平指数	实现年份	实现可能性指数	制约因素	
							第一	第二
1	区域性以可再生能源为主能源系统获得实际应用	新型能源系统	0.83	0.43	2025	0.20	研究开发投入	法规、政策和标准
1	建立适合我国环境、气候特点的风电机组设计体系并研制设备	风能	0.83	0.35	2024	0.38	研究开发投入	基础设施
1	高品质、高效制备的生物燃气获得广泛应用	生物质能、海洋能及地热能	0.82	0.45	2024	0.18	法规、政策和标准	研究开发投入

从上述 10 项技术课题的子领域分布看，风能子领域有 6 项技术课题，生物质能、海洋能及地热能子领域有 2 项技术课题，核能与安全和新型能源系统子领域各有 1 项技术课题；从发展阶段[①]看，有 5 项技术课题处于开发成功阶段，有 2 项技术课题处于实际应用阶段，有 3 项技术课题处于广泛应用阶段；从预计实现时间看，有 2 项技术课题预计在远期实现，2 项技术课题预计在中长期实现，6 项技术课题预计在近中期实现。

四、日本最领先的 10 项技术课题

日本先进能源领域技术课题的研究开发水平处于全面领先地位的数量仅次于美国和欧盟。在 91 项技术课题中，日本领先的（按专家认同度排名前十）技术课题均排名世界第一，依次为“100 千瓦级全功率、寿命达 5000 小时以上的车用燃料电池获得实际应用”、“国产化的质子交换膜燃料电池关键材料与部件获得实际应用”、“千瓦至百千瓦级质子交换膜燃料电池分布式供能系统得到实际应用”、“开发出制冷能效 COP>10、热泵能效 COP>6 的高效民用空调技术”、“能量密度达到 600 瓦·时/千克、循环次数超过 10 000 次的全固态锂电池将得到大规模应用”、“非贵金属燃料电池不间断电源技术得到实际应用”、“开发出以储氢材料为介质的车载储氢技术”、“开发出成本低、循环寿命长、能量密度高、安全性好、易回收的新型锂离子电池”、“小型化石燃料重整制氢形成标准化的加氢站现场制氢模式并进行示范应用”和“百千瓦级固体氧化物燃料电池发电系统获得实际应用”（表 2-6-3）。

① 根据课题描述而来。

表 2-6-3 先进能源领域日本最领先的 10 项技术课题

世界排名	技术课题名称	子领域	"日本领先"的专家认同度	我国目前研究开发水平指数	实现年份	实现可能性指数	制约因素	
							第一	第二
1	100 千瓦级全功率、寿命达 5 000 小时以上的车用燃料电池获得实际应用	氢能与燃料电池	0.88	0.27	2026	0.24	研究开发投入	基础设施
1	国产化的质子交换膜燃料电池关键材料与部件获得实际应用	氢能与燃料电池	0.86	0.30	2025	0.24	研究开发投入	基础设施
1	千瓦至百千瓦级质子交换膜燃料电池分布式供能系统得到实际应用	氢能与燃料电池	0.83	0.23	2025	0.24	研究开发投入	法规、政策和标准
1	开发出制冷能效 COP>10、热泵能效 COP>6 的高效民用空调技术	节能与储能	0.76	0.43	2027	0.21	研究开发投入	基础设施
1	能量密度达到 600 瓦·时/千克、循环次数超过 10 000 次的全固态锂电池将得到大规模应用	节能与储能	0.74	0.39	2028	0.14	研究开发投入	人力资源
1	非贵金属燃料电池不间断电源技术得到实际应用	氢能与燃料电池	0.74	0.32	2027	0.15	研究开发投入	基础设施
1	开发出以储氢材料为介质的车载储氢技术	氢能与燃料电池	0.74	0.31	2028	0.14	研究开发投入	基础设施
1	开发出成本低、循环寿命长、能量密度高、安全性好、易回收的新型锂离子电池	节能与储能	0.74	0.49	2026	0.23	研究开发投入	基础设施
1	小型化石燃料重整制氢形成标准化的加氢站现场制氢模式并进行示范应用	氢能与燃料电池	0.73	0.16	2027	0.22	研究开发投入	法规、政策和标准
1	百千瓦级固体氧化物燃料电池发电系统获得实际应用	氢能与燃料电池	0.72	0.21	2028	0.19	研究开发投入	基础设施

从上述 10 项技术课题的子领域分布看，氢能与燃料电池子领域有 7 项技术课题，节能与储能子领域有 3 项技术课题；从发展阶段[①]看，有 4 项技术课题处于开发成功阶段，有 5 项技术课题处于实际应用阶段，有 1 项技术课题处于广泛应用阶段；从预计实现时间看，8 项技术课题预计在中长期实现，2 项技术课题预计在近中期实现。

① 根据课题描述而来。

第七节　技术课题的实现可能性

一、实现可能性描述

根据技术课题实现可能性指数的计算方法，得出先进能源领域 91 项技术课题的实现可能性指数的均值为 0.21。技术课题“建立我国不同区域、地形下的典型风能资源数据库及共享服务系统”（课题编号 21）实现可能性指数最大，为 0.54；技术课题“聚变堆取得示范性应用成果”（课题编号 49）实现可能性指数最小，为 0.07；实现可能性指数介于 0.1～0.5 的技术课题占 94.5%（图 2-7-1）。

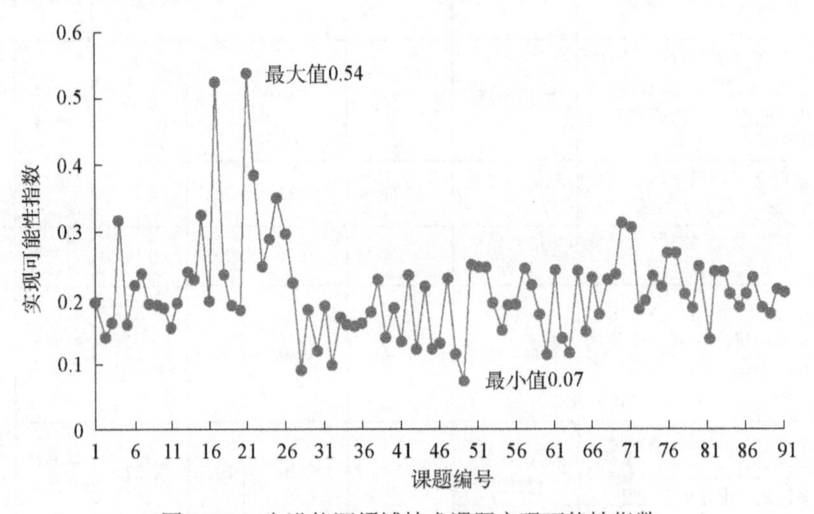

图 2-7-1　先进能源领域技术课题实现可能性指数

二、实现可能性最大的 10 项技术课题

先进能源领域实现可能性最大的 10 项技术课题包括：“建立我国不同区域、地形下的典型风能资源数据库及共享服务系统”、“建立我国 7 个典型气候区的光伏系统实证性研究的测试基地”、“建立适合我国环境、气候特点的风电机组设计体系并研制设备”、“电网友好且可与其他电源协同运行的智能化风电场技术得到广泛应用”、“硅太阳电池材料制备及器件效率取得重大突破”、“单炉 2000 吨级/天规模的多喷嘴对置式粉煤加压气化技术获得实际应用”、“高精度

（95%以上）可再生能源发电功率预测预报技术得到广泛应用”、“微型电力传感器及其自供能技术达到实用化水平”、“开发出大型海上风电场成套关键技术”和“研制出可测试 10～20 兆瓦大型海上风电机组及其关键部件的试验测试装置”（表 2-7-1）。

表 2-7-1　先进能源领域实现可能性最大的 10 项技术课题

技术课题名称	子领域	实现年份	实现可能性指数	影响技术课题实现的因素（专家认同度）		我国目前研究开发水平指数	制约因素（专家认同度）			
				技术	商业		法规、政策和标准	人力资源	研究开发投入	基础设施
建立我国不同区域、地形下的典型风能资源数据库及共享服务系统	风能	2024	0.54	0.26	0.28	0.35	0.39	0.26	0.63	0.33
建立我国 7 个典型气候区的光伏系统实证性研究的测试基地	太阳能	2023	0.52	0.17	0.37	0.51	0.34	0.18	0.49	0.31
建立适合我国环境、气候特点的风电机组设计体系并研制设备	风能	2024	0.38	0.40	0.36	0.35	0.18	0.23	0.68	0.24
电网友好且可与其他电源协同运行的智能化风电场技术得到广泛应用	风能	2024	0.35	0.46	0.35	0.33	0.38	0.22	0.65	0.29
硅太阳电池材料制备及器件效率取得重大突破	太阳能	2024	0.32	0.46	0.41	0.59	0.22	0.11	0.44	0.17
单炉 2000 吨级/天规模的多喷嘴对置式粉煤加压气化技术获得实际应用	化石能源	2023	0.31	0.36	0.51	0.71	0.14	0.06	0.39	0.04
高精度（95%以上）可再生能源发电功率预测预报技术得到广泛应用	新型电网	2025	0.31	0.58	0.27	0.37	0.21	0.15	0.56	0.18
微型电力传感器及其自供能技术达到实用化水平	新型电网	2024	0.30	0.53	0.36	0.35	0.19	0.16	0.55	0.13
开发出大型海上风电场成套关键技术	风能	2024	0.29	0.55	0.34	0.23	0.20	0.23	0.72	0.29
研制出可测试 10～20 兆瓦大型海上风电机组及其关键部件的试验测试装置	风能	2024	0.29	0.52	0.40	0.25	0.22	0.23	0.74	0.40

从上述 10 项技术课题的子领域分布来看，风能子领域有 5 项技术课题，太阳能和新型电网子领域各有 2 项技术课题，化石能源子领域有 1 项技术课题。

从预计实现时间看，上述 10 项技术课题均在近中期。从发展阶段[①]看，处于开发成功阶段的有 6 项技术课题，处于实际应用阶段的有 2 项技术课题，处于广泛应用阶段的有 2 项技术课题。

三、受技术可能性制约最大的 10 项技术课题

先进能源领域受技术可能性制约最大的 10 项技术课题包括："聚变堆取得示范性应用成果"、"百兆瓦级的铅基快堆获得实际应用"、"转换效率达 20%以上的太阳能光解水制氢技术获得突破"、"能量密度达到 600 瓦 · 时/千克、循环次数超过 10 000 次的全固态锂电池将得到大规模应用"、"开发出兆瓦级固体氧化物燃料电池和燃气轮机联合循环发电系统"、"非贵金属燃料电池不间断电源技术得到实际应用"、"开发出使用 750 摄氏度蒸汽、热效率超过 50%的超临界蒸汽发电机组"、"开发出以储氢材料为介质的车载储氢技术"、"百兆瓦级的加速器驱动先进核能系统获得实际应用" 和 "百兆瓦级钍基熔盐堆核能系统获得实际应用"（表 2-7-2）。

表 2-7-2 先进能源领域受技术可能性制约最大的 10 项技术课题

技术课题名称	子领域	实现年份	实现可能性指数	影响技术课题实现的因素（专家认同度）		我国目前研究开发水平指数	制约因素（专家认同度）			
				技术	商业		法规、政策和标准	人力资源	研究开发投入	基础设施
聚变堆取得示范性应用成果	核能与安全	2032	0.07	0.84	0.54	0.55	0.24	0.35	0.53	0.37
百兆瓦级的铅基快堆获得实际应用	核能与安全	2031	0.12	0.78	0.46	0.23	0.23	0.29	0.69	0.46
转换效率达 20%以上的太阳能光解水制氢技术获得突破	氢能与燃料电池	2029	0.11	0.77	0.52	0.36	0.06	0.12	0.49	0.15
能量密度达到600瓦 · 时/千克、循环次数超过10 000 次的全固态锂电池将得到大规模应用	节能与储能	2028	0.14	0.74	0.47	0.39	0.16	0.21	0.55	0.20
开发出兆瓦级固体氧化物燃料电池和燃气轮机联合循环发电系统	氢能与燃料电池	2029	0.12	0.74	0.56	0.14	0.24	0.19	0.61	0.27

① 根据课题描述而来。

续表

技术课题名称	子领域	实现年份	实现可能性指数	影响技术课题实现的因素（专家认同度）		我国目前研究开发水平指数	制约因素（专家认同度）			
				技术	商业		法规、政策和标准	人力资源	研究开发投入	基础设施
非贵金属燃料电池不间断电源技术得到实际应用	氢能与燃料电池	2027	0.15	0.73	0.45	0.32	0.15	0.18	0.59	0.21
开发出使用750摄氏度蒸汽、热效率超过50%的超临界蒸汽发电机组	化石能源	2028	0.15	0.73	0.42	0.48	0.08	0.12	0.55	0.20
开发出以储氢材料为介质的车载储氢技术	氢能与燃料电池	2028	0.14	0.73	0.49	0.31	0.23	0.14	0.52	0.28
百兆瓦级的加速器驱动先进核能系统获得实际应用	核能与安全	2030	0.13	0.71	0.55	0.51	0.42	0.34	0.67	0.43
百兆瓦级钍基熔盐堆核能系统获得实际应用	核能与安全	2031	0.11	0.71	0.62	0.27	0.41	0.35	0.64	0.47

从上述10项技术课题的子领域分布看，核能与安全和氢能与燃料电池子领域各有4项技术课题，节能与储能和化石能源子领域各有1项技术课题；从预计实现时间来看，预计实现时间普遍较晚，有4项技术课题预计在远期实现，6项技术课题预计在中长期实现；从发展阶段[①]看，处于开发成功阶段的技术课题有4项，处于实际应用阶段的技术课题有5项，处于广泛应用阶段的技术课题有1项。从实现可能性来看，上述10项技术课题的实现可能性普遍比较小，实现可能性指数均低于所有91项技术课题的平均值（0.21）；从研究开发水平看，我国在上述10项技术课题的研究开发水平普遍较低，只有3项技术课题高于所有91项技术课题目前研究开发水平的平均值（0.40）。

四、受技术可能性制约最小的10项技术课题

先进能源领域受技术可能性制约最小的10项技术课题包括："建成我国7个典型气候区的光伏系统实证性研究的测试基地"、"高品质、高效制备的生物燃气获得广泛应用"、"建立我国不同区域、地形下的典型风能资源数据库及共享

① 根据课题描述而来。

服务系统”、“终端一体化多能互补集成供能系统获得广泛应用”、“低值废弃油脂炼制的生物柴油得到广泛应用”、“开发出低阶煤分级液化与费托合成耦合技术”、“固体成型燃料制备关键技术与装备获得广泛应用”、“10 万吨级的煤经甲醇/二甲醚制清洁柴油添加剂技术获得实际应用”、“基于大数据的建筑、工厂及园区能源管理的技术（EMS）将得到大规模应用”和“分布式微能源网获得广泛应用”（表 2-7-3）。

表 2-7-3 先进能源领域受技术可能性制约最小的 10 项技术课题

技术课题名称	子领域	实现年份	实现可能性指数	影响技术课题实现的因素（专家认同度）		我国目前研究开发水平指数	制约因素（专家认同度）			
				技术	商业		法规、政策和标准	人力资源	研究开发投入	基础设施
建成我国 7 个典型气候区的光伏系统实证性研究的测试基地	太阳能	2023	0.52	0.17	0.37	0.51	0.34	0.18	0.49	0.31
高品质、高效制备的生物燃气获得广泛应用	生物质能、海洋能及地热能	2024	0.18	0.24	0.76	0.45	0.56	0.06	0.38	0.23
建立我国不同区域、地形下的典型风能资源数据库及共享服务系统	风能	2024	0.54	0.26	0.28	0.35	0.39	0.26	0.63	0.33
终端一体化多能互补集成供能系统获得广泛应用	新型能源系统	2024	0.17	0.28	0.76	0.41	0.53	0.12	0.45	0.15
低值废弃油脂炼制的生物柴油得到广泛应用	生物质能、海洋能及地热能	2024	0.19	0.28	0.74	0.42	0.54	0.14	0.30	0.23
开发出低阶煤分级液化与费托合成耦合技术	化石能源	2024	0.19	0.31	0.72	0.69	0.32	0.04	0.41	0.12
固体成型燃料制备关键技术与装备获得广泛应用	生物质能、海洋能及地热能	2030	0.17	0.31	0.76	0.45	0.51	0.07	0.27	0.15
10 万吨级的煤经甲醇/二甲醚制清洁柴油添加剂技术获得实际应用	化石能源	2024	0.22	0.32	0.68	0.66	0.35	0.08	0.33	0.09
基于大数据的建筑、工厂及园区能源管理的技术（EMS）将得到大规模应用	节能与储能	2024	0.26	0.33	0.61	0.47	0.53	0.16	0.43	0.25
分布式微能源网获得广泛应用	新型能源系统	2025	0.22	0.33	0.66	0.39	0.45	0.10	0.41	0.18

从上述 10 项技术课题的子领域分布看，生物质能、海洋能及地热能子领域有 3 项技术课题，新型能源系统和化石能源子领域各有 2 项技术课题，太阳能、风能和节能与储能子领域各有 1 项技术课题。从预计实现时间看，上述 10 项技术课题的预计实现时间普遍较早，9 项技术课题预计在近中期实现，1 项技术课题预计在远期实现；从发展阶段[①]看，处于开发成功阶段的技术课题有 3 项，处于实际应用阶段的技术课题有 1 项，处于广泛应用阶段的技术课题有 6 项；从实现可能性来看，其中一半的技术课题实现可能性低于所有 91 项技术课题的平均值（0.21），另外一半的技术课题实现可能性高于所有 91 项技术课题的平均值；从研究开发水平看，我国的研究开发水平较高，其中 8 项技术课题的研究开发水平指数高于本领域所有 91 项技术课题的平均水平（0.40）。

五、受商业可行性制约最大的 10 项技术课题

先进能源领域受商业可行性制约最大的 10 项技术课题包括："万吨级生物航空煤油获得产业化突破"、"模块化高温气冷堆得到广泛应用"、"利用生物质规模化合成先进生物燃料的技术获得实际应用"、"高效制备的非粮燃料乙醇实现示范应用"、"高燃烧效率、少炉膛结渣的生物质发电得到广泛商业应用"、"高品质、高效制备的生物燃气获得广泛应用"、"终端一体化多能互补集成供能系统获得广泛应用"、"固体成型燃料制备关键技术与装备获得广泛应用"、"地热能高效梯级利用技术得到广泛应用"和"低值废弃油脂炼制的生物柴油得到广泛应用"（表 2-7-4）。

表 2-7-4　先进能源领域受商业可行性制约最大的 10 项技术课题

技术课题名称	子领域	实现年份	实现可能性指数	影响技术课题实现的因素（专家认同度）		我国目前研究开发水平指数	制约因素（专家认同度）			
				技术	商业		法规、政策和标准	人力资源	研究开发投入	基础设施
万吨级生物航空煤油获得产业化突破	生物质能、海洋能及地热能	2026	0.09	0.53	0.81	0.50	0.33	0.06	0.41	0.20
模块化高温气冷堆得到广泛应用	核能与安全	2027	0.12	0.44	0.78	0.76	0.29	0.13	0.41	0.10

① 根据课题描述而来。

续表

技术课题名称	子领域	实现年份	实现可能性指数	影响技术课题实现的因素（专家认同度）		我国目前研究开发水平指数	制约因素（专家认同度）			
				技术	商业		法规、政策和标准	人力资源	研究开发投入	基础设施
利用生物质规模化合成先进生物燃料的技术获得实际应用	生物质能、海洋能及地热能	2027	0.10	0.55	0.78	0.36	0.40	0.05	0.39	0.16
高效制备的非粮燃料乙醇实现示范应用	生物质能、海洋能及地热能	2031	0.12	0.47	0.78	0.37	0.40	0.11	0.34	0.19
高燃烧效率、少炉膛结渣的生物质发电得到广泛商业应用	生物质能、海洋能及地热能	2033	0.15	0.34	0.76	0.49	0.46	0.03	0.32	0.17
高品质、高效制备的生物燃气获得广泛应用	生物质能、海洋能及地热能	2024	0.18	0.24	0.76	0.45	0.56	0.06	0.38	0.23
终端一体化多能互补集成供能系统获得广泛应用	新型能源系统	2024	0.17	0.28	0.76	0.41	0.53	0.12	0.45	0.15
固体成型燃料制备关键技术与装备获得广泛应用	生物质能、海洋能及地热能	2030	0.17	0.31	0.76	0.45	0.51	0.07	0.27	0.15
地热能高效梯级利用技术得到广泛应用	生物质能、海洋能及地热能	2025	0.14	0.45	0.75	0.37	0.43	0.07	0.33	0.25
低值废弃油脂炼制的生物柴油得到广泛应用	生物质能、海洋能及地热能	2024	0.19	0.28	0.74	0.42	0.54	0.14	0.30	0.23

从上述 10 项技术课题的子领域分布看，生物质能、海洋能及地热能子领域有 8 项技术课题，核能与安全和新型能源系统子领域各有 1 项技术课题；从预计实现时间看，有 4 项技术课题预计在近中期实现，3 项技术课题预计在中长期实现，3 项技术课题预计在远期实现。从发展阶段来看[①]，有 1 项技术课题处于开发成功阶段，2 项技术课题处于实际应用阶段，7 项技术课题处于广泛应用阶段。从实现可能性看，上述 10 项技术课题的实现可能性均偏低，低

① 根据课题描述而来。

于所有 91 技术课题实现可能性的平均值（0.21）。从研究开发水平看，我国的研究开发水平较高，有 7 项技术课题的目前研究开发水平高于该所有 91 项技术课题的平均水平（0.40）。

六、受商业可行性制约最小的 10 项技术课题

先进能源领域受商业可行性制约最小的 10 项技术课题包括："高精度（95%以上）可再生能源发电功率预测预报技术得到广泛应用"、"建立我国不同区域、地形下的典型风能资源数据库及共享服务系统"、"开发出整体效率达到 250 流/瓦的更高效 LED 灯具"、"开发出大型海上风电场成套关键技术"、"电网友好且可与其他电源协同运行的智能化风电场技术得到广泛应用"、"建立适合我国环境、气候特点的风电机组设计体系并研制设备"、"微型电力传感器及其自供能技术达到实用化水平"、"开发出热效率超过 50%的车用汽油发动机和柴油发动机"、"建成我国 7 个典型气候区的光伏系统实证性研究的测试基地"和"开发出成本低、循环寿命长、能量密度高、安全性好、易回收的新型锂离子电池"（表 2-7-5）。

表 2-7-5　先进能源领域受商业可行性制约最小的 10 项技术课题

技术课题名称	子领域	实现年份	实现可能性指数	影响技术课题实现的因素（专家认同度）		我国目前研究开发水平指数	制约因素（专家认同度）			
				技术	商业		法规、政策和标准	人力资源	研究开发投入	基础设施
高精度（95%以上）可再生能源发电功率预测预报技术得到广泛应用	新型电网	2025	0.31	0.58	0.27	0.37	0.21	0.15	0.56	0.18
建立我国不同区域、地形下的典型风能资源数据库及共享服务系统	风能	2024	0.54	0.26	0.28	0.35	0.39	0.26	0.63	0.33
开发出整体效率达到 250 流/瓦的更高效 LED 灯具	节能与储能	2024	0.26	0.62	0.31	0.46	0.14	0.18	0.55	0.21
开发出大型海上风电场成套关键技术	风能	2024	0.30	0.55	0.34	0.23	0.20	0.23	0.72	0.29
电网友好且可与其他电源协同运行的智能化风电场技术得到广泛应用	风能	2024	0.35	0.46	0.35	0.33	0.38	0.22	0.65	0.29
建立适合我国环境、气候特点的风电机组设计体系并研制设备	风能	2024	0.38	0.40	0.36	0.35	0.18	0.23	0.68	0.24

续表

技术课题名称	子领域	实现年份	实现可能性指数	影响技术课题实现的因素（专家认同度）		我国目前研究开发水平指数	制约因素（专家认同度）			
				技术	商业		法规、政策和标准	人力资源	研究开发投入	基础设施
微型电力传感器及其自供能技术达到实用化水平	新型电网	2024	0.30	0.53	0.36	0.35	0.19	0.16	0.55	0.13
开发出热效率超过 50% 的车用汽油发动机和柴油发动机	节能与储能	2028	0.20	0.69	0.36	0.19	0.25	0.19	0.59	0.08
建成我国 7 个典型气候区的光伏系统实证性研究的测试基地	太阳能	2023	0.52	0.17	0.37	0.51	0.34	0.18	0.49	0.31
开发出成本低、循环寿命长、能量密度高、安全性好、易回收的新型锂离子电池	节能与储能	2026	0.23	0.61	0.39	0.49	0.14	0.12	0.61	0.25

从上述 10 项技术课题的子领域分布看，风能子领域有 4 项技术课题，节能与储能子领域有 3 项技术课题，新型电网子领域有 2 项技术课题，太阳能子领域有 1 项技术课题。从预计实现时间看，有 8 项技术课题预计在近中期实现，有 2 项技术课题预计在中长期实现。从发展阶段看[①]，有 7 项技术课题处于开发成功阶段，有 1 项技术课题处于实际应用阶段，有 2 项技术课题处于广泛应用阶段。从实现可能性看，10 项技术课题的实现可能性指数高于本领域 91 项技术课题的平均值（0.21）。从研究开发水平看，有 3 项技术课题的目前研究开发水平高于本领域 91 项技术课题的平均水平（0.40），其余 7 项技术课题低于平均水平。

第八节　技术发展的制约因素

一、制约因素概述

研究开发投入，法规、政策和标准，基础设施是先进能源领域技术课题发展的最主要制约因素，其中研究开发投入因素影响较大，其次是法规、政策和标准，再次是基础设施，最后是人力资源（图 2-8-1）。

① 根据课题描述而来。

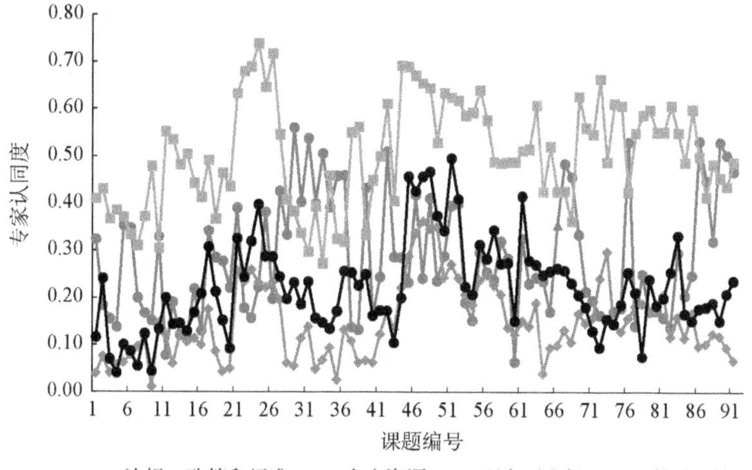

图 2-8-1　先进能源领域技术课题制约因素

从制约因素看，在 91 项技术课题中，有 73 项技术课题的第一制约因素是研究开发投入，18 项技术课题的第一制约因素是法规、政策和标准；35 项技术课题的第二制约因素是法规、政策和标准，4 项技术课题的第二制约因素是人力资源，17 项技术课题的第二制约因素是研究开发投入，35 项技术课题的第二制约因素是基础设施（图 2-8-2）。

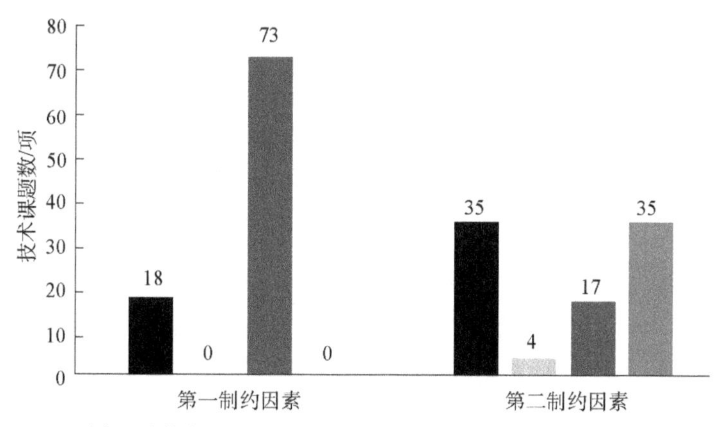

图 2-8-2　先进能源领域技术课题前两位制约因素分布

二、受研究开发投入因素制约最大的 10 项技术课题

研究开发投入是制约先进能源科技发展的瓶颈，有 73 项技术课题的第一制约

因素是研究开发投入。受研究开发投入因素制约最大的 10 项技术课题依次是："研制出可测试 10～20 兆瓦大型海上风电机组及其关键部件的试验测试装置"、"开发出大型海上风电场成套关键技术"、"钠冷快堆电站获得商业化应用"、"百兆瓦级的铅基快堆获得实际应用"、"实现 10～20 兆瓦大型风电机组的产业化"、"建立适合我国环境、气候特点的风电机组设计体系并研制设备"、"百兆瓦级的加速器驱动先进核能系统获得实际应用"、"宽禁带电力电子器件将在电力电子装备中得到一定规模的应用"、"核燃料后处理技术获得实际应用"和"电网友好且可与其他电源协同运行的智能化风电场技术得到广泛应用"（表 2-8-1）。

表 2-8-1　先进能源领域受研究开发投入因素制约最大的 10 项技术课题

制约因素排名	技术课题名称	子领域	实现年份	实现可能性指数	我国目前研究开发水平指数	制约因素（专家认同度）			
						法规、政策和标准	人力资源	研究开发投入	基础设施
1	研制出可测试 10～20 兆瓦大型海上风电机组及其关键部件的试验测试装置	风能	2024	0.29	0.25	0.22	0.23	0.74	0.40
1	开发出大型海上风电场成套关键技术	风能	2024	0.30	0.23	0.20	0.23	0.72	0.29
1	钠冷快堆电站获得商业化应用	核能与安全	2029	0.21	0.50	0.29	0.22	0.69	0.20
1	百兆瓦级的铅基快堆获得实际应用	核能与安全	2031	0.12	0.23	0.23	0.29	0.69	0.46
1	实现 10～20 兆瓦大型风电机组的产业化	风能	2026	0.25	0.29	0.16	0.26	0.69	0.32
1	建立适合我国环境、气候特点的风电机组设计体系并研制设备	风能	2024	0.38	0.35	0.18	0.23	0.68	0.24
1	百兆瓦级的加速器驱动先进核能系统获得实际应用	核能与安全	2030	0.13	0.51	0.42	0.34	0.67	0.43
1	宽禁带电力电子器件将在电力电子装备中得到一定规模的应用	新型电网	2025	0.18	0.25	0.16	0.24	0.66	0.09
1	核燃料后处理技术获得实际应用	核能与安全	2029	0.22	0.29	0.24	0.36	0.66	0.46
1	电网友好且可与其他电源协同运行的智能化风电场技术得到广泛应用	风能	2024	0.35	0.33	0.38	0.22	0.65	0.29

从上述 10 项技术课题的子领域分布来看，风能子领域有 5 项技术课题，核能与安全子领域各有 4 项技术课题，新型电网子领域有 1 项技术课题。从预计实现

时间看，在上述10项技术课题中，预计近中期的有5项技术课题，处于中长期的有4项技术课题，处于远期的有1项技术课题。从实现可能性看，有6项技术课题的实现可能性指数高于本领域91项技术课题的平均值（0.21）。从目前研究开发水平来看，研究开发水平指数总体偏低，8项技术课题低于本领域91项技术课题的平均值（0.40），只有“钠冷快堆电站获得商业化应用”及“百兆瓦级的加速器驱动先进核能系统获得实际应用”明显高于本领域91项技术课题的平均水平。从发展阶段看，处于开发成功阶段的有3项技术课题，处于实际应用阶段的有6项技术课题，处于广泛应用阶段的有1项技术课题。

三、受法规、政策和标准因素制约最大的10项技术课题

法规、政策和标准是制约先进能源科技发展的重要因素之一，列为第一制约因素的有18项，列为第二制约因素的有35项。受法规、政策和标准因素制约最大的10项技术课题依次是：“高品质、高效制备的生物燃气获得广泛应用”、“低值废弃油脂炼制的生物柴油得到广泛应用”、“实现可再生能源与化石能源的深度融合及协调运行”、“基于大数据的建筑、工厂及园区能源管理的技术（EMS）将得到大规模应用”、“终端一体化多能互补集成供能系统获得广泛应用”、“紧凑型和一体化小型压水堆获得实际应用”、“固体成型燃料制备关键技术与装备获得广泛应用”、“大型风光水火储多能互补系统获得实际应用”、“基于可再生能源的1～10兆瓦级的冷热电联供分布式智慧能源系统得到应用”和“区域性以可再生能源为主能源系统获得实际应用”（表2-8-2）。

表2-8-2　先进能源领域受法规、政策和标准因素制约最大的10项技术课题

制约因素排名	技术课题名称	子领域	实现年份	实现可能性指数	我国目前研究开发水平指数	制约因素（专家认同度）			
						法规、政策和标准	人力资源	研究开发投入	基础设施
1	高品质、高效制备的生物燃气获得广泛应用	生物质能、海洋能及地热能	2024	0.18	0.45	0.56	0.06	0.38	0.23
1	低值废弃油脂炼制的生物柴油得到广泛应用	生物质能、海洋能及地热能	2024	0.19	0.42	0.54	0.14	0.30	0.23
1	实现可再生能源与化石能源的深度融合及协调运行	新型能源系统	2026	0.20	0.42	0.53	0.10	0.50	0.18

续表

制约因素排名	技术课题名称	子领域	实现年份	实现可能性指数	我国目前研究开发水平指数	制约因素（专家认同度）			
						法规、政策和标准	人力资源	研究开发投入	基础设施
1	基于大数据的建筑、工厂及园区能源管理的技术（EMS）将得到大规模应用	节能与储能	2024	0.26	0.47	0.53	0.16	0.43	0.25
1	终端一体化多能互补集成供能系统获得广泛应用	新型能源系统	2024	0.17	0.41	0.53	0.12	0.45	0.15
2	紧凑型和一体化小型压水堆获得实际应用	核能与安全	2025	0.23	0.50	0.51	0.17	0.61	0.17
1	固体成型燃料制备关键技术与装备获得广泛应用	生物质能、海洋能及地热能	2030	0.17	0.45	0.51	0.07	0.27	0.15
1	大型风光水火储多能互补系统获得实际应用	新型能源系统	2024	0.21	0.48	0.50	0.09	0.44	0.21
1	基于可再生能源的 1～10 兆瓦级的冷热电联供分布式智慧能源系统得到应用	新型电网	2023	0.17	0.43	0.48	0.13	0.43	0.26
2	区域性以可再生能源为主能源系统获得实际应用	新型能源系统	2025	0.20	0.43	0.47	0.07	0.49	0.24

从上述 10 项技术课题的子领域分布来看，生物质能、海洋能及地热能子领域有 3 项技术课题，新型能源系统子领域有 4 项技术课题，核能与安全子领域有 1 项技术课题，节能与储能子领域有 1 项技术课题，新型电网子领域有 1 项技术课题。从预计实现时间看，在上述 10 项技术课题中，预计近中期的有 8 项技术课题，处于中长期的有 2 项技术课题。从实现可能性看，实现可能性指数总体偏低，有 7 项技术课题的实现可能性指数低于本领域 91 项技术课题的平均值（0.21）。从目前研究开发水平来看，10 项技术课题全部高于本领域 91 项技术课题的平均值（0.40），研究开发水平较高。从发展阶段看[①]，处于开发成功阶段的有 1 项技术课题，处于实际应用阶段的有 4 项技术课题，处于广泛应用阶段的有 5 项技术课题。

四、受基础设施因素制约最大的 10 项技术课题

基础设施是制约先进能源科技发展的重要因素之一，有 35 项技术课题将其

① 根据课题描述而来。

列为第二制约因素。受基础设施因素制约最大的 10 项技术课题依次是："100 千瓦级全功率、寿命达 5000 小时以上的车用燃料电池获得实际应用"、"百兆瓦级钍基熔盐堆核能系统获得实际应用"、"百兆瓦级的铅基快堆获得实际应用"、"核燃料后处理技术获得实际应用"、"百兆瓦级的加速器驱动先进核能系统获得实际应用"、"100 兆瓦级大规模'电转气'综合应用体系得以建立"、"千瓦至百千瓦级质子交换膜燃料电池分布式供能系统得到实际应用"、"研制出可测试 10～20 兆瓦大型海上风电机组及其关键部件的试验测试装置"、"聚变堆取得示范性应用成果"和"开发分散电站工况条件下的分布式化石燃料重整制氢技术并进行示范推广应用"（表 2-8-3）。

表 2-8-3　先进能源领域受基础设施因素制约最大的 10 项技术课题

制约因素排名	技术课题名称	子领域	实现年份	实现可能性指数	我国目前研究开发水平指数	制约因素（专家认同度）			
						法规、政策和标准	人力资源	研究开发投入	基础设施
2	100 千瓦级全功率、寿命达 5 000 小时以上的车用燃料电池获得实际应用	氢能与燃料电池	2026	0.24	0.27	0.40	0.27	0.63	0.50
2	百兆瓦级钍基熔盐堆核能系统获得实际应用	核能与安全	2031	0.11	0.27	0.41	0.35	0.64	0.47
2	百兆瓦级的铅基快堆获得实际应用	核能与安全	2031	0.12	0.23	0.23	0.29	0.69	0.46
2	核燃料后处理技术获得实际应用	核能与安全	2029	0.22	0.29	0.24	0.36	0.66	0.46
2	百兆瓦级的加速器驱动先进核能系统获得实际应用	核能与安全	2030	0.13	0.51	0.42	0.34	0.67	0.43
2	100 兆瓦级大规模"电转气"综合应用体系得以建立	氢能与燃料电池	2027	0.24	0.31	0.33	0.15	0.51	0.42
2	千瓦至百千瓦级质子交换膜燃料电池分布式供能系统得到实际应用	氢能与燃料电池	2025	0.24	0.23	0.40	0.24	0.62	0.41
2	研制出可测试 10～20 兆瓦大型海上风电机组及其关键部件的试验测试装置	风能	2024	0.29	0.25	0.22	0.23	0.74	0.40
2	聚变堆取得示范性应用成果	核能与安全	2032	0.07	0.55	0.24	0.35	0.53	0.37
2	开发分散电站工况条件下的分布式化石燃料重整制氢技术并进行示范推广应用	氢能与燃料电池	2026	0.24	0.25	0.24	0.23	0.49	0.34

从上述 10 项技术课题的子领域分布来看，风能子领域有 1 项技术课题，核能

与安全子领域有 5 项技术课题，氢能与燃料电池子领域有 4 项技术课题。从预计实现时间看，在上述 10 项技术课题中，预计近中期的有 2 项技术课题，处于中长期的有 5 项技术课题，处于远期的有 3 项技术课题。从实现可能性看，实现可能性指数总体较高，有 6 项技术课题的实现可能性指数高于本领域 91 项技术课题的平均值（0.21）。从目前研究开发水平来看，研究开发水平指数总体偏低，8 项技术课题低于本领域 91 项技术课题的平均值（0.40），只有“百兆瓦级的加速器驱动先进核能系统获得实际应用”及“聚变堆取得示范性应用成果”明显高于本领域 91 项技术课题的平均水平。从发展阶段看[①]，处于开发成功阶段的有 4 项技术课题，处于实际应用阶段的有 6 项技术课题。

五、受人力资源因素制约最大的 10 项技术课题

人力资源是制约先进能源科技发展的重要因素之一。受人力资源因素制约最大的 10 项技术课题依次是：“核燃料后处理技术获得实际应用”、“聚变堆取得示范性应用成果”、“百兆瓦级钍基熔盐堆核能系统获得实际应用”、“百兆瓦级的加速器驱动先进核能系统获得实际应用”、“新型电介质材料与磁性材料在电力设备中得到实际应用”、“百兆瓦级的铅基快堆获得实际应用”、“100 千瓦级全功率、寿命达 5000 小时以上的车用燃料电池获得实际应用”、“实现 10～20 兆瓦大型风电机组的产业化”、“建立我国不同区域、地形下的典型风能资源数据库及共享服务系统”和“百千瓦级固体氧化物燃料电池发电系统获得实际应用”（表 2-8-4）。

表 2-8-4　先进能源领域受人力资源因素制约最大的 10 项技术课题

制约因素排名	技术课题名称	子领域	实现年份	实现可能性指数	我国目前研究开发水平指数	制约因素（专家认同度）			
						法规、政策和标准	人力资源	研究开发投入	基础设施
3	核燃料后处理技术获得实际应用	核能与安全	2029	0.22	0.29	0.24	0.36	0.66	0.46
3	聚变堆取得示范性应用成果	核能与安全	2032	0.07	0.55	0.24	0.35	0.53	0.37
4	百兆瓦级钍基熔盐堆核能系统获得实际应用	核能与安全	2031	0.11	0.27	0.41	0.35	0.64	0.47

① 根据课题描述而来。

续表

制约因素排名	技术课题名称	子领域	实现年份	实现可能性指数	我国目前研究开发水平指数	制约因素（专家认同度）			
						法规、政策和标准	人力资源	研究开发投入	基础设施
4	百兆瓦级的加速器驱动先进核能系统获得实际应用	核能与安全	2030	0.13	0.51	0.42	0.34	0.67	0.43
2	新型电介质材料与磁性材料在电力设备中得到实际应用	新型电网	2027	0.19	0.32	0.15	0.30	0.49	0.15
3	百兆瓦级的铅基快堆获得实际应用	核能与安全	2031	0.12	0.23	0.23	0.29	0.69	0.46
4	100 千瓦级全功率、寿命达 5 000 小时以上的车用燃料电池获得实际应用	氢能与燃料电池	2026	0.24	0.27	0.40	0.27	0.63	0.50
3	实现 10～20 兆瓦大型风电机组的产业化	风能	2026	0.25	0.29	0.16	0.26	0.69	0.32
4	建立我国不同区域、地形下的典型风能资源数据库及共享服务系统	风能	2024	0.54	0.35	0.39	0.26	0.63	0.33
4	百千瓦级固体氧化物燃料电池发电系统获得实际应用	氢能与燃料电池	2028	0.19	0.21	0.25	0.25	0.58	0.28

从上述 10 项技术课题的子领域分布来看，风能子领域有 2 项技术课题，核能与安全子领域有 5 项技术课题，氢能与燃料电池子领域有 2 项技术课题，新型电网子领域有 1 项技术课题。从预计实现时间看，在上述 10 项技术课题中，预计近中期的有 1 项技术课题，处于中长期的有 6 项技术课题，处于远期的有 3 项技术课题。从实现可能性看，实现可能性指数总体较低，有 4 项技术课题的实现可能性指数高于本领域 91 项技术课题的平均值（0.21）；从目前研究开发水平来看，研究开发水平指数总体偏低，8 项技术课题低于本领域 91 项技术课题的平均值（0.40），只有“聚变堆取得示范性应用成果”及“百兆瓦级的加速器驱动先进核能系统获得实际应用”明显高于本领域 91 项技术课题的平均水平；从发展阶段看[①]，处于开发成功阶段的有 2 项技术课题，处于实际应用阶段的有 8 项技术课题。

① 根据课题描述而来。

第三章
先进能源子领域发展趋势

第一节　化石能源子领域的发展趋势

韩怡卓
（中国科学院山西煤炭化学研究所）

一、国内外发展现状

尽管可再生能源在一次能源中的占比不断提升，但是以煤炭、石油和天然气为主的化石能源仍然是全球最主要的一次能源。2015 年，全球化石能源供应量占比为 85%。预计到 2035 年，化石能源供应量仍将在 75%以上[1]。在我国一次能源结构中，化石能源消费高达 80%以上，其中煤炭消费占比约 70%。作为化石能源，煤炭与常规油气资源的生产和储运技术发展历史长，工艺技术成熟度高，其利用技术发展的重点是高效、清洁、低碳。页岩气、页岩油、煤层气、天然气水合物（natural gas hydrate，NGH）等非常规油气资源的勘探和开采技术是研发的重点。

煤炭利用方式主要包括燃煤发电、钢铁及有色金属行业、化工、分散燃烧（包括工业炉窑、民用等）。2016 年我国煤炭消费量为 38.46 亿吨，其中电力、钢铁及有色金属行业、化工行业的商品煤消费量分别为 18.27 亿吨、4.60 亿吨和 2.61 亿吨。煤电是我国煤炭的主要利用方向，发电用煤占煤炭消费总量的比重由 2000 年的 41.1%上升到 2016 年的 47.5%[2]。

燃煤发电技术的发展方向是“高效、清洁、低碳”，其内涵是提高煤炭的能源利用率、降低发电机组的污染物排放浓度和总量及减少 CO_2 排放浓度。其中，发电技术和装备不断向高参数、大容量、高效率及低排放方向发展，大型循环流化床锅炉、粉煤锅炉及重型燃气轮机、汽轮机的制造和运行控制技术不断取得进步。欧洲的 AD700 计划启动于 1998 年，目标是研究出蒸汽参数为 37.5 兆帕、700～720 摄氏度的超超临界发电机组，进而将发电效率提升至 52%。美国的先进超超临界发电厂用耐热材料（Advanced Ultra-Supercritical，A-USC）计划由美国能源部和俄亥俄州煤炭开发办公室共同进行，于 2001 年正式启动，目标是使发电机组的主蒸汽参数提高至 35 兆帕和 760 摄氏度。日本的 A-USC 项目于 2008 年正式启动，目标是使 A-USC 产品能够在 35 兆帕、720 摄氏度的条件下平稳运行，将发电机组的发电效率提高至 48%。日本先进超超临界发电技术研究进展较快，已经直追欧洲水平[3]。2015 年 12 月，我国首个 700 摄氏度关键部件验证试验平台在华能南京电厂成功投运，标志着我国新一代发电技术 700 摄氏度超超临界发电技术研究开发工作已取得重要阶段性成果。我国 700 摄氏度超超临界发电技术的发电效率接近 50%，比 600 摄氏度超超临界发电技术的发电效率高 4%，可使粉尘、氮氧化物、SO_2 等污染物及 CO_2 等温室气体的排放量减少约 14%[4]。2017 年 12 月，美国通用电气公司（General Electric Company，GE）宣布，其旗下的 HA 级重型燃气轮机联合循环发电效率已突破 64%。

我国是全球最大的化石能源消耗国，同时又是最大的石油进口国，石油对外依存度逐年攀升。从能源安全角度考虑，利用我国相对丰富的煤炭资源生产清洁燃料和大宗化学品是重要的战略性产业布局。《国家能源发展战略行动计划（2014—2020 年）》提出“积极发展能源替代”，即坚持煤基替代、生物质替代和交通替代并举的方针，科学发展石油替代，计划到 2020 年使石油替代能力达到 4000 万吨以上。我国煤炭资源丰富，自主开发的煤制油技术已日趋成熟，国家提出了“按照清洁高效、量水而行、科学布局、突出示范、自主创新的原则，以新疆、内蒙古、陕西、山西等地为重点，稳妥推进煤制油、煤制气技术研发和产业化升级示范工程，掌握核心技术，严格控制能耗、水耗和污染物排放，形成适度规模的煤基燃料替代能力”的政策规划。可见，煤制油已成为中国煤炭清洁利用和能源安全战略的重要发展方向。2016 年，采用中国科学院山西煤炭化学研究所、中科合成油技术有限公司具有自主知识产权的中温费托合成技术建成的全球规模最大的神华宁煤 400 万吨/年煤炭间接液化示范项目投入运行，该装置已实现满负荷稳定运行，过程能量转化效率、催化剂吨产油能力、C_3^+油品收率等关键技术指标已处于国际领先水平，标志着我国煤炭间接液化技术走在世界先进行列。

作为重要的非常规油气资源的天然气水合物（也称可燃冰，natural gas hydrate，NGH），特别是海洋 NGH 的安全、高效开发是当前世界的前沿创新技术领域。海洋 NGH 的有效经济开采面临着资源评价、开采技术方法、储层地质参数和工程地质风险等方面的科学挑战。要实现海洋 NGH 的有效经济开采，资源评价是基础，开采技术是关键。NGH 的开采方法主要是热激法、降压法和化学试剂法等。普遍认为，降压法开采 NGH 是技术较成熟、环境相对友好的一种试采方法。中国、日本通过降压法成功实施了海洋 NGH 的试采，证实了简单的降压开采是可行的，但产气速率较低。模拟分析显示，NGH 的分解和产气速率取决于 NGH 储层的地球物理属性、储层的传热和传质作用、地层间的相对渗透率、降压幅度及模型的环境，特别是渗透率和可用于分解 NGH 的热量起着非常重要的作用。同时，积极探索固态流化法、地下转化工艺技术（in-situ conversion process，ICP）、蒸汽辅助重力驱油技术（steam assisted gravity drainage，SAGD）、降压法结合加热法等在 NGH 开采中的应用及模拟研究。针对海洋非成岩 NGH 的物理特征、成藏特点，依据 NGH 固态流化开采法的工艺流程，中国在西南石油大学建立了海洋非成岩 NGH 固态流化开采实验室。NGH 固态流化开采的主要思路是：先采用机械进行破碎而后利用管道输送，利用 NGH 的自动解析、举升，顺势开发，变不可控为可控，最终实现安全、绿色的钻采。该技术在 2017 年 5 月中国南海荔湾 NGH 试采中得到了应用，连续生产 1 个月以上，标志着我国 NGH 开采已经达到技术上可行，在世界上成为第一个在海域成功进行 NGH 的试开采并且能够连续稳产的国家[5]。

二、重要技术发展方向展望

随着欧洲、美国、日本、中国等地区和国家在高参数超超临界发电技术研发上布局的重大项目的开展，预计到 2030 年左右，将实现 750 摄氏度/700 摄氏度超超临界机组的商业化运行；大容量超超临界循环流化床锅炉发电技术将得到普遍应用；可开发出用于深度调峰的小型超超临界机组并得到实际应用。

大规模中温铁基浆态床费托合成油品技术已实现产业化。未来在提出费托合成技术与低阶煤分级液化耦合技术开发的方案设计，并完成分级液化示范工程建设与试验后，将进一步完成低阶煤分级液化工业示范，使系统能效提高5～8个百分点，最终形成百万吨级低阶煤分级液化工艺包。预计到2030年，煤分级液化技术将实现产业化应用。

未来，NGH基础物性研究将会继续得到重视，经济、高效、安全的NGH开采技术的研究将得到不断探索和改进，新的、更加经济、高效、安全的NGH的开采方法将得到发展，全面、综合的环境影响评估将对商业开发起到指导性和约束性的作用。预计到2030年至2035年期间，会有适当规模的工业化海上开采技术得到应用。

三、我国应重点发展的技术

结合本次技术预见第二次德尔菲问卷的调查结果，针对我国的能源资源禀赋特点和绿色发展要求，我国今后在能源技术领域应该重点发展以下技术。

1. 煤的分级液化技术

以实现更高的过程能效和油品质量为目标的煤分级液化技术，将针对性地解决传统煤液化过程能效低、油品能量密度低、耗水高等问题，同时可有效利用非优质动力煤资源，达到经济可行、环境友好、高效清洁的煤炭利用的目的。

2. 大容量高参数超超临界发电技术

围绕A-USC 700摄氏度参数超超临界燃煤发电机组的示范工程，开展相关高温大型锻件、铸件加工制造技术研究；汽轮机关键部件加工制造技术研究；大口径高温管道及管件的设计、制造技术研究。实现从跟跑到并跑、领跑。

3. 环境安全的非常规油气资源的开采技术

在进一步做好环境影响评估的基础上，有序推进NGH的海上开采技术。继续促进复杂地质条件下页岩气和煤层气的勘察及开采技术的发展，以形成稳定、高产、经济的非常规天然气生产技术和国产化成套设备。

参 考 文 献

[1] BP.《BP世界能源展望》2017版[EB/OL]. https://www.bp.com/zh_cn/china/reports-and-publications/_bp_2017_. html [2017-03-30].

[2] 国家统计局. 中国统计年鉴 2018. 北京：中国统计出版社.

[3] Fujio Abe. Research and development of heat-resistant materials for advanced usc power plants with steam temperatures of 700℃ and above. Engineering，2015，1（2）：211-224.

[4] 黄学庆，潘文虎，徐涛. 我国发电技术现状及发展趋势［J］. 安徽电力，2017，34（4）：57-60.

[5] 魏伟，张金华，于荣泽，等. 2017 年天然气水合物研发热点回眸［J］. 科技导报，2018，36（1）：83-90.

第二节　太阳能子领域发展趋势

孔凡太[1]　姚建曦[2]

（1 中国科学院合肥物质科学研究院；2 华北电力大学）

一、国内外发展现状

太阳能的利用包括太阳能光伏发电、太阳能热发电和太阳能热利用三个发展方向。近 10 年来，太阳能在世界范围内得到广泛应用。太阳能光伏发电已经全面进入规模化发展阶段。中国、欧洲、美国、日本等传统光伏发电市场继续保持快速增长，东南亚、拉丁美洲、中东和非洲等地区光伏发电新兴市场也已快速启动。太阳能热发电具备作为可调节电源的潜在优势，太阳能热发电产业发展开始加速，一大批商业化太阳能热发电工程已建成或正在建设。太阳能热利用正在继续扩大应用领域，在生活热水、供暖制冷和工农业生产中逐步普及。

近年来，太阳能发电规模快速增长。据中国光伏行业协会的统计，2018 年中国新增装机超过 43 吉瓦，累计装机约 170 吉瓦；我国已经连续 10 年光伏组件产量全球第一，光伏发电新增装机连续 5 年全球第一，累计装机规模连续 3 年位居全球第一；“十二五”期间年均装机增长率超过 50%，进入“十三五”时期，光伏发电建设速度进一步加快，年平均装机增长率 75%。

我国太阳能光伏发电产业逐渐形成东中西部共同发展、集中式和分布式并举的格局。光伏发电与农业、养殖业、生态治理等各种产业融合发展的模式不断创新，已进入多元化、规模化发展的新阶段。

随着光伏产业的技术进步和规模的扩大，光伏发电成本快速降低，欧洲、日本、澳大利亚等多个国家和地区的商业与居民用电领域实现了平价上网。太阳能热发电初步进入产业化发展阶段后，发电成本显著降低。太阳能热利用市场竞争力进一步提高，太阳能热水器已是成本较低的热水供应方式，太阳能供暖在欧洲、美洲等地区具备了经济可行性。

太阳能应用的三种主要形式在2008～2018年均获得了快速发展。尤其是太阳能光伏发电产业，我国在全产业链（从上游硅原料提纯到下游光伏电站）上均建立了自身的优势。据中国光伏行业协会的统计，2018年中国在太阳能光伏全产业链上占据主导地位。多晶硅的产量超过25万吨，同比增加3.3%。硅片的产量达到109.2吉瓦，同比增加19.1%。电池的产量为87.2吉瓦，同比增长21.1%。电池组件的产量85.7吉瓦，同比增长14.4%。

由于产业的迅速发展带来的技术进步和规模效应，我国太阳能光伏发电的成本正在逐年下降。据中国光伏行业协会的统计，2007～2018年光伏组件和系统价格的下降情况见图3-2-1。

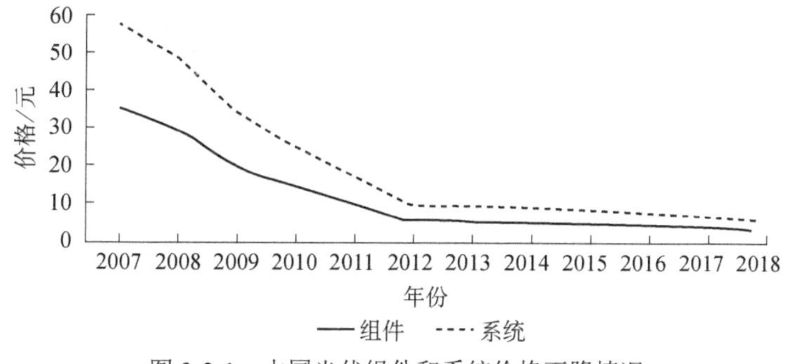

图3-2-1　中国光伏组件和系统价格下降情况

二、重要技术发展方向展望

太阳能利用领域的主要技术发展方向包括：晶体硅太阳电池，薄膜太阳电池，新型太阳电池，太阳能高能效、低成本智能电站等四个方向，以及太阳能热发电技术和太阳能光解水制氢。

1. 晶体硅太阳电池

在晶体硅太阳电池方面，目前的研发重点是进一步提高产线上的电池效率，开发更高效率、更低成本的晶硅电池产业化技术，同时提高高质量关键配套材料的国产化率。

2. 薄膜太阳电池

在薄膜太阳电池方面，目前的研发重点是实现铜铟镓硒、碲化镉、硅基薄膜等多种太阳电池不同规模的关键技术产业化示范。其中碲化镉太阳电池效率已达 20%，美国第一太阳能公司（First Solar）已经实现了碲化镉太阳电池的产业化，目前的研发重点在如何进一步提升器件的光电转换效率并使其低成本的应用于产线中。中国下一步将建立年产 50 兆瓦蒸汽输运沉积碲化镉生产线，年产 80 兆瓦改进近空间升华沉积碲化镉生产线，使组件平均效率大于 14%；未来将开展柔性碲化镉（CdTe）薄膜太阳电池及其中试研究。

在铜铟镓硒（CIGS）薄膜太阳电池方面，技术的发展主要集中在如何提高大面积电池组件的均匀性和效率。开发工作可在以下几方面进行：采用溅射法工艺，开发出产能达 20 兆瓦的生产线成套装备和生产工艺，使 120 厘米×60 厘米组件效率达到 15%，形成生产线设计、制造和“交钥匙”工程能力；采用共蒸发工艺的生产线，使年产能达到 15 兆瓦，120 厘米×60 厘米组件效率达到 16%；制造出年产能 30 兆瓦的柔性 CIGS 薄膜太阳电池的生产线，使塑料基底组件效率大于 12%，不锈钢衬底组件效率大于 15%；研发出新型低成本、环保型铜锌锡硫化合物薄膜太阳电池，使其效率超过 18%。

在硅基薄膜电池方面，技术发展主要集中在通过叠层等技术，进一步提升电池的稳定性和效率。未来将实现以下发展目标：通过自主开发等离子体增强化学气相沉积法（plasma enhanced chemical vapor deposition，PECVD）、低压化学气相沉积法（low pressure chemical vapor deposition，LPCVD）、磁控溅射等核心设备，提高核心设备、部件和原材料的国产化比例，构建年产能 40 兆瓦生产线；使分室沉积的硅薄膜电池组件稳定效率大于 11%，单室沉积的硅薄膜电池组件稳定效率大于 9%；使产业化的实用光伏建筑一体化（building integrated photovoltaic，BIPV）组件效率大于 6%；开发硅薄膜柔性衬底卷对卷连续化生产线，使年产能达到 15 兆瓦，大面积柔性电池组件效率超过 9%；使含有新型硅基合金吸收层材料的四结薄膜太阳电池效率超过 18%，硅基叠层器件效率超过 25%。

3. 新型太阳电池

新型太阳电池的发展方向主要是：实现钙钛矿太阳电池小试线贯通和技术示范，建设 10 兆瓦高倍聚光光伏电站；在工业领域中实现温热利用，使太阳能电热联产系统的比例超过 20%；开展薄膜高效砷化镓电池的研究；使其他新型太阳电池效率及稳定性得到进一步的提升；使量子点、量子点敏化、硒化锑电池效率>10%，新型叠层电池效率>27%，Ⅲ-Ⅴ 族纳米线电池效率达到 18%；使铜锌锡硫纳晶电池效率>17%，大面积电池效率>10%。

4. 太阳能高能效、低成本智能电站

太阳能高能效、低成本智能电站的发展方向主要是：研制高可靠、智能化的系列平衡部件；掌握兆瓦级光伏高压直流并网系统关键技术；掌握吉瓦级光伏电站集群控制技术，实现电站的智能化运维及发电量预测等互联网+光伏技术。

5. 太阳能热发电和太阳能制氢

太阳能热发电和太阳能制氢作为太阳能利用的重要方式，将可以部分克服太阳能的间歇性问题，需要研制出太阳能热发电各种关键部件和系统集成技术，培育出太阳能光解水制氢或其他有机燃料。

三、我国应重点发展的技术

结合本次技术预见的两次问卷调查结果，我们认为目前我国太阳能领域应该重点发展的技术如下。

1. 大容量太阳能储能系统

针对太阳能间歇性的特点，利用太阳能集热器将太阳能蓄积起来，供晚上发电需要。这就需要太阳能光伏发电和太阳能热发电适度均衡，建立规模化太阳能热发电示范，以实现太阳能热发电的调峰和储能作用。

2. 高效低成本硅太阳电池材料及器件

由于目前硅基太阳电池特别是晶硅太阳电池占据绝对的统治地位，并且在相当长一段时间内硅基太阳电池的主体地位会保持不变。因此，进一步提高硅基太阳电池的器件效率，完成包括导电玻璃、浆料、封装材料等关键材料的国产化和整套设备国产化，实现高可靠替代，将是我国更大规模太阳能光伏发电市场化的重要内容。

3. 高效新型太阳电池材料及电池制备关键技术

以钙钛矿太阳电池为代表的新型太阳电池代表了未来更高效率和更低成本的发展方向，发展高效新型电池材料，阐明器件相关微观机理，开发高效器件结构，将是新型太阳电池发展的重中之重。

4. 高效薄膜太阳电池材料及器件工艺

作为传统晶硅太阳电池的重要补充，高效薄膜太阳电池能够柔性化和轻质化，能够适应多种不适用基于硬质基底晶硅太阳电池的场合。

5. 效率20%以上太阳能光解水制氢

光解水制氢是太阳能利用的重要方式。目前由于光解水制氢的效率很低，不具备商业化应用的价值。开发高效的太阳能光解水制氢技术，将太阳能转化为化学能储存起来，将有效解决我国太阳能丰富地区消纳及输电困难导致的弃光现象。

6. 高效叠层太阳电池及其制备技术

叠层技术有可能突破单一太阳电池效率增长的极限，充分利用太阳的光能。根据不同子电池的带隙及光电响应特性，通过子电池种类、厚度、制备技术等的研发，可以实现多结太阳电池对太阳光的高效利用。

7. 效率超过60%的太阳能光伏/光热综合利用技术

将太阳能聚光、分光、热电联用等技术集成，通过对太阳能全波段能量进行一体化综合利用，将有效克服单一利用技术对太阳光利用效率低的难题，极大地提高太阳能的利用效率，降低成本。

8. 深度节水型太阳能热发电技术

我国太阳能资源最丰富的地区水资源相对短缺，因此发展深度节水型太阳能热发电技术（特别是基于布雷顿循环及斯特林循环技术）将是我国太阳能热发电大规模发展的重要保障。

第三节　风能子领域发展趋势

许洪华[1]　胡书举[2]

（1 北京科诺伟业科技股份有限公司；2 中国科学院电工研究所）

一、国内外发展现状

（一）国外发展现状

国外风电开发利用较早，技术不断创新，成本不断下降，是应用规模最大的可再生能源发电方式之一。随着全球风电市场的持续增长，风力发电量占比提升明显，未来仍有很大的发展空间。根据全球风能理事会《全球风能报告2018》，2018年全球风电累计装机容量达到591吉瓦，预计2019～2023年全球每年新增风电装机将超过55吉瓦。巨大的市场需求推动风能科技不断创新，呈现出大型化、智能化、高效化、高可靠性的发展趋势，低风速、复杂地形及海上区域的风电技术研究及应用成为新热点，风电开发利用的经济性显著提升。

国际上非常重视风电应用的基础研究。十几年来，风电机组轮毂高度不断提高、叶片不断加长，超过了近地层湍流理论中常通量基本假设的适用范围，原有近地层风廓线、湍流强度等风资源的参数指标和计算方法已不能满足大型机组设计的需要。利用现代风资源探测手段，研究100米高度以上湍流风特性及中、小、微多模式尺度的风资源与尾流数值模拟方法，重新认识风特性，改进数值模拟技术，是国际风资源研究的发展方向。

在装备技术研究方面，随着海上风电的兴起，大容量海上风电机组的研制成为重要的发展趋势。近年来，海上风电项目新装机组均为6兆瓦及以上机型，均采用了直接驱动和中速传动的技术路线。风电机组继续大型化甚至巨型化，Vestas公司风轮直径164米的中速型机组容量已从7兆瓦提升到9.5兆瓦，西门子（Siemens）直驱型机组容量也从样机时的6兆瓦升级到8兆瓦，并均已并网运行；Adwen 公司 8兆瓦、GE 公司 6兆瓦机组已有样机投运。10兆瓦机组时代已经来临，美国AMSC公司、美国Clipper公司和挪威Sway Turbine公司已完成10兆瓦级机组的概念设计工作，Vestas公司、Siemens公司和GE公司计划开发12兆瓦机组；欧盟启动的InnWind项目计划开发10～20兆瓦机组，系统开展基础和关键技术的系统性研究，以进一步降低海上风电的度电成本。针对叶片、齿轮箱、变流器等大容量机组的主要部件，已广泛开展以可靠性和低成本为目标的关键技术攻关。研发下一代单机容量在10～20兆瓦的新型海上风电机组及其关键部件，以进一步降低海上风电的度电成本，是国际风电装备技术研究的发展方向。

欧洲是海上风电发展的先驱，其机组支撑结构技术处于领先地位，固定式支撑结构技术成熟，漂浮式支撑结构已完成全尺寸模型试验和部分样机建设，并逐步商业化。海上风电机组支撑结构技术向深远海适用技术的方向发展，其中漂浮式支撑结构技术向成熟的方向发展，是国际海上风电机组支撑结构技术研究的发展趋势。

陆上风电场向规模化发展，应用环境更加多元化，在丘陵、山区等复杂地形与低温、低风速和高海拔等特殊环境的应用越来越多；海上风电场向大型化、深海（水深大于 50 米）发展，运维装备专业化程度不断提高。伴随着互联网、大数据、人工智能技术发展的热潮，近年来风电场运维技术不断革新，继续沿智能化、信息化方向发展，国外知名整机厂都投入相关研究。美国 GE 公司推出“数字化风场”技术，其中利用大数据建立尾流模型以优化机组运行的技术可提升风电场出力 2%～5%。Vestas 公司利用智能数据预测机组部件故障，优化其全球风电场的运维，目前正与 IBM 合作开发超级大数据计算平台。德国 Siemens 公司与 IdaLab 公司及柏林工业大学机器学习小组合作完成了 ALICE 项目，通过数据收集进行自学习来优化机组，显著提升了发电效率。平台化智慧运维的解决方案是国际风电场运维技术研究的发展方向。

在共性和公共技术研发方面，风电强国一直高度重视，知名风电研究机构多建有国家级大功率风电叶片、机组全尺度传动链地面公共试验测试系统，且不断向更大容量发展。其中，荷兰、丹麦、英国等已建有 100 米级叶片结构力学测试系统；美国、丹麦、英国建设的全尺度地面传动链测试系统的功率等级高达 15 兆瓦。欧洲最早开始海上风电资源的开发，在海上风电机组测试技术方面始终处于领先位置，德国风能研究所（ DEWI ）早在 2003 年就已开展了海上风电机组试验技术的相关研究工作，英国 ORE Catapult（海上可再生能源推进中心）已建成风电海上试验平台，积累了大量试验数据。100 米以上大柔性叶片结构力学测试系统及先进测试技术，多自由度全尺度传动链测试系统及测试技术，海上风电设备海洋环境的适应性、可靠性测试技术，是国际风电公共测试技术研究的发展方向。

（二）国内发展现状

在科技规划、产业政策的驱动下，我国风能技术实现了从陆上到海上，从集中式到分布式，从关键部件、整机设计制造到风电场开发，从运维到标准、检测和认证体系的全面研究、部署和突破，建立了完备的研发体系，部分方向水平逐渐与世界同步；建立了大功率机组设计制造技术体系，实现了主要装备国产化和产业化，从无到有形成了全产业链体系，风电开发规模稳居世界首位。

在基础研究方面，我国风能资源普查主要关注风能资源。2012 年第四次风能资源普查进行了 31 个省（自治区、直辖市）、400 座测风塔的同步观测，建立了可用于风电场宏观选址的数值模式系统，但数据主要用于资源评估结果的验证，未针对机组和风电场设计开展风特性研究。2014 年启动的科技部国际科技合作与交流项目，分析了 44 个热带气旋影响下沿海近地层大气湍流的特性，同时提出了台风型风电机组设计的风况参数，并已编入国家标准。

在关键技术方面，围绕大容量机组、风电场、测试等技术开展了重点科技攻关，取得一定成果。大容量海上机组已实现并网运行，叶片、齿轮箱、发电机、电控系统等主要部件均实现国产化和产业化。1.5～3 兆瓦机组已批量生产应用，产业链基本成熟，但性能和可靠性仍需提升；3.6～5 兆瓦机组已批量生产并在海上运行。机组整机向自主设计发展，“十二五”时期 863 计划（国家高技术研究发展计划）安排了 10 兆瓦大容量海上风电机组的前期研究工作。深水固定式支撑结构技术研究初具成效，但尚未大规模应用；漂浮式支撑结构技术开展了以理论研究为主的初步研究。风电场开发、运维已形成行业分工，海上风电场运维等关键技术已进行了项目示范，但智能化、信息化水平不高。在公共技术方面，标准、检测、认证体系已基本建立，已建有 70 米级风电叶片试验测试系统，部分掌握了相关测试技术；开展了 10 兆瓦以上风电机组传动链地面试验技术及海上风电机组现场测试技术研究，但缺少 10 兆瓦以上风电机组全尺度地面传动链公共试验系统，未掌握多自由度加载等测试技术和相关装置技术，且未建立长期运行的海上测试技术实证基地，未开展机组在线状态监测、复杂环境下的整机结构响应规律等测试技术的研究。在产业方面，我国初步形成完整全产业链体系，装备产业的规模世界第一，已进入国际市场。

与国外相比，我国风电产业技术基本处于同步发展的阶段，但基础和共性关键技术研究相对不足，尤其在风资源等基础研究方面差距明显。国外利用现代技术已取得许多研究成果，但不适用于我国阶梯形大地形下的复杂山地，无法满足复杂地形、风况下机组和风电场设计的要求。我国没有自主研发的风资源数值模式系统，只能采用欧洲商业软件，但因地形复杂度决定的风场湍流参数不适用而严重影响了风电场的设计水平。在关键技术方面，5 兆瓦以上风电机组差距较大，在机组设计、制造技术方面均落后。海上风电支撑结构技术研究紧跟国际技术，但与海上风电发达国家相比，深水固定式支撑结构技术有一定差距，漂浮式支撑结构技术差距较大。陆上风电场已积累了丰富的设计和建设经验，但复杂地形风电场精细化设计及智能化、信息化运维技术存在较大的差距；海上风电开发、建设和运维的经验不足，整体技术水平落后于欧洲。在公共技术方面，我国与国外差距较大，公共试验系统技术研究落后于先进国家，尚没有与产业规模和技术研究发展需要相匹配的 100 米以上大型海上风电机组叶片和 10 兆瓦以上全尺度地面传动链测试系统及海上风电测试技术实证基地，未掌握相关测试技术。

二、重要技术发展方向展望

国际上该领域未来发展方向主要集中在以下方面：基础研究的进一步深入，涉及风特性、新型及轻型材料、设计及分析工具的深入研究和应用；更大型风电装备的研发及性能的改善，10 兆瓦以上风能设备的研发、性能及可靠性不断提升；陆上及海上风电场设计建设与运行维护水平的持续提升，更加高效、低成本地实现风能的规模化开发利用；公共研究试验能力的持续完善，支撑大型及新型技术和装备的研发验证。

对我国而言，未来风电开发市场潜力巨大，风电开发规模仍然继续保持增长的态势。因此，加速开展风电技术研究及创新，重点布局支撑基础技术研究，进一步提升陆上风电开发相关技术的水平，完善低风速、海上特色、重点区域开发技术，探索面向未来风电开发的新型风电技术，对于不断提升我国风电开发利用的水平，有效支撑风电产业快速健康发展，逐步向风电技术强国迈进具有重大意义。

当前，大型风电机组对风资源利用的高度已突破了经典近地层湍流理论的适用范围（100 米左右），需要重新认识机组运行高度范围内（300 米）的风资源特性；风电场建立在非定常和各向异性的真实大气中，定常、均匀来流下的尾流计算流体力学模型尤其不适用于我国的复杂地形，需要发展中、小、微多模式尺度耦合的非定常、各向异性湍流风场数值模式及系统软件；通过开展风电机组和风电场设计的应用示范，为最终制定国家标准和大规模推广应用奠定基础。

自 2013 年以来，我国海上风电开始加快发展，但国内整机企业只能提供 3～5 兆瓦海上风电机组；6～7 兆瓦机组仅有样机，尚未批量生产，而国外同类机型已成主流，迫切需要开展 6～7 兆瓦海上风电机组产业化技术的研究和应用。同时，海上风电开发对机组可靠性的要求也迫切需要引入先进制造技术，为我国海上风电开发提供稳定可靠的大型海上机组，满足海上风电场的建设需要。更进一步，国外海上风电机组已进入 10 兆瓦容量等级，我国未来的海上风电开发同样需要新一代更大型的风电机组作为技术和产业储备，在“十二五”前期研究的基础上进行 10 兆瓦级大型海上风电机组及关键部件研制，对全面提升我国大容量风电机组的设计、制造等技术研发的能力和水平具有非常重要的意义。

我国陆上风电场已经积累了丰富的设计、施工和建设经验，但精细化、智能化、信息化等运维技术与国外先进水平相比存在较大差距；海上风电开发、建设、运维经验不足，整体技术水平落后于欧洲国家。针对风电开发特点，利用物联网、云计算、大数据等先进信息技术，探索新型风电场设计、运维、管理等技术，可以有效提升风电场运行效率，降低风电开发成本和风险。为此，开展新一代智慧风电场设计与智能运维关键技术的研究及应用，可以支撑我国大规模风电开发在高水平进行。

我国海上风能资源开发将逐步向水深大于 30 米的较深海域发展，亟须研究成本低、安全性高、耐久性好的海上风电深水固定式和漂浮式的基础结构及成套施工技术装备，以期大幅度提高我国深海风电工程建设和长期运行的安全性及经济性，为未来大规模海上风电开发的重大需求奠定基础。

我国在大型海上风电机组公共试验测试系统方面，与国外差距较大，尚没有与产业规模和技术研究发展需求相匹配的测试系统和实证基地，未掌握相关测试技术。迫切需要建立国家级公共研究测试平台，包含 120 米级叶片、全尺寸地面传动链测试系统和海上测试基地，开展测试技术研究，为海上风电开发所需的高可靠性大型风电机组及关键部件的技术研究和验证提供必要的基础支撑条件。

三、我国应重点发展的技术

未来亟须建立适合我国资源环境特点和能源结构的风能技术创新体系，提升陆上及海上大型、智能化风电装备的研发、设计、制造水平，提高大型风电场的规划、设计、运行维护水平，建立完善行业公共研发试验平台，支撑我国风能的大规模低成本开发利用。

1. 适合我国环境、气候特点的大型风电装备设计、制造技术

研究大型海上风电机组及其配套叶片、传动系部件、变流器与控制系统等关键部件（系统）的优化设计、定制化设计和产业化关键技术，包括风电机组和关键部件的多目标（可靠性、经济性、工艺性、可维护性等）优化设计与面向海上风电项目的定制化设计技术；高可靠、轻量化、智能化叶片设计、制造技术；发电机、齿轮箱制造及生产过程自动化技术；大功率变流器模块化设计、制造技术；整机装配生产过程中的装配与检测自动化技术；风电机组运行状态检测与故障诊断预警技术；风电机组及部件全生命周期清洁生产、绿色制造及回收技术。

2. 智能化风电场设计优化与运维的关键技术

开发丘陵和山地等复杂地形，低风速、高海拔、低温等特殊环境下的风电场设计优化方法；海上风电场微观选址及优化布置技术；基于设备运行数据、气象数据、电网数据、维护数据、故障数据等大数据的知识挖掘与智能控制技术；风电机组及场群智能协同控制技术；基于大数据和人工智能的下一代风电场智能化运维系统与装备技术。开发海上特别是远海风电机组施工与建造技术、风电场并网技术、深水电缆铺设及动态跟随风电机组的柔性连接技术、风能与海洋能综合一体化互补利用技术及装备。

3. 大型风电设备试验测试技术及公共研究试验平台

建立翼型、叶片空气动力特性和风电场流场模拟等与风力发电技术相关的实验平台，建立大型叶片安全性验证测试评价体系和试验检测手段；建立 10 兆瓦以上大型风电机组传动链地面公共试验系统，开展大型风电机组传动链及关键零部件的地面测试；研制大型风电机组数、模混合实时仿真试验平台，掌握风电机组运行性能、网源交互、可靠性试验与评估技术；建成海上风电检测能力，建立海上风电检测平台，为我国风电领域基础、前瞻及共性关键技术的研究、验证、测试提供条件支撑。

第四节　生物质能、海洋能及地热能子领域发展趋势

马隆龙
（中国科学院广州能源研究所）

生物质能、海洋能及地热能是重要的可再生能源。目前，全球可再生能源开发利用的规模不断扩大，应用成本快速下降，发展生物质能、海洋能及地热能等可再生能源已成为许多国家推进能源转型的核心内容和应对气候变化的重要途径，也是我国推动生态文明建设、促进能源革命和经济协同发展、实施乡村振兴计划的重要措施。生物质能、海洋能及地热能的安全、清洁、高效、大规模、低成本、可持续开发利用的科技创新仍是突破产业化瓶颈的关键，预见其未来发展趋势并达成科技和产业界的共识对促进其发展具有重大意义。

一、国内外发展现状

随着国际社会对保障能源安全、保护生态环境、应对气候变化等问题的日益重视，加快开发利用生物质能、海洋能及地热能等可再生能源已成为世界各国的普遍共识和一致行动。

（一）生物质能

世界各国都提出了明确的生物质能发展目标，制定了相关发展规划、法规和政策，以促进可再生的生物质能的发展。美国的玉米乙醇、巴西的甘蔗乙醇、北欧的生物质发电、德国的生物燃气等产业快速发展，我国生物质能的各产业也快速发展，与世界发达国家基本同步。

生物质能技术主要包括生物燃气、生物质发电、生物液体燃料、固体成型燃料、生物基材料及化学品等。

1. 生物燃气

生物燃气技术已经成熟，并实现产业化。德国、瑞典、丹麦、荷兰等发达国家的生物燃气工程装备已达到了设计标准化、产品系列化、组装模块化、生

产工业化和操作规范化。我国生物燃气工程建设起步于 20 世纪 70 年代，户用沼气工程有较长的发展历史。近年来，规模化生物燃气工程得到较快发展，形成了热电联供、提纯车用并网等模式。我国《生物质能发展“十三五”规划》指出，截至 2015 年，全国沼气理论年产量约 190 亿立方米，其中户用沼气理论年产量约 140 亿立方米，规模化沼气工程约 10 万处，年产气量约 50 亿立方米，沼气正处于转型升级的关键阶段。生物质气化技术利用固定床、流化床气化装置，将生物质气化成燃气，然后把燃气通过管道输送到分散的最终用户。欧洲和美国的生物质气化发电和集中供气已部分实现商业化应用，开始了规模化的产业经营。我国生物质气化产业主要由气化发电和农村气化供气组成。

2. 生物质发电

20 世纪 90 年代以来，欧美许多发达国家的生物质发电产业发展迅速。《生物质能发展“十三五”规划》指出，截至 2015 年，全球生物质发电装机容量约 1 亿千瓦，其中美国 1590 万千瓦、巴西 1100 万千瓦。丹麦的农林废弃物直接燃烧发电技术较为成熟。生物质混燃发电技术在挪威、瑞典、芬兰和美国已得到广泛应用。生活垃圾焚烧发电发展较快。在日本，垃圾焚烧发电处理量占生活垃圾无害化处理量的 70%以上。我国的生物质发电起步较晚，2006 年后，我国生物质发电行业步入快速发展期，且以直燃发电为主。《生物质能发展“十三五”规划》指出，截至 2015 年，我国生物质发电总容量约 1030 万千瓦。

3. 生物液体燃料

生物液体燃料最近已成为具有替代潜力的燃料，美国、巴西、德国的产业发展迅速。《生物质能发展“十三五”规划》指出，截至 2015 年，全球生物液体燃料消费量约 1 亿吨，其中燃料乙醇全球产量约 8000 万吨，生物柴油产量约 2000 万吨。美国的生物燃料产量占全球总量的 48%，中国仅占 2.6%。巴西甘蔗燃料乙醇和美国玉米燃料乙醇已实现规模化应用。生物柴油在欧盟已大量使用，并进入商业化的稳步发展阶段。我国燃料乙醇产业快速发展，产量位居量世界第三。截至 2015 年，燃料乙醇年产量约 210 万吨，已在全国部分省市试点推广；生物柴油年产量约 80 万吨，生物航煤已成功应用于商业化载客飞行示范；利用纤维素生产生物航油技术已取得突破，实现了由生物质中半纤维素和纤维素共转化来合成生物航空燃油。

4. 固体成型燃料

欧洲是世界最大的生物质成型燃料消费地区，年均消耗量约 1600 万吨。北欧国家生物质成型燃料消费比重较大，其中瑞典生物质成型燃料供热约占其供热能源消费总量的 70%。我国生物质成型燃料年利用量约 800 万吨，主要用于城镇供暖和工业供热等领域。我国生物质成型燃料供热产业正处于规模化发展的初期，成型燃料机械制造、专用锅炉制造、燃料燃烧等技术日益成熟，已具备规模化、产业化发展的基础。

5. 生物基材料及化学品

世界各国都在通过多种手段积极推动和促进生物基合成材料的发展，以替代化石能源。由糖、淀粉、纤维素生产的生物基材料化学品的产能增长迅猛，占据主导地位的主要是中间体平台化合物、聚合物。在我国，生物基材料行业现在以每年 20%～30%的速度增长，正逐步走向工业规模化实际应用和产业化阶段，部分技术水平接近国际先进水平；生物基材料年产能达到 80 万～100 万吨；2016 年的聚丁二酸丁二醇酯（PBS）和聚己二酸-对苯二甲酸丁二酯（PBAT）聚合物总产能已达到 10 万吨以上。

（二）海洋能

海洋能主要包括潮汐能（含潮差能和潮流能）、波浪能、温差能、盐差能和海流能。海洋能储量丰富，加快开发利用海洋能已成为世界沿海国家和地区的普遍共识和一致行动，其做法主要是将海洋能转换为电能。当前技术发展较成熟的是潮汐能发电，已经实用化，但成本高。目前英国在海洋能开发领域处于全球领先地位。“十二五”时期，我国海洋能发展迅速，整体水平显著提升，已进入从装备开发到应用示范的发展阶段。

1. 潮差能

潮差能发电是利用海水潮涨和潮落过程中水位差的势能发电的技术，主要有潮汐坝法和潮汐潟湖法两种方式。韩国始华湖潮汐电站是单库单向潮汐电站，利用涨潮单向发电，最大潮差 9.16 米，设计额定水头 5.82 米。法国朗斯潮汐电站为单库双向潮汐电站，最大潮差 13.5 米，设计额定水头 5.65 米，涨潮、落潮时均可发电。截至 2016 年底，全球海洋能发电约 480 兆瓦。我国曾先后建成 40 余座潮汐电站，因成本高现在仍在运行的仅有江夏和海山两座潮汐电站。

江夏潮汐电站装机容量 3900 千瓦，平均潮差 5.08 米；海山潮汐电站装机容量 250 千瓦，平均潮差 4.91 米。

2. 潮流能

潮流能转换技术起于 20 世纪 70 年代初，21 世纪进入快速发展阶段。潮流能发电是利用潮汐的动能发电。英国 Nova Innovation 公司和比利时 ELSA 公司合作，在苏格兰设得兰省的布卢默尔（Bluemull）海峡部署了世界首个潮流能阵列，由两台 100 千瓦 M100 直驱式涡轮机组成，第三台涡轮机于 2017 年初安装。我国许多高校和研究机构正在参与潮流发电技术的研究，部分兆瓦级的电站正处于研制、论证、示范建设中。

3. 波浪能

波浪能发电是利用海洋波浪的动能和势能发电的技术。波浪能转换技术起于 18 世纪，自 20 世纪 70 年代中期起，英国、日本、挪威等波浪能资源丰富的国家开始大力研究开发波浪能，波浪发电装置的研究已进入示范阶段，国外已建成 10 余座实海况海洋能测试场。典型波浪发电装置有美国的 PowerBuoy 振荡浮子式波浪能发电 PB3 和 PB15 两种型号，PB3 的最大输出功率 3 千瓦，已实现商业化应用。PB15 的最大输出功率 15 千瓦，尚在研发中。我国的波浪发电研究始于 20 世纪 70 年代，从最开始研究的岸式振荡水柱波浪发电装置，到现在以漂浮式波浪发电装置为主开发的 10 千瓦、100 千瓦、260 千瓦波浪能装置，均实现了在实海况条件下的稳定运行，整机转换效率在 20%以上，最高转换效率达到 37.7%；260 千瓦漂浮式波-光-储互补平台首次实现了由海上波浪能发电装置为海岛居民供电。鹰式波浪能发电技术已获中国、美国、英国和澳大利亚四国的发明专利，装置设计图纸获得法国船级社认证，这标志着我国波浪能发电技术已经跨入世界先进行列。

（三）地热能

中深层地热资源储量丰富，主要包括水热型地热资源和干热岩型地热资源。据世界地热大会统计，全球共有 80 余个国家正在开发利用地热技术，30 余个国家利用地热发电。在“十二五”期间，我国除了部署水热型、浅层地热能普查工作外，还集中对典型地区部署了陆区干热岩资源潜力的勘探。据国土资源部 2011 年“应对全球气候变化和节能减排工作成果新闻发布会”宣布，已探明资源总储量相当于约 860 万亿吨标准煤。在地热直接利用方面，我国走在世界前列，但地热发电及干热岩技术，和国际上先进国家相比还有差距。

1. 水热型地热资源开发

截至 2018 年，全球现有水热型地热发电的规模已达 14 吉瓦。随着干热岩技术的推广，预测到 2050 年地热发电的规模将达到 140 吉瓦。目前国际上地热发电研究的热点主要集中在以下几个方面：地热双工质发电、地热多级耦合发电、地热多能耦合发电及地热热伏发电等技术领域。水热型地热的直接利用在全球更普及，冰岛首都雷克雅未克已实现全部地热供暖，冰岛全国地热供暖率达 90%。最近 5 年，土耳其的地热供暖增长 50%，能够满足约 65 000 户住家的需求，目前土耳其全国约 30%的供暖依靠地热资源。丹麦、法国等在中深层水热型储层增产改造及砂岩回灌综合开发技术方面处于领先地位，结合孔隙型地层构造特点，进行了系统的试验研究和技术研发，已建成热电联供综合利用回灌示范工程。

我国水热型地热资源的开发利用的总量自 2000 年以来一直位居世界第一，地热供暖技术处于国际先进水平，已颁布了多项国家及行业标准。截至 2017 年，我国地热供暖面积达 6.5 亿平方米，其中中深层水热型地热供暖面积 1.5 亿平方米。在中深层水热型地热资源开发方面，我国地热发电近年来呈现出明显的增长态势，2018 年西藏羊易地热电站正式调试运行，已建成一期 16 兆瓦发电系统，到 2020 年发电规模将达到 32 兆瓦；云南瑞丽、四川康定、河北献县和博野、青海共和等小型地热发电站已陆续建成，并成功发电。中国石油化工集团有限公司、中国核工业集团有限公司等大型国企正在规划西藏等地地热发电的开发。我国水热型地热直接利用以地热供暖为主。2015 年底，天津市地热供暖面积达到 2500 万平方米，约占全市集中供暖总面积的 6%，是全国利用地热供暖规模最大的城市。河北省雄县依托地热供暖打造“雄县模式”，建成我国首座“无烟城”。广东省丰顺县建成国内首套高集成度的地热资源综合梯级利用示范系统，形成以“发电-制冷-干燥-温泉-热泵”为技术路线的“丰顺模式”，地热资源利用率从 25% 提升到 80%。

2. 干热岩地热资源开发

国际上研发干热岩资源开发利用技术 40 余年，整体工程化技术均优于我国。美国于 1973 年开始芬顿山干热岩开发的试验研究，1984 年建成世界上第一座 10 千瓦试验电站；2013 年美国能源部发布增强型地热系统（enhanced geothermal systems，EGS）发展路线图，资助 3100 万美元用于地热能前沿观测研究（frontier observatory for research in geothermal energy，FORGE）计划，计划在 2020 年建成 10 兆瓦的 EGS 示范电站。1998 年德国、法国合作开始研究 EGS 关键技术，现已建成 1.5 兆瓦、3 兆瓦、5 兆瓦地热示范电站。我国建立了干热岩资源目标选区的地热学指标，完成了干热岩资源赋存背景分析，初步圈定干热岩资源开发的资源富存目标区及开发利用优先靶区。2014～2017 年在青海共和盆地成功钻探了 4 眼干热岩地热井，已构成圈定干热岩资源靶区十字剖面的基础条件，圈出 18 处干热岩开发远景区。2015 年在福建漳州龙海部署了勘探区，完成深度 4000 米左右干热岩井 2 眼，为未来在东南沿海地区确定靶区及资源分布特征等提供参考依据和深化研究的基地。2019 年 2 月，青海共和盆地干热岩勘查与试验性开发科技攻坚战协调推进会在北京市召开，正式宣布我国干热岩开发试点进入实施阶段。

二、重要技术发展方向展望

生物质能、海洋能及地热能都是可再生能源，在各国的不懈努力下，已经取得了可喜的进步，未来将有更大的发展。

（一）生物质能

生物质能的利用与开发受到世界各国政府与科学家的关注。许多国家制定了相应的开发研究计划，并且已经开始商业化生产或者修建生产设施，如丹麦的城镇供热应用、日本的阳光计划、印度的绿色能源工程、美国的能源农场和巴西的酒精能源计划等。其中美国把发展生物质能提高到战略高度，在《可再生能源发展战略》中，把生物柴油列为主要发展目标之一，提出到 2020 年用生物燃油取代全国燃油消费量的 10%，生物基产品取代石化原料制品的 25%；到 2025 年，用生物质能替代 75%的中东石油进口。欧盟计划到 2020 年，可再生能源将占能源消耗总量的 20%，生物燃料在交通燃料消费中的比重达 10%。我国国家能源局在《生物质能“十三五”规划》中明确提出，“到 2020 年，生物质能基本实现商业化和规模化利用”。

同时，各国政府为生物质能的发展不仅出台一系列财政补贴、投资政策、税收优惠、用户补助等经济激励政策，为生物质能产业的发展提供更好的支持，而且通过规划和政府指令，确保生物能源的长期持续发展。

目前世界上生产燃料乙醇的原料主要是玉米、甘蔗等，生产生物柴油的原料主要是大豆、菜籽油等。这就需要利用大面积土地扩大种植，与粮争地。因此，走原料多元化之路是长远之策。开发非粮生物燃料（第二代、第三代生物燃料）成为世界关注的重要课题，也是生物燃料发展的必然方向。

第二代生物燃料以麦秆、草和木材等农林废弃物为主要原料，采用生物纤维素转化为生物燃料的模式（主要有纤维素乙醇技术、合成生物燃油技术、生物氢技术、生物二甲醚技术等)。纤维素乙醇和合成生物燃油是最重要的第二代生物燃料产品。目前第二代生物燃料的技术成本较高，真正商业化的项目较少。

第三代生物燃料是以微藻为原料生产的各种生物燃料，也称微藻燃料。微藻作物可在海洋或者废水中养殖，不会污染淡水资源，对生态环境的危害相对较小，可用来生产植物油、生物柴油、生物乙醇、生物甲醇、生物丁醇、生物氢等。微藻燃料始于 1978 年美国能源部资助的“水上能源作物计划”。最初以生物氢为目的，1982 年逐渐转向生物柴油和燃料乙醇。除美国外，以色列、欧洲各国、加拿大、阿根廷、澳大利亚和新西兰等也开始研发微藻燃料。

从目前科技水平看，短期内第一代生物质能不可能被第二代、第三代生物质能替代。第二代生物燃料用来分解纤维素的酶的成本太高，即使用不可食用的纤维素生产酒精，也需先把它们变成糖类。第三代生物燃料的油脂很难提炼，从海藻中提炼生物燃料的研究正处于实验室阶段，离商业化还比较远。

从全球共性的生物质技术发展趋势层面上看，有以下几个方面规律。在原料方面，农林生物质原料难以实现大规模收集，一些年利用量超过 10 万吨的项目的原料收集困难。畜禽粪便收集缺乏专用设备，能源化无害化处理难度较大。急需探索就近收集、就近转化、就近消费的生物质能分布式商业化开发利用模式。

在生物燃气方面，重点在于发展生物天然气，推进沼气高品位产品产业化，不断拓展车用燃气和天然气供应等市场领域，培育生物燃气市场。

在固体成型燃料方面，重点是加大固体成型燃料的利用力度，扩大成型燃料供热的应用，并发展生物炭技术。

在液体燃料方面，重点向利用非粮生物质资源的多元化生物炼制方向发展，开展绿色炼制，发展多元高附加值能源产品，特别是纤维素燃料乙醇、生物航空煤油等。

在生物质发电方面，重点是解决原料收集模式，生物质直燃发电转向热电联产，推进生活垃圾焚烧发电。

在生物基材料与化学品反面，重点发展绿色环保、环境友好、可再生的高附加值新型生物基材料和化学品，并推进能源和材料、化学品联产，提高产业化能力、产品竞争力，完善产业链。

（二）海洋能

海洋能技术正向高效、可靠、低成本、模块化及环境友好等方向发展，海洋能利用规模化和商业化趋势越发明显。海洋能将成为未来能源供给的重要组成部分和未来海洋经济的重要增长点。

2016 年，欧盟发布“欧洲海洋能源战略路线图”，明确指出欧洲海洋能领域未来的发展方向：①波浪能，提高创新能力，到 2030 年部署完成大型波浪能发电厂；②潮流能，优先部署，集中研究，加强潮流能技术的竞争能力，巩固欧洲在全球的领导地位；③潮汐能，支持环境方法的研究和示范，制定有利于其发展的政策框架，简化准许流程；④温差能，输出欧洲的先进技术，改进海洋温差发电热交换器的性能，提升材料和制造工艺，扩大电场规模；⑤盐差能，重点开展膜、堆栈、材料、预处理和系统设计的研究，力争到 2030 年建成第一个大型电场。据欧洲海洋能产业协会估计，到 2050 年欧洲的波浪和潮流能的发电能力将达到 100 吉瓦。2016 年，中国国家海洋局发布《海洋可再生能源发展“十三五”规划》，重点开发 300～1000 千瓦模块化、系列化潮流能装备，50～100 千瓦模块化、系列化波浪能装备，开展万千瓦级低水头大容量潮汐能发电机组设计及制造，同时，开展小型化、模块化海洋能发电装置研制，为海洋观测仪器长期稳定供电；开发定制化的海洋能发电系统，为深海养殖网箱供电；开展波浪能及温差能发电、制冷、制淡等综合利用平台研发；核心技术装备实现稳定发电，工程化应用初具规模，全国海洋能总装机规模超过 50 兆瓦，建设 5 个以上海岛海洋可再生能源与风能、太阳能等可再生能源多能互补的独立电力系统，海洋能开发利用水平步入国际先进行列。

（三）地热能

地热能开发需要多学科交叉，其产业链总体上涵盖地下资源部分和地面利用部分，主要包括资源评价、高温钻井、热储工程、发电及综合利用、高效回灌、防腐防垢等。地热能开发利用面临诸多科学与技术难题，主要体现在：资源勘查评价水平较低，资源评价与开发利用不协调；地热发电技术远远滞后产业，地热科技创新与产业规模化开发利用不协调；地热钻井成本较高，钻井技术与地热经济开采不协调；地热采灌失衡，储层增产、回灌技术与地热可持续开发不协调。

目前国内外中深层地热能勘查及开发利用的研究主要集中在以下几个方面：

（1）在资源勘查及评价方面，重点研究地热资源成因机制及评价技术、深部地热先进勘探技术、热储三维精细刻画技术、三维地热地质数字表征技术等。

（2）在地热发电及综合利用方面，重点研究新型超临界双工质发电技术、双工质-闪蒸耦合发电技术、超高温热泵技术、两级吸收式热泵/制冷技术、高效地热梯级利用集成技术等。

（3）在热储工程及高效采灌方面，重点研究地热井群优化技术、高效单井换热技术、多尺度多场耦合数值仿真技术、地热动态监测技术、地热井除垢防垢技术等。

（4）在干热岩资源开发方面，重点是深化干热岩基础理论研究和选址技术，掌握干热岩储层建造于人造热储监测验证技术，人造热储的生产及优化控制，干热岩发电及配套工艺与设备的研发，干热岩发电示范工程基地建设，环境评价技术等。

（5）在“地热+”多能互补方面，重点研究地热多能耦合发电技术、储能式地热供暖技术、多能协同及运行调控技术等。

三、我国应重点发展的技术

根据以上内容的介绍，结合本次技术预见德尔菲问卷的调查结果，我国应重点发展以下关键技术。

（一）生物质能

1. 生物天然气

结合国家调整能源消费结构、减排克霾、振兴乡村的需要，推进生物天然气技术进步及商业化。在粮食主产省份及畜禽养殖集中区等种植养殖地区，按照能源、农业、环保“三位一体”格局，建设生物天然气循环经济示范区，构建生物天然气多元化消费体系，强化与常规天然气衔接并网，加快生物天然气市场化应用。建立生物天然气有机肥利用体系，促进有机肥高效利用。

2. 成型燃料供热

在大气污染形势严峻、淘汰燃煤锅炉任务较重的京津冀鲁、长三角、珠三角、东北等区域，积极推动生物质成型燃料在商业设施与居民采暖，以及在农村炊事采暖中的应用。发挥生物质成型燃料锅炉供热面向用户侧布局灵活、负荷响应能力较强的特点，以供热水、供蒸汽、冷热联供等方式，积极推动在城镇商业设施及公共设施中的应用。加强大型生物质锅炉低氮燃烧关键技术进步和设备制造的研发，推进设备制造标准化、系列化、成套化。加强检测认证体系建设，强化对工程与产品的质量监督。

3. 生物质发电

在农林资源丰富区域，统筹原料收集及负荷，推进生物质直燃发电全面转向热电联产，为县城、大乡镇供暖及为工业园区供热。加强对发电规模的调控，对国家支持政策以外的生物质发电方式，由地方出台支持措施。在经济较发达地区合理布局生活垃圾焚烧发电项目，加快应用现代垃圾焚烧处理及污染防治技术，提高垃圾焚烧发电环保水平。在秸秆、畜禽养殖废弃物资源比较丰富的乡镇，因地制宜推进沼气发电项目建设。结合城镇垃圾填埋场布局，建设垃圾填埋气发电项目；积极推动酿酒、皮革等工业有机废水和城市生活污水处理沼气设施热电联产；结合农村规模化沼气工程建设，新建或改造沼气发电项目。积极推动沼气发电无障碍接入城乡配电网和并网运行。

4. 生物液体燃料

加快推进新一代木质纤维类生物航空煤油技术的研发。围绕农业废弃秸秆的高值利用、区域雾霾环境改善、航空碳减排及碳税政策，推进农作物秸秆等农林废弃物的资源化利用。根据生物质物性组成的特点，通过解聚产物碳链定向重构合成低冰点燃料，满足高空无人机、极地科考等特殊用途的需求，推进木质纤维素生物航油技术标准的制定，打破发达国家在传统航油、费托航油、油脂生物航油的技术壁垒，提升我国生物航空燃油产业的国际竞争力。

加快燃料乙醇的推广应用。立足国内自有技术力量，积极引进、消化、吸收国外先进经验，大力发展纤维乙醇产业示范项目的建设；合理利用国内外资源，促进原料多元化供应，适度发展非粮燃料乙醇。在玉米、水稻等主产区，结合陈化粮消纳，调控式发展粮食乙醇。

对生物柴油项目进行升级改造，提升产品质量，满足交通燃料品质的需要。建立健全生物柴油产品的标准体系。开展市场封闭推广示范，推进生物柴油在交通领域的应用。

（二）海洋能

1. 海洋能资源及高效转换利用机理

开展潮流能、波浪能、温差能等资源时空分布特性的分析，建立海洋能装置工作过程与海洋动力环境的耦合模型。开展新型波浪能、潮汐能、潮流能等高效利用机理的研究，开发适合我国海洋能资源特点的能量捕获与转换利用新技术。摸清我国海域海洋能的资源特性，理清能量高效获取、传递、利用的机理，为海洋能技术装备研发提供理论支撑。

2. 海洋能技术装备与应用

研发 10 千瓦级海洋能发电设备，解决海上测量设备与仪器的供电问题；开发为海岛和海上生产活动供电的兆瓦级海洋能发电装备，解决海洋工作平台、偏远海岛和远海作业渔船的用水用电问题。开发潮流能装置，形成获能高效性、极端海况可靠性、间歇来能供电稳定性等技术；进行潮流机组大型化的优化设计体系、关键制造工艺、应用系统集成的研究。解决与波浪能装置极端海况下的生存性，多波长多能谱条件下的高效获能等相关的结构创新、设计创新等问题。

3. 多能互补及平台化利用

研发兆瓦级海上可再生能源与淡水供应平台，实现海洋能、风能、太阳能等多能互补系统，增强海上或海岛可再生能源的适用性和实用性。

（三）地热能

1. 干热岩资源的开发利用

加快推进干热岩应力分布对压裂控裂的影响、裂隙网络的反演与刻画、裂隙通道的微地震评价、温度-水流-应力-化学（THMC）的多场耦合传热规律等基础理论研究；加快如靶区定位优选、能量高效获取、（压）控裂及测试等工程化实施技术的研发工作，建立 EGS 能量获取及利用的工艺技术，研究干热岩开采井筒结垢机理及防垢工艺；建成兆瓦级、干热岩发电示范工程，由单项技术研究向系统化研究转变，加快 EGS 工程化技术体系的建设。

2. 中深层水热型资源的开发利用

进一步研发砂岩回灌中流体在多孔介质内的微尺度流动状态及过程机理、碳酸盐岩储层特性及结构解析、碳酸岩溶热储的增产改造技术、全自动耦合回灌工艺技术与系统装备、水热型开采动态监测技术与装备、砂岩储层规模化回灌技术、高温地热井筒防垢工艺技术、并井高效换热技术等，以实现中深层水热型资源开发的高水平利用、高效率转换及精细化设计等。研究盐酸盐岩热储地热供暖/制冷梯级利用新方式，研发新型两级吸收式热泵技术。开展“地热+”多能融合供暖技术研究，建成规模化储能式地热供暖集成示范工程。

第五节　核能与安全子领域发展趋势

徐瑚珊　胡正国　骆　鹏　王思成
（中国科学院近代物理研究所）

一、核能概况与我国能源战略

核能包括核裂变能和聚变能两种，核裂变能技术已非常成熟、可大规模应用，而聚变能技术仍处于研发阶段。根据国际原子能机构（International Atomic Energy Agency，IAEA）等国际组织提供的数据[①]，2016 年核电约占世界总发电量的 10.6%；截至 2018 年 3 月，全球在运行反应堆 449 座，发电能力超过 392

① http://pris.iaea.org/pris.

吉瓦当量（GWe），在建反应堆 56 座，装机容量约为 57 吉瓦当量；我国已运行的核电机组共 39 座，运行装机容量为 34.4 吉瓦当量，在建反应堆 18 座，装机容量约 19 吉瓦当量；2017 年全国累计核能发电量约占全国总发电量的 3.94%。

加快非化石能源的开发利用，优化能源结构，发展清洁、高效能源是我国经济可持续发展和国家能源战略安全的必然选择。核裂变能是一种安全、清洁、低温室气体排放且经济性好的能源，是解决我国未来能源供应、保障经济社会可持续发展的战略选择。国家能源局《2018 年能源工作指导意见》指出，坚持绿色低碳的战略方向，加快优化能源结构，壮大清洁能源产业，稳步推进可再生能源规模化发展，安全高效发展核电。

二、发展现状与趋势

目前国际上先进核能技术的研发趋势主要表现为：通过核能技术的不断创新和完善，发展安全性更好的反应堆技术；反应堆设计与建设的标准化和模块化，以增强经济竞争力；发展先进核能与核燃料循环技术，以实现核资源利用效率的最优化和放射性废物最小化。受福岛核事故的影响，人们对核电安全性提出了更高要求，促使成熟先进、经济安全的三代和三代改进型技术成为未来 10～20 年新建核电项目的主流选择，而关于小型堆及第四代反应堆技术的研发也变得更为迫切。核聚变技术持续受到关注，成为更远期的核能技术的发展方向。第四代核能系统国际论坛（GIF）推荐了钠冷快堆、气冷快堆、铅冷快堆和熔盐堆等六种需重点研发的第四代候选堆型。另外，加速器驱动次临界反应堆系统（accelerator driven subcritical reactor system，ADS）被公认为是核废料安全处置的最有效的技术途径，同时具备核能生产和燃料增殖的巨大潜力，被 IAEA 列为优先发展的嬗变放射性核废料和有效利用核资源的先进核能系统。

（一）国外核能与安全技术发展现状与趋势

1. 小型压水堆

小型压水堆是指电功率小于 300 兆瓦的反应堆，有紧凑型和一体化两种技术路线。美国于 2017 年 1 月提交了小型模块化反应堆（small modular reactor，SMR）的首个设计认证申请，将在爱达荷国家实验室厂址上建造美国的第一座小型堆，预计 2026 年开始商业运行。俄罗斯已研发出 KLT-40S 浮动式核电站、

RITM-200 型核动力破冰船和 VBER 等小型压水堆的设计方案，其中 KLT-40S、RITM-200 已开工建造。

2. 快中子堆

快中子堆（简称快堆）的研究始于 20 世纪 40 年代。截至 2019 年，世界上共建成快堆 22 座左右，其中钠冷快堆 19 座。印度的 PFBR（原型快堆）即将建成，俄罗斯的 BN-1200 等多个快堆项目正在规划中。

3. ADS

具有现代意义的 ADS 的概念是由美国布鲁克海文国家实验室（Brookhaven National Laboratory，BNL）在 20 世纪 80 年代的后期发展起来的。ADS 系统的基本原理是：利用加速器产生的高能强流质子束轰击重核，再把产生的高通量散裂中子作为外源，来驱动次临界堆芯中的裂变材料发生链式反应。产生的中子除维持反应堆功率水平所需及各种吸收与泄漏外，余下的中子可用于核废料的嬗变或核燃料的增殖。ADS 技术的研发已成为国际上先进核能系统研发的热点，欧盟、美国、日本、俄罗斯等核能科技发达的国家和地区均制订了 ADS 中长期发展路线图，目前正处在从关键技术攻关逐步转入系统集成的 ADS 原理验证装置的建设阶段。

4. 铅基快中子反应堆

利用液态铅或铅铋作为堆芯冷却剂的铅基堆最早是由苏联建造的，共建成 8 艘装有铅铋反应堆的核潜艇。目前，俄罗斯正积极开展铅基反应堆 BREST-OD-300 的研发和建造工作，预计 2020 年建成。美国也曾推出小型模块化铅冷反应堆 SSTAR，铅铋冷却嬗变反应堆 ENHS 和铅铋自然循环小型模块化反应堆 G4M 等多个铅基反应堆的设计方案。

5. 高温气冷堆

国际上高温气冷堆的研究始于 20 世纪 60 年代，目前国际上的高温气冷堆主要指日本的一座 30 兆瓦高温气冷实验堆（high temperature thorium reactor，HTTR）。美国计划在 2021 年前开发并示范利用高温气冷堆技术进行发电和制氢，并验证其技术和经济的可行性，此外，也与俄罗斯共同开发高温气冷堆焚烧钚的技术。

6. 钍基熔盐堆

美国橡树岭国家实验室（Oak Ridge National Laboratory，ORNL）于 1965 年

建成并成功运行热功率为 8 兆瓦的液态燃料熔盐实验堆（molten salt reactor experiment，MSRE）。目前很多国家对熔盐堆的发展均表现出很高的积极性，发展了多种功能和多种类型的钍基熔盐堆的概念设计，它们包括法国的 MSFR（熔盐快堆）、俄罗斯的 MOSART（熔盐锕系元素再循环和嬗变堆）、加拿大的 IMSR（一体化熔融盐堆）等。

7. 核燃料后处理技术

核燃料后处理技术是闭式燃料循环的一个关键环节，热堆乏燃料后处理技术已有 40 余年的历史，是一种成熟的工业技术。针对快堆可持续发展和核废料的安全处置，20 世纪 90 年代国际上提出了“先进后处理”概念，即在改进普雷克斯（Purex）流程的基础上，先从高放废液中分离出次锕系核素与镧系元素，最后分离出次锕系核素。法国原子能和替代能源委员会（CEA）正在开发的 Ganex 流程是较有特色的先进后处理流程，该流程首先进行铀（U）、钚（Pu）共沉淀，接着进行 MA 和镧系分离，最后制造 U/Pu/MA 混合燃料并送入快堆燃烧。

8. 聚变反应堆

国际上关于聚变反应堆技术的研究主要是围绕国际热核聚变实验堆（ITER）计划开展的。2017 年 12 月，美国科学家发现一种纳米复合材料可以为聚变反应堆中的氦提供逸出通道，从而可防止氦对聚变反应堆材料的损伤作用。目前，ITER 项目已经完成一半，有望在 2025 年实现第一束等离子体。

（二）我国核能与安全技术发展现状与趋势

我国核能发展遵循“压水堆—快堆—聚变堆”三步走的发展战略，并坚持核燃料闭式循环的发展方针。经多年的努力，自主研发出华龙一号和 CAP1400 三代核能技术。日本福岛核事故后，我国核电发展提高了准入门槛，要求新建核电机组必须符合三代核能技术的安全标准。同时，第四代反应堆技术研发也获得国家的大力支持，总体上处于世界先进或领先水平。

1. 小型压水堆

在国家能源局和国家国防科技工业局的支持下，中国核工业集团有限公司（简称中核集团）开展了多个 ACP100 有关课题及专题的研究，目标是实现小型模块化反应堆关键技术的突破及工程示范。ACP100 模块化小型堆已经成为全球首个通过 IAEA 通用安全审查的小型堆。目前，国家能源局正在加快推进小型堆重大专项的立项工作。

2. 快堆

我国快堆技术的开发始于 20 世纪 60 年代中后期，1992 年 3 月我国第一座实验快堆——热功率为 65 兆瓦钠冷实验快堆（CEFR）的建设方案获得国务院批复，2008 年 12 月完成全部安装并于 2009 年实现首次临界。CEFR 的建设和成功运行标志着我国已经基本掌握了实验快堆技术，建立了大型快堆电站研究开发的基础。由中核集团自主设计的示范快堆（CFR600）工程项目已于 2017 年 12 月开工。

3. ADS

我国从 20 世纪 90 年代起开展 ADS 概念的研究，2011 年中国科学院启动“未来先进核裂变能——ADS 嬗变系统”战略性先导科技专项（简称 ADS 先导专项），重点开展 ADS 第一阶段的原理验证研究，着力解决 ADS 系统中的各单项关键技术问题；在此基础上完成“十二五”国家重大科技基础设施“加速器驱动嬗变研究装置”（简称 CiADS）的设计方案。2015 年 12 月 CiADS 项目建议书获得国家立项批复，目前初步设计报告已通过专家评审。ADS 研究团队建成国际首台能量达 25 兆电子伏特（MeV）的超导质子直线加速器示范样机；原创性地提出颗粒流散裂靶概念，并建成首台原理样机；建成首台 ADS 研究专用的铅基临界/次临界双模式运行零功率装置“启明星Ⅱ号”及铅铋合金技术综合平台验证装置等。在先导专项成果的基础上，他们还原创性地提出了“加速器驱动先进核能系统”（ADANES）全新概念。ADANES 系统包括加速器驱动燃烧器（即 ADS）和加速器驱动乏燃料再生循环系统（ADRUF）两大部分，集燃料增殖、废料嬗变和能量生产为一体，可实现可裂变材料（铀、钚、钍）理想的闭式循环。

4. 铅基快中子反应堆

我国铅基快中子反应堆的进展与 ADS 技术的研发是紧密相关的。由 ADS 先导专项支持建成的“启明星Ⅱ号”铅基反应堆零功率装置于 2015 年 12 月首次实现临界，表明我国在铅基重金属冷却快中子反应堆的创新研发方面取得关键技术的突破，也意味着我国在核反应堆新一代零功率装置研发领域达到国际先进水平。

5. 高温气冷堆

10 兆瓦高温气冷实验堆（HTR-10）于 2000 年 12 月建成并达到临界，标志着我国高温气冷堆技术的研发取得突破性成果，处于国际先进行列。2011 年，我国自主研发的 HTR-PM 示范电站在山东荣成市石岛湾开工建造，目前已进入安装调试的最后阶段，预计 2020 年上半年建成投产。

6. 熔盐堆

中国科学院于 2011 年部署了 TMSR 战略先导专项，致力于发展液态燃料和固态燃料两种熔盐堆技术，以最终实现钍资源的高效利用和核能的综合利用为目标。至此，中国 TMSR 核能专项已在熔盐堆原型系统与关键技术研发方面取得一系列重要成果，可望在 2020 年左右建成世界上首座 TMSR 仿真装置和 10 兆瓦固态燃料 TMSR 实验装置。

7. 核燃料后处理技术

我国的后处理技术是从早期的军用后处理技术发展而来，以 Purex 流程为主工艺。随后开发出先进无盐两循环后处理工艺流程（APOR）和可以彻底焚烧、直接与主工艺流程衔接的 TOGDA 分离流程。2015 年 9 月，我国第一座放化大楼[①]建成并正式投入使用，已顺利完成先进无盐二循环流程的实验室规模的台架热实验。后处理中试厂于 2010 年顺利完成热试验并获得合格的铀钚产品，2016 年 8 月开始试生产。200 吨后处理厂已选定厂址，并初步确定了设计方案和建设进度。在干法后处理技术的开发方面，开展了一些基础性研究。

8. 聚变反应堆

从 20 世纪 90 年代我国开始实施大中型托卡马克发展计划。2006 年，“实验的先进的超导的托卡马克”（experimental advanced superconducting tokamak，EAST）实现了第一次“点火”。目前，EAST 等实验装置仍然不断在等离子体的参数（如温度、密度、持续放电时间）上取得突破，已成为国际上同类装置优先参考的样板。2017 年 7 月，EAST 在全球首次实现稳定的 101.2 秒稳态长脉冲高约束模等离子体运行，创造了新的世界纪录，为和平利用核聚变清洁能源奠定了重要的技术基础。凭借出众的技术成就，我国科学家正在 ITER 计划中发挥核心作用，生产的 ITER 超导导体、屏蔽包层等部件的性能在合作 7 方中处于领先地位。

---

① 即核燃烧后处理放化实验设施。

三、我国核能与安全技术未来展望

日本福岛核事故后，我国对于小型压水堆及第四代反应堆等未来新型核能系统的研发需求也变得更为紧迫，已确定争取在 2035 年左右实现新型核能系统的商业化应用，以实现第三代核能技术向第四代核能技术的平稳过渡。

1. 小型压水反应堆

小型压水反应堆具有反应堆功率小、衰变余热低、放射性源项低等多重固有安全特性，可从设计上消除许多传统压水堆的设计基准事件和假想事故，消除放射性大量释放的可能性。小型反应堆可作为热电汽水综合供给的能源，具有海上供电、热电联产和海水淡化等多种用途，将成为核电系统的重要补充。目前，我国自主研发的小型反应堆重大专项立项工作已启动，预计到 2025 年和 2035 年，紧凑型和一体化小型反应堆将分别获得实际应用。

2. 快堆

快堆是我国核能发展战略的第二步，可通过增殖来大幅提高资源的利用率，并通过嬗变实现核废物的最小化。快堆一直在我国四代核能技术研发布局中都占有非常重要的位置，国家从政策和经费方面给予很大支持。我国在钠冷快堆、ADANES 和铅基快堆的技术研发上获得众多突破性成果，总体研发能力居于国际领先或先进水平。目前，600 兆瓦电功率的钠冷示范快堆电站的土建工程已启动，预计在 2035 年前后可实现钠冷快堆电站的商用化推广。

3. ADS

ADANES 是基于我国 ADS 最新研究成果提出的原创性的先进核燃料闭式循环技术。其燃烧器系统具有的高能散裂中子和次临界运行特性，使其成为最安全有效的增殖嬗变装置。基于 ADANES 技术的燃料循环不需要将乏燃料中的铀、钚和锕系核素高度分离，同时再生核燃料的制备仅需要排除部分中子毒物。这一简易燃料循环是最佳的防扩散循环方式，经济性好。该系统能同时高效地解决制约核电发展的资源不足与乏燃料问题，有望成为未来主流核电系统。通过“十二五”国家重大科技基础设施 CiADS 和再生燃料研究平台的建设和运行，ADANES 相关技术将逐步取得突破和完善，预计 2035 年左右实现示范应用。

4. 铅基快中子反应堆

铅基快堆具有冷却剂沸点高、化学惰性、热容大、自然循环能力强等优良特性，具有很高的固有安全性，有潜力成为第四代核电的主流堆型。随着CiADS研究装置的建成，铅铋冷却次临界反应堆将为我国铅基快中子反应堆的研发提供重要的研究平台。预计2035年，百兆瓦级的铅快堆实现示范应用。

5. 高温气冷堆

高温气冷堆安全性高、系统简化、模块化水平高，具有很好的经济发展潜力，既可用于核能发电，也可用于制氢等应用中，是发展核能综合利用及内陆核电的重要选择。我国HTR-PM示范电站即将建成，预计2035年模块化高温气冷堆将获得广泛应用。

6. 熔盐堆

钍基熔盐堆核能系统可使用储量更为丰富的钍资源，具有防扩散性能好和产生核废料更少的优点，是解决长期能源供应的一种优势技术方案。另外，熔盐堆可建成紧凑、轻量化和低成本的小型模块化反应堆，用于工业热应用、高温制氢等。目前钍基熔盐研究堆的选址工作已基本完成，有望在2025年左右建成百兆瓦级小型模块化钍基熔盐示范堆，完成钍基燃料干法处理热验证和钍资源规模化利用的示范。

7. 核燃料后处理技术

核燃料后处理是对乏燃料进行有效管理、大幅提高铀资源利用率和实现闭式核燃料循环的关键环节。预计2035年可开发出工艺较成熟、流程较完备的后处理技术，实现具有自主知识产权的乏燃料后处理技术的示范应用。目前，我国在快堆燃料后处理技术的水法和干法技术的研发上，距离工程化应用还有很大差距。随着快堆核电的推广应用，快堆燃料制造和快堆乏燃料后处理等相关领域将获得更多支持。

8. 聚变反应堆

聚变能具有资源无限、清洁、安全等优点，是目前人类认识到的可以最终解决人类社会能源问题和环境问题、推动人类社会可持续发展的重要途径之一。预计到2025年左右，ITER建造完成并投入运行；2035年左右中国聚变工程实验堆将基本建成并取得实际应用的示范性成果。

四、我国应重点发展的技术

1. 小型压水堆

经济性是小型模块化反应堆市场推广面临的主要问题，需要重点解决紧凑/一体化布置、新型燃料、快速负荷跟踪等关键技术问题。通过系统简化、采用革新技术、多堆共用厂房及设施、模块化建造等多种途径，可以提高小型堆的经济性。

2. 快堆

钠冷快堆技术需要重点解决经济性与先进闭式燃料循环的匹配发展。另外，在快堆设计标准规范、设计和安全分析软件研发、燃料材料研发、关键设备研制等方面还需要更多技术积累，以达到研发水平与快堆工程建设需求相匹配。

3. ADS

ADS 技术要实现工程应用，需解决加速器功率提升、紧凑型高功率散裂靶研发、次临界反应堆关键工艺和材料研发与验证等问题。利用 CiADS 的建设和运行，需重点开展 ADS 系统稳定、可靠、长期运行的策略研究，以及系统耦合特性的研究，同时开展锕系元素嬗变原理性实验、材料辐照特性研究等。此外，还需重点开展 ADANES 先进核燃料再生技术的研究和实验验证。

4. 铅基堆

关于铅基快堆的研究，应重点解决铅工艺系统、新型材料研发、关键设备研制、新型燃料研发与验证等关键问题，为实现工程应用奠定坚实的基础，同时也为 ADANES 核能技术的推广提供更完善的次临界反应堆技术方案。

5. 高温气冷堆

高温气冷堆 HTR-PM 示范电站即将建成，但要实现广泛应用，仍需解决超高温气冷堆、中间换热器、核能制氢、氦气透平等关键技术问题。

6. 熔盐堆

未来一段时间，钍基熔盐堆的主要研究任务是：进一步完善和优化小型模块化熔盐堆的设计，通过百兆瓦级小型模块化钍基熔盐示范堆的建设和运行，完成钍基燃料干法处理热验证和钍资源规模化利用的示范，以全面掌握钍基熔盐堆的相关科学与技术，实现商业推广应用。

7. 乏燃料后处理技术

乏燃料后处理技术的发展应紧跟国际核能技术发达国家在快堆乏燃料水法技术和干法技术的研发趋势，开展工艺技术和流程的热试验研究，验证和优化先进无盐两循环流程，在锕系元素分离、铀钚回收率、分离净化系数和镎的走向控制等研究方向上开展更深入研究。此外，基于 ADANES 提出的先进核燃料再生系统将利用热室和强流中子源等实验平台的建设，重点开展乏燃料的干法处理与再生燃料制备技术的研究。

8. 聚变反应堆

我国聚变堆的研发技术领跑世界，目前正在酝酿建造中国聚变工程实验堆，但要获得实际应用，仍需解决大规模氚自持、燃烧等离子体物理、氚增殖包层与第一壁材料等关键科学与技术问题。

第六节　氢能与燃料电池子领域发展趋势

王树东

（中国科学院大连化学物理研究所）

一、概况及国家需求

氢能与燃料电池技术是我国《能源发展战略行动计划（2014—2020 年）》中明确的 20 个重点创新方向之一[1]。氢能被认为是化石能源向可再生能源过渡的重要桥梁，在未来中远期的能源体系中，氢能可以成为与电能并重而互补的终端能源，渗透并服务于社会经济生活的各个方面。经过多年的发展，氢能体系包括氢的生产、储运、转化和应用技术已经取得长足的进步。在氢的制备方面，立足于化石燃料，不断提高其能效和发展新的系统集成技术，并逐渐向可再生能源制氢和核能制氢过渡；在氢的储运方面，以高压气氢和液氢储存作为主要应用形式，不断开发出高容量的产品。对于其他储氢形式的研发也在不断取得进展；燃料电池应用已经扩展到交通、电力、微型电源和军事等众多领域，“氢经济”[2] 这一未来的经济和能源结构的设想逐渐明晰。

二、国内外发展现状[3-8]

（一）国外发展现状

近几年国际上氢燃料电池技术突破很快，已从“技术突破”推进到“降成本”阶段。从 2012 年开始，全球氢能与燃料电池产业持续回暖，用于发电和电网支持应用的兆瓦级燃料电池系统的需求不断增加，零售业和制造业公司开始看到燃料电池热电联产系统、叉车、备用电源和远程发电应用的价值，各国尤其是在亚洲和北美地区的商业应用成功案例正在不断增多；韩国现代、日本丰田及本田的燃料电池汽车也于 2014 年开始陆续试水销售。全球加氢站数量不断增长，截至 2017 年 1 月为 274 座。2016 年全球燃料电池系统的出货量再次上升，大约有 6.5 万套，比 2015 年增加了 10%左右。一个引人注目的数据是，2016 年兆瓦容量的出货量比 2015 年增长三分之二[3]，且燃料电池在交通领域的兆瓦容量首次超过在固定式领域的应用，其中大部分得益于丰田“Mirai”氢燃料电池汽车的销售。这一数据无疑显示了氢燃料电池在交通领域的巨大潜力。

引领国际氢能与燃料电池技术和产业发展潮流的日本、美国、欧盟和韩国，继续务实而积极地为研究、开发和部署氢能与燃料电池技术提供政策和资金支持。近年来，日本在固定式燃料电池和氢燃料电池汽车领域成绩瞩目。截至 2017 年 10 月，共有超过 22 万套的家用热电联供系统被安装使用，累计售出氢燃料电池汽车 2200 辆，建成加氢站 101 座 ①。发展氢能源、建设氢能社会已经被提升为日本的国策。德国政府 2016 年启动第二个为期 10 年的《国家氢能和燃料电池技术创新计划》（NIP Ⅱ），总预算 14 亿欧元。该计划旨在扩大氢能体系的下游应用场景，为未来的氢能经济培育基础。美国能源部 2017 财年用于支持氢能技术研发的预算为 1.01 亿美元，资助范围涵盖了氢的制备、储运、系统分析、氢安全及标准制定，以及技术验证等方面。此外，围绕燃料电池汽车的商业化准备，加利福尼亚州正继续大力支持加氢站建设，目前

---

① http://das.wixstatic.com/ugd/45185a_050d676ed9014d05qed89e5c0a7.pdf.

共有 33 座加氢站处于运营中，其中 29 座为零售站。欧盟于 2014 年 5 月宣布在“地平线 2020”框架下启动第二期《燃料电池与氢能合作技术计划》（FCH 2 JU，2014～2020 年）。作为欧盟层面长期推动氢能与燃料电池技术创新研发及商业化推广应用的主要依托力量，该计划总预算 13.3 亿欧元[4]，总体目标是提出氢作为能源载体和燃料电池作为能源转换器的清洁高效的能源解决方案，并在 2020 年前完成市场准备。韩国也制定了氢能和燃料电池研发中长期规划，目前其技术发展处于第二阶段，即商业化与市场渗透阶段。在固定式燃料电池发电领域，2016 年韩国的总容量已达 177 兆瓦[8]，超过美国和日本，成为燃料电池发电最大的市场。此外，随着《巴黎协定》的签字生效，奥地利、加拿大、法国、冰岛、荷兰、南非和英国等国更是做出了前所未有的承诺，将氢能与燃料电池技术完全融入本国经济发展，以应对气候变化和空气污染。

与各国政府的政策扶持相呼应，氢能与燃料电池技术潜在的巨大应用市场也吸引着国际上众多的汽车企业、能源公司及燃料电池生产商。目前这些企业已经在该领域的国际市场占据领先地位，并且通过开展积极的合作，形成并固化了从基础材料到集成系统完整的产业链。

从全球氢能与燃料电池技术及产业的发展现状看，交通领域的燃料电池汽车正处在市场培育阶段，固定式燃料电池发电系统虽然经过多年的商业化发展，但其所占的市场份额仍然很小，氢能利用的基础设施网络仍然很薄弱，几乎所有的技术开发和市场活动均离不开政府的政策支持。此外，氢能源的发展仍然面临着其他能源技术路线的竞争。因此，氢能源的大规模应用任重道远。

（二）国内发展现状[9-13]

我国政府长期重视和支持氢能与燃料电池技术的发展，早在 2006 年即将其列为《国家中长期科学和技术发展规划纲要（2006—2020 年）》的前沿技术之一。在近期出台的《能源技术革命创新行动计划（2016—2030 年）》、《“十三五”国家科技创新规划》及《汽车产业中长期发展规划》等一系列政策及规划当中，更加进一步重申和明确了我国氢能与燃料电池技术发展的战略目标，即

2020 年实现氢能与燃料电池技术在动力电源、增程电源、移动电源、分布式电站、加氢站等领域的示范运行或规模化示范应用，2030 年实现燃料电池和氢能的大规模推广应用。

科技部从“九五”开始即在多个 863 计划和 973 计划（国家重点基础研究发展计划）项目中对有关氢的制备、存储、输运及燃料电池应用等各环节的关键技术研发进行布局，为我国氢能与燃料电池技术特别是燃料电池汽车的技术进步和产业发展提供了重要科技支撑。“十三五”期间，科技部将在新的国家重点研发计划中继续设立“新能源汽车重点专项”，以支持包括燃料电池动力系统在内的 6 个创新链（技术方向）的研发及产业化。

与前些年的观望态度不同，国内大部分主流汽车生产企业已开始重视燃料电池汽车研发，并纷纷加大这一业务板块的投入。2017 年 11 月，作为国内燃料电池汽车研发的长期领导者，上海汽车集团股份有限公司宣布中国首款商业化运营燃料电池宽体轻客 FCV80 正式上市，率先迈出了实现燃料电池车商业化运营的第一步。近期国内车企引人注目的发展动态是：郑州宇通客车股份有限公司、中通客车控股股份有限公司、厦门金龙旅行车有限公司、金龙联合汽车工业（苏州）有限公司、上海申龙客车有限公司、福田汽车集团旗下全资子公司福田欧辉、中植新能源汽车有限公司、佛山市飞驰汽车制造有限公司等纷纷涉足氢燃料电池客车的研发。

我国在固定式燃料电池应用领域也进行了积极的探索实践，863 计划也支持了多项此类研发课题。燃料电池备用电源在中国的市场潜力很大，如电信电力的备用电源，国内目前约有 50 套的初级产品在示范运行。在大型固定式电站领域，2016 年 10 月，欧盟 FCH-JU 计划支持的全球首座 2 兆瓦质子交换膜氢燃料电池发电站落户辽宁省营口市，用氯碱工业废氢生产清洁电力。

经过 20 余年的发展，我国已初步掌握了燃料电池关键材料、电堆、动力系统、整车集成和氢能基础设施等氢能应用的核心技术，初步形成了氢能与燃料电池关键技术及零部件的配套体系，氢燃料电池目前在寿命、可靠性、使用性能上基本达到车辆使用要求；在标准法规建设上，我国氢能燃料法规和测试平台逐步完善，燃料电池耐久性、安全性等测试平台逐步建立；在示范应用上我国示范考核取得重大进展，从园区固定的示范，逐步向实际道路示范运行过渡。然而，我国的车用燃料电池技术水平在材料成本、冷启动温度、电堆功率、可靠性及耐久性等方面与国际主流水平相比仍存在相当大的差距。在基础设施建设方面，我国目前仅有 7 座加氢站，并且还远未达到商业化运营，不足以支持燃料电池汽车产业的发展。因此，我国一方面应该在应用基础研究方面继续加大投入，另一方面，国内的能源公司和汽车公司也应大力参与到氢能与燃料电池汽车的研发中；在系统集成方面尤其要加大研究的力度；同时，还要整合各方资源，以推动氢能燃料电池全产业链体系的市场协同，强化跨产业、跨领域的合作。

三、重要技术发展方向展望[14-16]

欧洲、美国、日本、韩国等发达国家和地区均制定了本国氢能与燃料电池技术发展的路线图，尽管各有侧重，但对未来氢的制备、存储、输运及加注等技术发展方向的预测基本一致，即在未来的 20～30 年，氢能技术的发展将以高效洁净制备技术（近期为化石能源，中远期为核能和可再生能源）为出发点，以车用燃料和分布式能源作为应用领域的主要发展方向，稳步发展氢能制备、存储、输运、转换及应用等环节技术，形成氢能和燃料电池技术的规范与标准，逐步完善氢能应用网络；力争在 2035 年以前实现关键技术突破和示范应用，2050 年前后实现氢能的大规模商业推广和应用。

未来氢能与燃料电池子领域重要技术发展方向如下。

1. 氢的制备

重点研究高效洁净的化石能源制氢技术，以及基于核能和可再生能源的低成本制氢技术，最终实现氢的无碳制取，这是制氢技术的发展目标和方向。

2. 氢的存储

近期应重点围绕紧凑、量轻、低成本高压储氢技术进行技术攻关，以满足燃料电池汽车、搬运车和便携式燃料电池设备的初期商业化应用；同时，开展金属材料储氢机理的研究和理论创新，以期发现新的储氢机制和储氢材料，在中远期实现固态储氢技术的突破。

3. 氢的输运及加氢站

近中期应通过发展管束拖车和液氢罐车输送技术，以及加氢站氢气压缩、加注和大容量存储技术，来应对氢能与燃料电池技术广泛商业化的挑战；在中长期应发展氢的管道运输和其他先进输送技术。

4. 燃料电池及应用技术

通过持续开展燃料电池关键材料与部件的应用基础研究及系统优化，来进一步降低成本和提高电池长期运行的性能特别是稳定性、可靠性及环境适应性。同时，探索新的电池材料和电池结构，不断增强燃料电池技术的市场竞争力。同时，围绕燃料电池的市场化应用，还应开展燃料电池发电及车用动力系统集成技术的研究，制定相关的技术标准和安全性使用规范，并进一步拓展燃料电池技术的市场应用范围。

四、我国未来应重点发展的技术[17]

2016 年 4 月，国家发改委、国家能源局印发《能源技术革命创新行动计划（2016—2030 年）》，同时颁布《能源技术革命重点创新行动路线图》，明确今后一段时期内我国氢能与燃料电池技术创新的工作重点、主攻方向及重点创新行动的时间表和路线。

"氢能与燃料电池技术创新" 重点任务分为氢的制取、储运及加氢站，先进燃料电池和燃料电池分布式发电三个战略方向。采取的创新行动如下。

1. 大规模制氢技术

研究基于可再生能源和先进核能的低成本制氢技术，重点突破太阳能光解制氢和热分解制氢等关键技术，建设示范系统；突破高温碘-硫循环分解水制氢及高温电化学制氢技术，完成商业化高温核能分解水制氢方案设计。研发新一代煤催化气化制氢和甲烷重整/部分氧化制氢技术。

2. 分布式制氢技术

研究可再生能源发电与质子交换膜/固体氧化物电池电解水制氢一体化技术，突破高效催化剂、聚合物膜、膜电极和双极板等材料与部件核心技术，掌握适应可再生能源快速变载的高效中压电解制氢电解池技术，建设可再生能源电解水制氢示范并推广应用；研究分布式天然气、氨气、甲醇、液态烃类等传统能源与化工品高效催化制氢技术与工艺，以及高效率低成本膜反应器制氢和氢气纯化技术，形成标准化的加氢站现场制氢模式并示范应用。

3. 氢气储运技术

开发 70 兆帕等级碳纤维复合材料与储氢罐设备技术、加氢站氢气高压和液态氢的存储技术；研发成本低、循环稳定性好、使用温度接近燃料电池操作温度的氮基、硼基、铝基、镁基和碳基等轻质元素储氢材料；发展以液态化合物和氨等为储氢介质的长距离、大规模氢的储运技术，设计研发高活性、高稳定性和低成本的加氢/脱氢催化剂。

4. 氢气/空气聚合物电解质膜燃料电池技术

针对清洁高效新能源动力电源的重大需求，重点突破低成本长寿命电催化剂、聚合物电解质膜、有序化膜电极、高一致性电堆及双极板、模块化系统集成、智能化过程检测控制、氢源技术等核心关键技术，解决电池性能、寿命、成本等关键问题，并实现氢气/空气聚合物电解质膜燃料电池电动汽车的示范运行和推广应用。

5. 甲醇/空气聚合物电解质膜燃料电池技术

针对清洁高效新能源动力电源的重大需求，重点突破耐高温长寿命电催化剂、新型耐高温聚合物电解质膜、有序化膜电极、一体化有机燃料重整、高温条件下电堆系统集成优化、智能控制等核心关键技术，并实现甲醇/空气聚合物电解质膜燃料电池在电动汽车上的示范运行和推广应用（无需制氢、储氢、加氢站）。

6. 燃料电池分布式发电技术

重点研发质子交换膜燃料电池及氢源技术、固体氧化物燃料电池技术，以及金属空气燃料电池技术。在分散电站工况条件下，突破电池关键材料、核心部件、系统集成和质能平衡管理等关键技术，建立分布式发电产业化平台，实现千瓦至百千瓦级质子交换膜燃料电池系统在通信基站和分散电站等领域的推广应用；实现百千瓦至兆瓦级固体氧化物燃料电池发电的分布式能源系统的示范应用，使其发电效率达60%以上，并开发出适用于边远城市和工矿企业等的分布式电站；实现金属空气燃料电池系统在智能微电网、通信基站和应急救灾等领域的示范运行或规模应用。

参考文献

[1] 佚名.国办印发《能源发展战略行动计划（2014—2020年）》[EB/OL]. http://politics.people.com.cn/n/2014/1119/c1001-26053481.html [2014-11-19].

[2] Wikimedia Foundation, Inc. Hydrogen Economy [EB/OL]. https://en.wikipedia.org/wiki/Hydrogen_economy [2018-09-11].

[3] E4tech（UK）Ltd. The Fuel Cell Industry Review 2016 [EB/OL]. http://www.fuelcellindustryreview.com/archive/TheFuelCellIndustryReview2016.pdf [2018-11-05].

[4] IPHE. 2016 Summary Report：Policy Developments and Initiatives for Fuel Cells and Hydrogen in IPHE Partner Countries and Region [EB/OL]. http://www.iphe.net/docs/2016%20Summary%20of%20Policies%20and%20Initiatives.pdf [2018-11-05].

[5] METI，Japan. Compilation of the Revised Version of the Strategic Roadmap for Hydrogen and Fuel Cells [EB/OL]. http://www.meti.go.jp/english/press/ 2016/ 0322_05.html [2018-11-05].

[6] NOW GmbH. National Innovation Programme Hydrogen and Fuel Cell Technology（NIP）[EB/OL]. https://www.now-gmbh.de/en/national-innovation-programme/foerderprogramm [2018-11-05].

[7] DOE，USA. Fuel Cell Technologies Market Report [EB/OL]. https://energy.gov/eere/fuelcells/downloads/fuel-cell-technologies-market-report [2018-11-05].

[8] IPHE. IPHE Country Update May 2016：Korea [EB/OL]. http://docs.wixstatic.com/ugd/45185a_aoe17a92e8b5439b97fbb23082b43818.pdf [2018-11-05].

[9] 张健. 科技部部长万钢：氢能燃料电池汽车将成重要发展方向 [EB/OL]. http://news.xinhuanet.com/tech/2017-06/25/c_1121207376.htm [2017-06-25].

[10] 刘佳，周强. 我国燃料电池汽车及用氢发展现状浅析 [J]. 太阳能，2017，（4）：24-29.

[11] 刘艳秋. 解析《汽车产业中长期发展规划》燃料电池汽车发展策略 [EB/OL]. http://www.chinabuses.com/buses/2017/0427/article_78302.html [2017-04-27].

[12] IPHE. IPHE Country Update March 2017：China [EB/OL]. http://www.iphe.net/ partners/china.html [2018-11-05].

[13] 侯福深. 国内外新能源汽车技术发展现状与趋势 [J]. 重型汽车，2016，（4）：41-43.

[14] DOE. 2016 Annual Progress Report [EB/OL]. https://www.hydrogen_energy.gov/annual_progress16.html [2018-11-05].

[15] METI. Summary of the Strategic Road Map for Hydrogen and Fuel Cells [EB/OL]. http://www.meti.go.jp/english/press/2014/pdf/0624_04a.pdf [2018-11-05].

[16] FCH 2 JU. Multi-Annual Work Plan 2014-2020 [EB/OL]. http://www.fch.europa.eu/sites/default/files/FCH2%20JU%20-%20Multi%20Annual%20Work%20Plan%20-%20MAWP%20（ID%20623483）. pdf [2018-11-05].

[17] 国家发展和改革委员会，国家能源局. 能源技术革命创新行动计划（2016—2030 年）[EB/OL]. http://www.gov.cn/xinwen/2016-06101/5078628/files/d30fbelca22e45f3a8de7e6c563c9ec6.pdf [2018-11-05].

第七节　新型电网子领域发展趋势

肖立业[1, 2]　韦统振[1, 2]
（1 中国科学院电工研究所；2 中国科学院大学）

一、发展的驱动力

电网的建设和发展被誉为是20世纪最伟大的工程。纵观电网技术100余年来的发展历史，电网技术总是能够不断利用材料技术领域、信息与通信技术领域及自动化技术领域等的最新科技成就来发展自身，并不断满足能源结构变化和电力发展的需求。当今，新能源变革为新型电网技术的发展提出了挑战和内在需求；同时，科技飞速发展，新材料技术、信息通信技术及自动化技术等日新月异，这又为新型电网技术的发展提供了机遇和外在动力。

人类社会正在步入一场新的能源变革，以可再生能源为主导的清洁能源将逐渐取代以化石能源为主导的传统能源，这一重要的变革决定了新型电网技术的未来发展方向[1]。首先，电力的自然增长和能源的结构性替代（如电动汽车替代传统燃油汽车等），将使电力在终端能源结构中的比重大幅度增加；可再生能源资源和负荷资源的地理分布不均衡是一个基本现实，在大范围内通过电网来实现可再生能源资源的调配是不可避免的，一个覆盖面积宽广的电网对于充分利用可再生能源的时空互补性也是必要的，因而进一步建设跨区域乃至跨国、跨洲的互联大电网仍然是十分必要的。第二，可再生能源是一种分散资源，靠近用户就地利用（如屋顶光伏、农村风电和沼气发电、太阳能采暖和供热等——即分布式电源）也是未来可再生能源的重要利用形式，发展面向能源用户的智能微电网或多能互补智慧微能源网，并实现其与外部大电网的互动互补，也是新型电网技术的重要发展方向。第三，由于可再生能源具有波动性的特点，发展柔性直流输电技术和直流电网技术是解决可再生能源规模并网的重要技术手段；同时，在电力负荷侧方面，直流负荷将大幅度增加，如电动汽车充电电源、电力储能、数据中心和云计算中心、半导体照明和变频调速电动机负荷等，最终都需要直流供电，这也对电网技术的发展提出新的需求。因此，发展直流电网或者交直流混合输配电网也是新型电网技术的重要发展方向。

近年来，碳化硅（SiC）和氮化镓（GaN）等宽禁带半导体材料及其相应的电力电子器件得到飞速发展，将对交直流混合配电网、分布式储能技术及光伏逆变器的发展起到重要的促进作用；新型高温超导材料已经具备小批量的生产能力，使得低损耗超导电力设备的性能更进一步接近实际应用的需求；同时，基于巨磁阻材料和智能电磁材料的发展所形成的新型电网传感器，以及基于压电材料、热电材料等的微型能源系统又为新型电网传感器提供了自供能解决方案。高击穿强度绝缘材料、高导热绝缘材料、非线性绝缘材料、复合绝缘材料、纳米复合绝缘材料、环保绝缘气体等新型电介质材料，以及工频和中频用超薄硅钢、高频用纳米晶合金带材等新型磁性材料等领域均取得重要进展，将对提高电力设备的综合性能起到重要作用。现代信息与通信技术，如物联网、大数据、云计算、超级计算、分布式计算、高速光纤通信网、IPv6、4G/5G 移动通信、网络安全技术等，对于大型电网的实时仿真、预测预报、状态评估和快速决策提供了有力的支撑。自动控制技术的发展，为高压大功率电能变换注入强大的活力，推动了各种灵活交流输电设备（flexible AC transmission system，FACTS）及可再生能源并网逆变器、储能系统变流器、电力电子变压器等的快速发展，促进了电网技术的重大进步[2]。

二、国内外发展现状及趋势

自 2003 年以来，我国每年新增电力装机容量约 1 亿千瓦，每年的增量相当于一个欧洲大国的总装机容量，我国电力已占终端能源的约 25%。近两年，我国新增装机容量的一大半来自包括光伏发电、风力发电和水力发电等可再生能源。根据国家能源局网站发布的统计数据，2017 年和 2018 年我国新增的电力装机容量分别为 1.33 亿千瓦和 1.24 亿千瓦，其中光伏和风力发电总装机分别约为 6800 万千瓦和 6500 万千瓦。预计到 2020 年，我国的发电机装机容量将超过 20 亿千瓦。目前，我国电网已经成为世界上规模最大、覆盖面积最广、可再生能源装机容量最大的互联大电网。得益于这种后发优势，我国的电网建设采用了当今最先进的技术手段，新型电网技术的发展得到了试验和应用推广的机会。从总体上讲，我国新型电网技术的发展在某种程度上代表了国际电网技术的最高水平。

基于电压源型换流器的高压直流输电技术（即 VSC-HVDC，我国也称为柔性直流输电）出现在 20 世纪 90 年代，是世界上可控性最高、适应性最好的输电技术，可通过改变电压源换流器的输出电压的相角和幅值，实现有功及无功的独立、快速调节，在可再生能源并网、大型城市联网、海洋孤岛和平台供电、区域电网间的异步互联和电力市场交易等领域拥有巨大的技术优势。该技术近年来得到国内外电网界的高度重视，已取得长足的发展，目前已建成 10 余个工程，在建工程超过 20 个。例如，浙江舟山±200 千伏五端口柔性直流输电工程、广东南澳±160 千伏三端口柔性直流输电工程等已经投运，并取得良好的示范效果[3]。我国通过多年的技术发展和工程实践，已经具备开展±500～±800 千伏多端柔性直流输电工程的能力，南方电网正在规划建设送端为常规直流、两个受端为柔性直流的±800 千伏直流输电工程。

柔性直流输电技术也是建设直流电网和大规模发展可再生能源的必然选择。直流电网是由大量以直流形式互联组成的能量传输网络系统，由于不存在同步稳定性的问题，传输距离基本不受限制，能够实现大范围的电力潮流调节和控制，对大规模高比例可再生能源发电并网具有显著的支撑作用。欧美发达国家已提出多个直流电网规划（如欧洲的 SuperGrid 计划、美国的 Atlantic 直流电网计划等），以实现其能源结构转型和碳减排的目标[4]。我国规划了张北±500 千伏柔性直流输电网工程[3]，以实现张北地区高比例可再生能源的并网和送出。该工程包括四个直流母线端口，将是世界首个建成投运的直流电网工程，已经获得国家能源局的批复，并于 2018 年 2 月开工建设。随着未来我国西部和北部等地区和近海可再生能源的大规模开发，以及±500 千伏及以上电压等级的电压源换流器、直流断路器等技术的日益成熟，直流电网在输电和配电等方面将越来越受到关注和青睐，成为未来新型电网技术的重要发展方向。

受分布式可再生能源、分布式储能技术及直流负荷需求发展的影响，未来配电网的角色和模式将发生重大变化，配电网将成为大规模分布式电源的汇聚系统，可满足电力负荷多样化、定制化的需求。为了有效减少直流到交流、交流到直流间不必要的中间变换环节，非常需要发展交直流混合配电网。国外有关低压直流配电系统的探索处于示范应用阶段，中压和高压配电系统的研究比较初步，国内有关交直流混合配电系统的研究尚处于起步阶段；需解决的关键问题包括高可靠低成本的电力电子 AC-DC、DC-DC、DC-AC 变换器及多功能的智能电力电子装备、快速直流开关及保护系统、交直流混合配电网运行控制与运行优化技术等。到 2020 年，10～20 千伏交直流混合配电网将在我国一些园区建成投产并获得实际应用。

基于可再生能源的分布式能源系统，还将向冷热电联供的分布式智慧能源系统方向发展。这些分布式智慧能源系统靠近用户建设，一次能源以可再生能源为主、二次能源以用户所需的冷、热、电为主，可将电力、热力、制冷与蓄能（如储能、储热等）技术及相应的网络进行有机结合。它是智能微电网的升级版，可将多种可再生能源的互补生产与多种多样的消费需求灵活地结合在一起，所生产的电力和冷热能源先满足本地用户的需要，再把富余的电力利用智能电网提供给邻近用户。它还可以优化整合多种能源资源和用户需求，实现资源利用最大化，大大地提高综合能源系统的效率，为构建自主、自立、清洁、可持续发展的能源体系发挥重要作用。到 2020 年，将建立 1～10 兆瓦级的分布式智慧能源示范系统，这是未来能源末端用户能源利用的主要发展方向之一。

随着信息技术的不断发展，电网物理系统将与信息系统逐步高度融合，形成电网信息物理系统（cyber physical system，CPS）。CPS 的提出与发展为实现智慧电力系统和能源互联网提供了新的思路和实现途径。国外已开展了大量 CPS 相关技术的研究，但多从宏观角度构建 CPS 的整体架构，尚无实际系统在电网运行。国内在电网信息物理融合建模及仿真平台上已取得一定成果，仍需解决海量信息耦合、CPS 工控安全、超低时延与精准同步等技术难题。随着可再生能源的不断发展，电网信息物理系统的一个重要发展目标是实现可再生能源功率的精准预测。国内外已开展大量的研究和应用工作，预测精度整体在 80%～90%，可在一定程度上实现对可再生能源电站功率变化趋势的预报，但对因大气湍动、云层遮挡等引起的可再生能源功率波动的预测还有待于进一步提高精度。到 2030 年，局地（5 千米×5 千米）可再生能源发电功率预测精度可望达到 95%以上，并实现广泛的应用。

近年来，宽禁带半导体材料与器件、高温超导材料及其在输电方面中的应用、新型电介质材料及绝缘材料、新型电磁功能材料及其在小型化电力传感器方面的应用取得了快速发展，已经成为新型电网技术领域发展的重要方向[5]。例如，基于碳化硅（SiC）和氮化镓（GaN）等宽禁带材料的新型电网电子器件，具有耐压水平高、结温高、开关频率高、损耗小等突出优点，已成为国内外电力电子领域的研发热点；其中 1200 伏以下的 SiC 功率开关和 SiC SBD（肖特基势垒二极管）及 600 伏以下 GaN 功率开关已基本实现商业化和批量生产，10 千伏以上的 SiC 电力电子器件也已研制出样片。到 2020 年，采用 SiC/GaN 宽禁带电力电子器件的电力电子装置会在光伏逆变器、储能系统和配电网控制中得到应用。又如，目前的铜氧化合物高温超导材料［如 BSSCO（钇系）和 YBCO（铋系）］已经实现小批量生产，国内外正在开展高温超导直流输电电缆的研究和示范。例如，我国在河南巩义的电解铝厂、日本在北海道数据中心、韩国在济州岛智能电网示范工程中均建设了超导直流输电示范工程。与此同时，超导直流限流器的发展也得到了国内外的关注，我国率先提出了±200 千伏超导直流限流器的概念设计方案。发展直流输电-输气［LNG（液化天然气）或者液氢］一体化的超导能源管道，也是国际关注的方向之一。随着高温超导材料的不断发展，超导直流输电技术将成为新型电网技术的重要发展方向，并有望在 10 年内建成一些示范工程。

三、我国应重点发展的技术

新型电网技术的发展将进一步建立在信息与通信技术、新材料技术、自动控制技术等的基础之上，交直流混合输配电（网）技术、分布式智慧能源网技术将为构造下一代以电能作为主要终端能源的能源互联网奠定基础，可再生能源将成为电网中一次能源的主要来源，电网技术的发展将大力促进清洁能源的革命。未来电网将像当今的信息互联网处理和分配信息资源一样，可灵活地处理和分配电力资源，将各种电力资源有机地组织、联系和控制起来，从而为用户提供可靠的电力。

为此，建议我国从以下几个方面加强部署。

（1）大力发展高压柔性直流输电技术和直流电网技术，着力解决高压大容量柔性直流输电中的关键技术，如新一代高压大功率电力电子器件、高压大容量柔性直流输电变流器、直流断路器、直流限流器等。

（2）大力发展基于交直流混合配网和基于多种清洁能源互补的分布式智慧能源系统，实现基于清洁能源的冷热电联供和面向多种交直流负荷的综合能源供应网络，以提高能源利用效率和综合效益。

（3）加强与电网技术相关的新材料技术的研究与发展，如新型半导体材料、新型导电材料和超导材料、新型磁性材料、新型电介质材料、新型高压绝缘材料、新型电磁功能材料等，并开展新材料在电力装备中的应用研究与示范。

（4）加强现代信息与通信技术在电网中的应用开发，如电网信息安全技术、电网大数据技术、能源用户智能终端技术等。

参考文献

[1] 肖立业，林良真. 未来电网初探［J］. 电工文摘，2011，(5)：7-13.
[2] 肖立业. 中国战略性新兴产业研究与发展：智能电网［M］. 北京：机械工业出版社，2013.
[3] Callavic M. Developments in UHVDC and VSC-HVDC［R］. 武汉：中国电机工程学会电力电子与直流输电专业委员会学术年会，2017.
[4] 周孝信. 新能源变革中电网和电网技术的发展前景［J］. 华电技术，2011，33(12)：1-3，27，81.
[5] 程时杰. 先进电工材料进展［J］. 中国电机工程学报，2017，37(15)：4273-4285，4567.

第八节　节能与储能子领域发展趋势①

漆小玲　冯自平　赵黛青
（中国科学院广州能源研究所）

一、储能技术发展的驱动力

新能源、互联网、储能等技术相融合的现代能源系统是第三次工业革命的重要标志。当前，智能电网、可再生能源和分布式发电、微电网及电动汽车都已成为各国电力系统发展的重点方向。储能技术是实现上述领域变革必不可少的支撑。大容量、大规模储能技术的突破和应用将会在很大程度上解决可再生能源利用的随机性和波动性问题，实现高比例有效利用间歇性、低密度可再生能源，进而减少对化石能源的依赖及污染物的排放。同时，储能技术可使现代

① 本子领域为节能与储能，但因节能涉及的面太广，故此处只介绍储能子领域的发展趋势。

能源系统突破资源及需求侧在时间、空间上的匹配限制，从而实现系统的高效、灵活、低成本运行，以及能源系统的结构性变革。

二、国内外储能技术发展现状

（一）国外发展现状

一直以来，储能技术备受各国能源、交通、电力等部门的高度关注。近几年，储能市场一直保持着较快的增长势头。根据中关村储能产业技术联盟（CNESA）的数据统计，截至 2018 年底，全球投运储能项目累计装机规模达 180.9 吉瓦，同比增长 3% [1]。全球的储能项目装机主要分布在亚洲、欧洲和北美，亚洲以中国、日本、印度和韩国为主，欧洲以西班牙、德国、法国、奥地利为主，北美地区以美国为主；这些国家的累计装机规模占全球的 70%以上。

至今，机械储能、电化学储能等储能技术均已取得长足进步。在机械储能方面，抽水蓄能是目前应用最成熟的储能技术。截至 2017 年底，全球抽水蓄能累计装机达 170.7 吉瓦 [2]，占全部装机的 94%。近年来，其他储能技术的不断发展，以及抽水蓄能建设受地理条件限制等因素，导致抽水蓄能装机的增长趋势逐渐减缓。其他机械储能（主要包括压缩空气储能、飞轮储能等）尚未实现规模化应用。德国是压缩空气储能、飞轮储能最积极的研发和应用推广者。自德国提出压缩空气储能以来，迄今全球只有德国 Huntorf 电站和美国 Mclntosh 电站采用了压缩空气储能的形式。美国 SustainX 公司于 2013 年完成的全球首个兆瓦级等温压缩空气储能系统启用 [3]。飞轮储能目前尚处于示范阶段，被国外许多研究机构引入风力发电系统。德国、美国、日本等国的飞轮储能技术处于领先地位。1996 年，德国 Forschungszentrum Karlsruhe Gmbh 开始着手研究 5 兆瓦 · 时/100 兆瓦 · 时的超导磁悬浮飞轮储能电站 [4]。美国 Beacon Power 公司于 2011 年 6 月建设并投运 20 兆瓦飞轮储能电站，这是当今世界上运行功率最大的飞轮电站 [5]。与电化学储能相比，机械储能发展较缓慢。

电化学储能技术适合大规模应用和批量化生产，可大量应用于储能、动力电池及消费型电池，是全球储能技术发展最活跃、增速最快、在运项目最多的领域，主要包括铅酸蓄电池、锂离子电池、钠硫电池、液流电池等。目前，全球电化学储能应用朝大型化发展，已投运的电化学储能项目中有 3 个装机规模≥50 兆瓦，在建或规划的≥50 兆瓦的化学储能电站共 10 个（包括 8 个锂离子电池储能电站、2 个液流电池储能电站）[6]。美国、欧洲、中国、日本、韩国地区依旧处在储能项目装机的领先地位，其中美国占全球电化学技术类型总装机量的 39%，日本在钠硫电池、液流电池和改性铅酸电池储能技术方面处于国际领先水平。澳大利亚、东南亚、印度等一些新兴市场在电化学领域发展也很快。在电化学储能技术应用方面，储能在美国调频、调峰等辅助服务市场上的应用一直引领全球储能辅助服务市场的发展。日本主要的储能应用集中在集中式可再生能源并网及用户侧领域。集中式可再生能源并网是日本推动储能参与能源清洁化的主要方式。德国是欧洲最成熟的分布式光储市场，也是用户侧储能商业模式发展最先进的国家；截至 2017 年底，累计安装太阳能光伏容量达到 42.9 吉瓦，其中分布式光伏达 70%以上[2]。英国在先进调频、调峰等高价值电网服务领域发展较大，2017 年其储能市场的规模呈现爆发式增长，累计投运储能项目的规模达到 2016 年同期的 10 倍[2]。澳大利亚在户用储能领域占据绝对优势，其储能系统成本的持续下降使光储系统越来越具有经济性。韩国持续推动储能在大规模可再生能源领域的应用，其储能项目朝着规模化、大型化方向发展，如世界上最大的用户侧储能项目——现代电气蔚山规划的 150 兆瓦储能项目[2]。

储热技术通过储热媒介将热能储存和释放，可解决由于时间、空间或强度上的热能供给与需求不匹配的问题，有效提高系统的能源利用率。近几年，储热技术越来越受重视，发展很快。在美国和西班牙，采用大量反光镜聚集太阳光的蓄热系统越来越多。西班牙 Gemasolar 电站装机 20 兆瓦，是世界上第一个达到公用事业规模的采用塔式熔盐技术的光热电站，可以在缺少光照的阴雨天气及没有光照的夜间持续发电 15 个小时，实现了全天候 24 小时不间断供应可靠能源，其年发电量近 110 吉瓦・时[7]。美国蓄热系统的装机容量仅次于抽水蓄能电站，已建成的 Ivanpah 塔式电站开启了光热电站百兆瓦级大规模应用的先河。摩洛哥 NOORⅢ 塔式光热电站是全球单机容量最大的塔式熔盐光热电站，装机容量达 150 兆瓦[8]。目前全球光热电站的单机开发规模正在向 100 兆瓦级以上发展。

（二）国内发展现状

在全球大力倡导发展清洁能源的背景下，我国加大了对储能发展的重视。2016 年中共中央、国务院印发《国家创新驱动发展战略纲要》，明确要攻克大规模供需互动、储能和并网关键技术；推动新能源汽车、智能电网等技术的研发应用[9]。2016 年国家发改委、国家能源局印发的《能源技术革命创新行动计划（2016—2030 年）》再次明确提出，储能技术是能源技术革命的 15 个重点任务之一[10]。2017 年国家发改委、财政部、科技部、工信部①、国家能源局联合发布的《关于促进储能技术与产业发展的指导意见》明确指出，对符合条件的储能企业可按规定享受相关税收优惠政策[11]。

在储能政策的不断驱动下，我国储能产业快速发展。2017 年，我国抽水蓄能装机容量已达 2773 万千瓦，在建机组容量达 3871 万千瓦[12]，在建和运行电站的机组容量均居世界第一。近年来，我国压缩空气储能也取得了重大进展和突破，在系统总体设计和分析、蓄热器、放热器、系统集成和示范、政策和商业机制方面都开展了研究，实现了从十千瓦级到百千瓦级的集成示范。国家电网公司张北风光储输二期工程示范项目是全球储能容量最大的压缩空气储能系统，系统能量密度可达 100 瓦 · 时/升[13]。我国在飞轮储能技术的发展主要集中在小容量系列，已经开始对电力系统调峰用飞轮储能系统进行研究。

在储能领域，我国电化学储能发展相对迅速，截至 2017 年底，电化学储能项目的累计装机规模达 389.8 兆瓦，占我国投运储能累计装机的 1.4%，占全球电化学储能累计装机的 13.3%。在电化学储能中，以锂电池为主，2017 年底，锂电池的累计运行装机规模占我国电化学储能市场总装机的 58%，在调频辅助服务、分布式微网、户用储能领域的增长速度最快[2]。此外，锂离子电池在电动汽车充换电方面也发挥了很好的作用，如建立车电互联（V2G）系统、光储式电动汽车充换电站、需求响应充电等。然而，锂电池储能还处于商业化初期，离大规模推广还有一定的距离。钠硫电池在我国还没有完全从实验室走向商业化应用。中国科学院上海硅酸盐研究所和上海电力股份有限公司联合开发的储能用钠硫电池的单体电池整体水平与国外先进水平持平，以中国科学院大连化学物理研究所为代表的研究单位将我国的液流电池储能技术带入快速发展

① 工业和信息化部简称工信部。

期，使我国成为全钒液流电池的最大生产国[14]。我国在液流电池的技术与应用规模方面均领先世界，并组织制订了国际上的液流电池标准体系。

我国首个百兆瓦级熔盐塔式光热电站 2018 年 12 月 28 日在敦煌光电产业园区顺利并网投运，这是我国首批光热发电示范电站之一，也是全球已建成的聚光规模最大、吸热塔最高、储热罐最大、可连续 24 小时发电的百兆瓦级熔盐塔式光热电站，标志着我国成为世界上少数几个掌握建造百兆瓦级光热电站技术的国家之一[15]。

三、储能领域重要技术发展展望

作为推动未来能源发展的支撑性、前瞻性技术，储能技术在可再生能源并网、电动汽车、微电网、家庭储能系统、电网支撑服务等方面都将发挥巨大作用。欧洲、美国、日本、韩国等发达地区或国家虽然发展储能技术的侧重各有不同，但都将储能技术提升到国家能源安全的战略高度。未来储能领域重要技术发展方向如下。

1. 大型能量型储能技术

重点研究大规模、大容量、低成本的调峰填谷储能技术。发展大型的、可长时间存储电能的储能技术，用于大电网高峰；发展储能量大、循环次数多、使用寿命长的储能技术，作为电网调峰储能装置的补充；发展可用于存储富余风能、太阳能等可再生能源的储能技术，消纳富余可再生能源。

2. 大型功率型储能技术

重点研究可迅速对风电、光电的出力做出快速反应，平抑可再生能源波动，与大规模可再生能源联合运行的储能技术，以消纳可再生能源，保障电网实时安全运行。

3. 小型储能电池

重点研究能量和功率密度较高，使用寿命长，成本低，安全可靠性好的储能电池，以满足电动汽车大规模发展和户用储能系统的需要。未来，随着储能电池技术的进一步发展，以及能源互联网技术的突破，电动汽车、户用储能系统可接入能源互联网，并通过低谷充电、高峰放电，辅助电网调峰。

4. 储能材料

通过持续开展储能设施、储能电池关键材料与部件的应用基础研究及系统优化，进一步降低材料成本，提高储能器件长期运行的稳定性、可靠性、环境友好性等性能；同时，探索新的储能材料、储能器件结构等，研发储能电池回收与梯次利用的技术。

四、我国在该领域应重点发展的技术

2016 年，国家发改委、国家能源局发布的《能源技术革命创新行动计划（2016—2030 年）》及《能源技术革命重点创新行动路线图》，明确了今后一个时期内我国储能技术的发展重点。建议未来我国储能技术应重点发展如下技术。

1. 电池储能技术

研发出成本低、循环寿命长、能量密度高、安全性好、易回收的新型锂离子电池；突破高安全性、低成本、长寿命的固态锂电池技术，实现能量密度达到 600 瓦・时/千克、循环次数超过 10 000 次的全固态锂电池的规模化应用；突破能量密度达到 300 瓦・时/千克的锂硫电池技术、低温化钠硫储能电池技术；研究比能量>55 瓦・时/千克，循环寿命>5000 次的铅炭储能电池技术；研究储能电池的先进能量管理技术、电池封装技术、电池中稀有材料及非环保材料的替代技术。研究适用于 100 千瓦级高性能动力电池的储能技术，建设 100 兆瓦级全钒液流电池、钠硫电池、锂离子电池的储能系统；实现循环寿命超过 10 000 次、充放电速度快、成本低的大规模储能电池的广泛应用。

2. 新型压缩空气储能技术

突破 10 兆瓦/100 兆瓦・时和 100 兆瓦/800 兆瓦・时级的超临界压缩空气储能系统中核心部件的流动、结构与强度设计技术及模块化制造技术；突破大规模先进恒压压缩空气储能系统、太阳能热源压缩空气储能系统等新型压缩空气系统的优化集成技术及其与电力系统的耦合控制技术；研发和推广应用压缩空气储能系统产业化技术。

3. 高温超导储能技术

探索高温超导储能系统的设计新型原理，突破 2.5 兆瓦/5 兆焦以上高温超导储能磁体设计技术；研究高温超导储能系统的功率调节系统的设计、控制策略、调制及制造技术；研究高温超导储能低温高压绝缘结构、低温绝缘材料和制冷系统的设计技术；研究高性能在线监控技术、实时快速测量和在线检测控制技术。

4. 大容量超级电容储能技术

开发新型电极材料、电解质材料及超级电容器新体系；研发高性能石墨烯及其复合材料的宏量制备技术；开发基于钠离子的新型超级电容器体系；研发能量密度 30 瓦·时/千克、功率密度 5000 瓦/千克的长循环寿命超级电容器单体技术；研究 10 兆瓦级超级电容器储能装置系统集成关键技术，突破大容量超级电容器应用于制动能量回收、电力系统稳定控制和电能质量改善等的设计与集成技术；实现能量密度高、充放电速度快、成本低的超级电容器的广泛应用。

5. 高效储热/储冷技术

研究高温储热技术，开发高热导、高热容的储热材料的制备工艺与方法及性能优化的技术；开展 10～100 兆瓦·时级分布式供能的储热（冷）系统和 10 兆瓦级以上太阳能光热电站用高温储热系统的示范应用；开发储热（冷）装置的模块化设计技术。研究热化学储热等前瞻性储热技术，突破相变储热材料技术发展的瓶颈。

参 考 文 献

[1] 中关村储能产业技术联盟.［CNESA 发布］全球储能市场跟踪报告（2018. Q4）摘要版［EB/OL］. https://www.sohu.com/a/295083491_319518?sec=wd&spm=smpc.author.fd-%20.18.1552381146500OB3gq%20XJ［2018-12-07］.

[2] 中关村储能产业技术联盟. 储能产业研究白皮书 2018（摘要版）［R］. 北京：中关村储能产业技术联盟，2018.

[3] 纪律，陈海生，张新敬 等. 压缩空气储能技术研发现状及应用前景［J］. 高科技与产业化，2018（4）：52-58.

[4] 朱桂华，刘金波，张玉柱. 飞轮储能系统研究进展、应用现状与前景［J］. 微特电机，2011（8）：68-74.

[5] 唐长亮，张小虎，孟祥梁. 国外飞轮储能技术状况研究［J］. 中外能源，2018，23（6）：82-86.

[6] 中国化学与物理电源行业协会储能应用分会. 2018 储能产业应用研究报告［R］. 深圳：中国化学与物理电源行业协会储能应用分会，2018.

[7] 中国储能网新闻中心. 全球首个大规模塔式熔盐电站 Gemasolar［EB/OL］. http://www.escn.com.cn/news/show-327606.html［2018-12-07］.

[8] 中国电力建设集团有限公司. 中国电建承建的世界最大塔式光热电站成功并网［EB/OL］. https://www.baidu.com/link?url=2pukWlv65iEfifdyWP9Xw6q1psmpMpElEL-yaFmONeXwC7AlxRHRzOgG0DrU3nEp1aV0ATIbYqBZlReIk2wGgQd69j9ixqYX_wevxl9d74y&wd=&eqid

=d3413e80000290f8000000065cc6cc8d [2018-12-07] .
[9] 佚名. 中共中央　国务院印发《国家创新驱动发展战略纲要》[EB/OL] . http://news.cnr.cn/native/gd/20160520/t20160520_522193821.shtml [2016-05-20].
[10] 国家发改委. 发展改革委　能源局印发《能源技术革命创新行动计划（2016—2030 年）》[EB/OL]. http://www.gov.cn/xinwen/2016-06/01/content_5078628.htm [2016-06-01].
[11] 国家能源局. 五部门关于促进储能技术与产业发展的指导意见 [EB/OL]. http://www.gov.cn/xinwen/2017-10/11/content_5231130.htm [2017-10-11].
[12] 姜琳. 我国抽水蓄能电站装机居世界第一 [EB/OL]. http://www.xinhuanet.com/2017-12/22/c_1122154273.htm [2018-12-07] .
[13] 高雅. 中国或将建成世界上储能容量最大压缩空气储能系统 [EB/OL]. http://www.escn.com.cn/news/show-371473.html [2016-12-05].
[14] 王晓丽，张宇，张华民. 全钒液流电池储能技术开发与应用进展 [J], 电化学，2015, 21（5）: 433-440.
[15] 孙海峰. 我国首个百兆瓦级熔盐塔式光热电站在敦煌投运 [EB/OL]. http://gansu.gscn.com.cn/system/2018/12/29/012093336.shtml [2018-12-29] .

第九节　新型能源系统子领域发展趋势

许洪华[1]　胡书举[2]
（1 北京科诺伟业科技股份有限公司；2 中国科学院电工研究所）

一、国内外发展现状

（一）国外发展现状

推动以可再生能源等清洁能源为主的能源系统的发展，已成为全球能源发展的大趋势。联合国在“人人享有可持续能源”倡议书中提出，到 2030 年，全球可再生能源占能源消费比重将比 2010 年翻一番。国际能源署（International Energy Agency，IEA）《2015 世界能源展望》指出，预计到 2030 年，全球可再生能源发电量占全球总发电量的比例将有望提高到 33%。发达国家已经开始高比例可再生能源技术的研究和区域性示范。丹麦、德国等国的风电、光伏等可再生能源的发电量占比已超过 30%。在欧洲电网成功应对的 2015 年 3 月 20 日的日全食危机中，风电和光伏等可再生能源系统的并网控制、功率预测等先进技术及大电网协调控制、常规火电厂调节能力改造等技术发挥了重要作用。美国能源部 2010 年部署实施高渗透率光伏系统的研究示范项目，已在夏威夷、波特维尔、圣安东尼奥等十几个地点建立了光伏渗透率达 60%以上的实证性示范系统。以可再生能源为主导的大区域供电技术已是热点研究方向。

支撑区域可再生能源综合利用的单项技术主要包括：可再生能源发电系统并网技术、可再生能源发电功率预测技术、用户需求响应技术、常规发电机组快速调节技术及区域电网调度控制技术等。利用以上多项技术聚合形成的系统，总体上可以提高可再生能源的利用水平。近年来，大型光伏电站和风电场采用可调度光伏并网逆变器和双馈、直驱风力发电机组等设备，并使之与储能系统结合，抑制了发电波动性和间歇性的影响，提高了系统可调度、无功电压支撑和故障穿越的能力，使可再生能源发电系统并网性能得到了增强。基于柔性直流输电的大型海上风电场群接入技术得到发展，欧洲在北海建立了 12 个大型海上风电场柔性直流输电工程，提高了海上风电的送出能力，并且为受端区域电网提供了无功电压支撑。可再生能源发电功率预测技术持续进步，功率预测系统得到推广应用，短期风电功率预测均方根误差为 8%，短期光伏功率预测均方根误差为 18%。针对消纳可再生能源的智能电网技术得到广泛研究，德国通过把电力市场交易时间缩短到 15 分钟，促使常规火电厂发展快速、宽范围调节技术；同时把大用户引入电力市场，以激励大用户参与电力需求响应。在国际上，利用可再生能源、区域电网、用电负荷等方面多种技术的融合，通过改革电力市场和制定激励政策，实现了区域性可再生能源综合利用水平的不断提升。

针对海岛、极区等复杂环境气候下可再生能源的综合利用，国外也开展了相关研究。欧洲的许多岛屿充分利用海岛可再生资源以满足岛上的用电需求。例如，西班牙在耶罗岛建立了风能/抽水蓄能/太阳能互补发电系统，对水力发电实施电气化管理和控制，将风力发电并入岛上标准电网；希腊在基斯诺斯（Kythnos）岛建立了光伏/蓄电池海岛微网，根据频率平衡微网的供用电，并利用无线通信控制每一用户的负载设备。此外，法国以科西嘉岛、瓜德罗普岛等为代表的一系列岛屿都在积极开发适合岛屿供电的可再生能源发电系统，新加坡等国近年来也开始关注边远海岛可再生能源综合利用技术及其示范应用。国际社会在南极已建有数十个常年考察站和 100 余个夏季考察站，在北极也有数百个科考站和观测站。其中，日本的昭和（Syowa）科考站、西班牙的胡安·卡洛斯（Juan Carlos）科考站、瑞典的瓦萨（Wasa）科考站、美国的麦克默多（McMurdo）科考站、英国的哈利 6 号科考站及韩国的张保皋科考站都安装了太阳能电池板来替代部分常规能源；澳大利亚的莫森（Mawson）站已安装了一座 300 千瓦的风力发电机组，比利时的新伊丽莎白公主站是世界上第一座仅靠风能和太阳能就可以维持运行的南极考察站。

针对可再生能源与化石能源的融合，目前丹麦和德国的燃煤火电机组在调峰能力、爬坡速度、启停时间等灵活性方面具有较好性能。以调峰能力为例，丹麦热电联产机组的冬季供热期最小出力可低至 15%～20%，德国可低至 40%，能够较好地实现可再生能源与化石能源的融合。

（二）国内发展现状

我国在区域性可再生能源综合利用技术方面已经展开研究。一方面是单项技术取得了重要进展，大型光伏电站和风电场并网技术、功率预测技术与国际基本同步，建立了广东南澳、上海南汇等海上风电柔性直流送出示范工程，以及面向大规模风电、光伏的区域电网调度示范系统，并开始了大用户管理、火电厂调节等技术的探索研究。另一方面在技术集成示范方面积极尝试，建立了大型风电场和储能系统集成示范工程，在青海、云南开展了大型光/风/水/气/储多能互补发电系统的集成示范。我国多能互补独立微网系统示范的规模世界领先，在 863 计划、国家科技支撑计划支持下，重点在边远地区、沿海岛屿建立了一批示范系统，建成世界第一个、海拔最高的青海玉树 10 兆瓦级水/光/柴/储互补微电网示范工程，建成了青海兔尔干兆瓦级可再生能源冷热电联供新型农村社区微网系统。

针对海岛、极区等的可再生能源综合利用，近年来我国逐步在海岛地区开展了海洋能多能互补示范电站的建设。我国在山东大管岛、斋堂岛，浙江摘箬山岛，广东万山岛等地建设了海洋能、风能、太阳能等多能互补示范电站，并开展了储能、微电网运维等应用研究。此外，还在浙江东福山岛、鹿西岛、南麂岛研建了 3 座兆瓦级风/光/柴/储互补微电网。在我国建设的极地科考站中，只有南极中山站曾开展过风能和太阳能发电系统的研究与尝试，但其仍主要采用传统的柴油发电来提供电力。

在可再生能源与化石能源的融合方面，目前风火打捆外送系统稳定性的相关研究较少，特别是针对风火打捆系统中风电对外送系统的暂态功角稳定性影响的研究处于起步阶段，尚未得到定论，光火打捆外送系统中光电的暂态功角稳定性影响的研究尚未见报道。现有的风火打捆外送系统研究中风火电配置比例通常只考虑风电波动性与火电机组的调峰能力，这方面尚缺乏深入的研究。东北目前已经开始建立燃煤火电机组调峰辅助服务市场，具有较好的政策支撑基础。

二、重要技术发展方向展望

发达国家已提出未来以可再生能源为主构建新型能源体系的发展战略，开始高比例可再生能源技术的研究及区域性示范。欧盟在其《2050 年能源路线图》中提出，到 2050 年，可再生能源将占欧盟全部能源消费的 55%以上；美国能源部发布了《可再生能源电力未来研究》，提出到 2050 年可再生能源可满足美国 80%的电力需求；德国《面向 2050 年能源规划纲要》提出，到 2050 年可再生能源消费将占全部能源消费的 60%，可再生能源电力占全部电力消费的 80%；丹麦《能源发展战略 2050》提出到 2050 年要完全摆脱对化石能源依赖的目标。

在世界范围内，可再生能源耦合与系统集成技术正朝着因地制宜、多能互补、冷热电联供及进一步提高可再生能源渗透率和增强系统性能等方向发展，综合利用比利用单一可再生能源更智能、更经济、更可靠。国外多个城市（如法兰克福、哥本哈根）提出了未来实现 100%可再生能源的发展目标，并围绕城市典型场景冷热电用能需求的技术解决方案开展应用示范；通过可再生能源多能互补来提高城市供能系统中可再生能源比例、提高能源系统综合效率、降低开发利用成本是未来的发展方向。

近年来，我国风电和光伏发电的规模化利用发展迅速，在青海、甘肃等西部省份已建成多个大型光伏发电基地和风力发电基地，在东部城市已建立了多个区域性可再生能源多能互补智能微电网示范工程。预计 2030 年左右，可突破不同规模、不同场景、不同应用模式的以可再生能源为主的能源综合利用系统设计集成技术，突破省级、城市及区域性以可再生能源为主的智能供电系统关键技术、不同场景以可再生能源为主的冷热电综合供能系统关键技术，建设多个区域性发电和用电侧均以可再生能源为主的能源系统示范工程。

在大型风光水火储多能互补系统方面，未来重点研究包含风能、太阳能、水能、煤炭、天然气等资源的大型综合能源基地设计建设技术，充分发挥流域梯级水电站、具有灵活调节性能火电机组的调峰能力，研究风光水火储多能互补系统一体化运行控制技术，提高电力输出功率的稳定性，解决区域弃风、弃光、弃水问题。预计 2025 年前，大型风光水火储多能互补系统获得实际应用，在青海、甘肃、宁夏、内蒙古、四川、云南、贵州等省份建设多个示范工程。

在终端一体化多能互补集成供能系统方面，未来将面向终端用户电、热、冷、气等多种用能需求，因地制宜、统筹开发、互补利用传统能源和可再生能源，重点研究终端供能系统统筹规划和一体化设计集成技术，传统能源与风能、太阳能、地热能、生物质能等可再生能源的协同开发利用技术，电力、燃气、热力、供冷、供水管廊等基础设施的优化布局技术，通过太阳能等可再生能源进行供热、采暖和制冷及与建筑结合的节能技术，通过天然气热电冷三联供、分布式可再生能源和智能微网等方式实现多能互补和协同供应的关键技术和装备。预计 2025 年前，在新城镇、新产业园区、新建大型公用设施（机场、车站、医院、学校等）、商务区和海岛地区等新增用能区域建设多个终端一体化多能互补集成供能系统，实现广泛应用。

在集成了分布式可再生能源发电系统与其他分布式能源（包括储能系统）的微能源网（简称微网）方面，未来重点研究微网的优化设计、运行控制、能量管理技术，通过灵活控制微网与外部电网间的功率，来显著缓解分布式电源直接并网对电网的影响；充分利用微网内各种可调度资源，优化多样化的用能目标。预计 2035 年左右，随着储能技术在成本和可靠性方面的突破，特别是电力体制改革在用户侧的推进，微网将获得广泛应用，成为分布式能源中最重要的利用形式和能源网最基础的支撑单元之一。

在多种可再生能源与常规化石能源的综合利用方面，未来需要突破规模化可再生能源与化石能源联合运行系统的设计集成技术，掌握火电机组等常规机组的宽范围运行改造技术，研制出可再生能源功率快速控制装置及可再生能源-化石能源系统联合控制、运行及调度系统。预计 2035 年前，可实现大规模可再生能源与常规化石能源的深度融合及联合运行，以支撑我国能源结构的优化。

三、我国应重点发展的技术

我国与国外比较，总体上仍处于跟跑阶段。我国大规模开发利用风能、太阳能资源与气候变化的相互作用机理尚待探索，以可再生能源为主的省级能源系统总体技术方案还是空白，弃风、弃光问题突出，针对不同地域、气候、应用模式的单元模块化技术缺乏研究。针对西部不同气候条件的边远地区和极区、海岛极端气候，缺乏因地制宜多种可再生能源综合利用的示范工程。未来将重点发展以下技术方向。

1. 大型可再生能源多能互补系统关键技术

结合我国可再生能源发展目标、当前可再生能源系统现状及国际上可再生能源的发展动向，我国未来大型可再生能源多能互补系统的技术需要在系统的规划设计、仿真、能源优化调度及运行评价等方面取得突破。在青海、甘肃、宁夏、内蒙古、四川、云南、贵州等省份，利用大型综合能源基地风能、太阳能、水能、煤炭、天然气等资源的组合优势，充分发挥流域梯级水电站、具有灵活调节性能火电机组的调峰能力，开展风光水火储多能互补系统的一体化运行，提高电力输出功率的稳定性，提升电力系统消纳风电、光伏发电等间歇性可再生能源的能力和综合效益。结合张家口可再生能源示范区建设及雄安新区、杭州亚运会对清洁供能方案的需求，针对支撑此类重大事件的可再生能源的综合解决方案开展研究，支撑高比例可再生能源在张家口等地的高效、安全运行，支撑冬奥会、亚运会场馆的绿色用能。

2. 分布式可再生能源冷热电集成供能关键技术

我国西部和东部众多城镇为分布式可再生能源冷热电集成供能技术提供了广阔的市场空间。结合城市社区、特色小镇、农村牧区等的可再生能源资源和能源需求的特点，开展以可再生能源为主乃至100%可再生能源的冷热电联供系统集成技术、能量管理技术及定制化电力电子装备技术研究，凝练通用、共性的方法和技术。针对极区高寒和极昼/夜、海岛高盐雾高湿度、西部边远地区高海拔等气候环境特点，掌握独立微能源系统的集成和能效管理的关键技术，研制高耐候性的电力电子变换器、控制器等关键设备，为极区科考站、我国沿海岛礁、边远地区等提供以可再生能源为主的独立微能源系统整体解决方案。

第四章
先进能源领域关键技术展望

第一节　先进能源领域关键技术综述

赵黛青　漆小玲　陈　勇
（中国科学院广州能源研究所）

能源是国家和地区经济社会发展的物质基础和基本保障，是国家的经济命脉，更是战略资源。当前，全球新一轮能源革命正在兴起，其重要引擎是先进能源技术的创新和竞争。变革传统能源的开发利用方式、推动新能源技术的应用、构建新型能源体系已成为世界能源发展的方向。

一、主要国家能源战略布局

近年来，世界主要发达国家和地区立足于自身的能源结构特点和技术优势，以中长期能源科技战略为顶层设计，以重大计划和项目为牵引，调动社会资源持续投入，尤其注重具有潜在变革性影响的先进能源技术的开发；把先进能源的科技创新放在能源转型战略的核心位置，不断优化能源科技创新体系，以提高国家竞争力，争取国际领先地位。

清洁能源技术被视为新一轮能源科技和产业变革的突破口。美国先后出台了《未来能源安全蓝图》《全面能源战略》《四年度技术评估》等战略规划及配套行动计划，来推动清洁能源转型由战略层面转向战术层面；并设立先进能源研究计划署和能源创新中心等新型创新平台，以整合产、学、研各方资源，推动变革性清洁能源技术的开发和产业的升级转型；将未来先进能源的研发聚焦于先进清洁发电技术，清洁燃料多元化，先进清洁交通系统，电力系统现代化，提高建筑能效，提高先进制造业能效及能源与水资源、材料、储能领域交叉技术七大领域[1-3]。欧盟率先构建了面向 2020 年、2030 年和 2050 年的能源气候战略框架，围绕可再生能源、智慧能源系统、能效和可持续交通四个核心优先领域（有些成员国还加上碳捕集与封存和核能两个特定的领域），开展研究与创新优先行动，以推进能源技术的低碳转型与绿色发展[4]。日本提出未来能源科技创新的方向是：压缩核电，举政府之力加快发展可再生能源；以节能挖潜、扩大可再生能源和建立新型能源供给系统为三大主题，构建可再生能源与节能融合型的新能源产业[5]。德国通过实施国家级研究计划以推动高比例可再生能源转型，并把发展可再生能源和提升能效作为两大支柱；以法律形式确定了可再生能源发展的中长期目标，同时将可再生能源、能效、储能、电网技术作为能源战略的优先领域[6, 7]。

二、我国能源转型的目标和任务

改革开放以来，我国经济得以高速发展，国内生产总值增速远高于世界平均水平。经济的快速发展带动能源消费的快速增长，特别是近十几年，能源消费的增量超出所有人的预料。我国虽然经济总量已是全球第二，但经济发展水平偏低，人均国内生产总值不到发达国家的四分之一。我国要实现到 2020 年左右全面建成小康社会，到 2050 年左右达到中等发达国家水平的“两个一百年”奋斗目标，预计到 2050 年国内生产总值总量将超过 44 万亿美元（按 2010 年不变价计算）。届时我国人口将超过 14 亿，如果按经济合作发展组织国家人均能耗水平计算，我国的能源需求将达到约 116 亿吨标准煤；即使按能源效率最高的德国的人均能耗水平计算，也要达到 85 亿吨标准煤[8]。如此巨大的能源供给情景，无论是从能源资源保障还是从环境容量上看，都是不可能发生的。首先，从能源资源储量来看，我国化石能源人均储量很低，非化石能源开发利用率不高，能源供应压力巨大。其次，从能源安全保障来看，我国对国外油气的依存度高，继续增加油气进口将进一步威胁我国的能源安全。从环境污染来看，我国环境污染日益严重，空气、土壤、水质都存在严重污染，如果未来继续大幅增加化石能源利用，环境已无容量。从应对气候变化来看，我国已是全球温室气体排放的第一大国，我国减排问题已成为国际一大热点。有鉴于此，我国在《巴黎协定》框架下提出，到 2030 年单位国内生产总值二氧化碳强度较 2005 年下降 60%～65%，非化石能源在一次能源消费中的占比提升到 20%左右；到 2030 年左右实现二氧化碳排放达到峰值并努力早日达峰[9]。

在未来很长一段时间内，发展经济仍是我国的首要任务。实现“两个一百年”奋斗目标，提高人民生活质量都需要能源提供强有力的保障，因此，我国迫切需要实现能源的绿色低碳转型，促进能源革命。《能源生产和消费革命战略（2016—2030）》和《能源发展“十三五”规划》中提出了我国能源生产革命和能源消费革命的战略目标：2021～2030 年，可再生能源、天然气和核能利用持续增长，高碳化石能源利用大幅减少。能源消费总量控制在 60 亿吨标准煤以内，非化石能源占能源消费总量比重达到 20%左右，天然气占比达到 15%左右[10, 11]。可以看出，我国对能源革命和低碳发展的部署，展现出强有力的推动能源绿色低碳转型的决心、力度和战略导向。能源绿色低碳转型是我国可持续发展的必然选择。

要实现能源绿色低碳转型的目标，保障我国能源安全，促进经济增长，提高生活质量，改善生态环境，最根本的路径就是依靠各个关键领域的能源技术创新和集成发展，构建清洁低碳、安全高效的现代能源技术体系，从而为我国能源绿色低碳转型提供技术支撑与持续动力。现阶段，我国能源技术自主创新能力和装备本土化水平已显著提高，实现了一系列能源科技的重大突破，建设了一批具有国际先进水平的重大能源技术示范项目，部分领域技术已达到国际领先水平。尽管我国能源科技水平取得了长足进步，能源技术创新为能源绿色低碳转型奠定了坚实的基础，但要构建可持续能源体系、完成能源生产与消费革命的战略目标还面临着严峻的挑战。我国“两个一百年”奋斗目标的实现需要能源安全技术提供支撑；生态质量改善需要清洁能源技术提供支撑；二氧化碳峰值目标的实现需要低碳能源技术提供支撑；节能提效目标的实现需要智慧能源技术提供支撑。正如习近平总书记指出，发展清洁能源是改善能源结构、保障能源安全、推进生态文明建设的重要任务[12]。

三、中国先进能源技术的发展趋势

推进能源绿色低碳转型，应对气候变化的关键是提高能源的利用效率，其根本是发展清洁低碳能源。从世界主要发达国家能源战略布局来看，提高能源利用效率、发展可再生能源也是其能源绿色低碳转型和科技创新的核心内容。从本次技术预见的结果来看，化石能源清洁利用、核能、储能、氢能、新型能源系统及电力等被认为是对中国未来发展最为重要的技术领域。这些技术领域也集中在提高能源利用效率和大力发展清洁低碳能源两大方面。

1. *化石能源的清洁、高效开发和利用*

未来一段时间内，化石能源仍是我国能源结构中主要的能源消费品种，但比例将不断下降。高效、清洁的煤炭与常规油气资源利用技术，以及页岩油气等非常规油气资源的勘探和开发技术是未来化石能源技术创新的重点。煤炭清洁高效利用技术开发是高优先度任务。以煤制清洁燃料和化学品技术、低阶煤分级分质利用技术为代表的煤炭清洁高效利用技术将有效提高能源的利用效率，减缓能源需求的快速增长。页岩油气勘探开发、煤层气开发技术等非常规油气开发利用技术，将扩大我国能源资源可开采储量，缓解能源供应和能源安全的压力。

2. *以可再生能源等清洁能源为主的能源系统*

构建以可再生能源等清洁能源为主的能源系统是能源发展的大趋势。清洁低碳的能源体系需要高效、经济、灵活的可再生能源利用技术，安全、稳定的核能技术，经济、环保、稳定的能源储用技术，高效、安全的能源输运技术，以及智能、集成的能源系统技术。太阳能、风能等可再生能源的利用发展较为快速，其成熟的技术已进入规模化发展阶段，未来的技术创新方向是高效、低成本、规模化、降低环境负荷。发展生物质能、海洋能及地热能等新兴可再生能源领域，也是推进能源绿色低碳转型的重要途径，科技创新的重要任务是突破产业化发展的瓶颈。尤其是被动型的生物质能（相对于主动生产的能源植物、能源藻等生物质能而言），即我国生产生活过程产生的林业、农业、养殖、农产品加工、生活垃圾等生物质废弃物，具有量大面广的特点，若处置不当将变成巨大的污染源；若加以利用，则每年可产生相当于十数亿吨标准煤的能量，且对温室气体的减排贡献巨大。此外，生物质能是唯一可以转化成气、液、固能源和化工原料的可再生能源。因此，从环保和能源的双重效益及国家能源安全战略出发，应优先发展被动型的生物质能。

3. 核能

核能作为一种低碳、稳定的新能源，是保障我国能源供应与安全的重要能源。具有可持续性、安全性、经济性和防核扩散能力的先进核能技术是核能发展的重中之重，包括安全稳定的三代、四代核电技术、核燃料循环利用技术及小型堆等新一代核能技术。

4. 储能和氢能技术

储能技术是推动智慧能源发展的支撑性、前瞻性技术。大规模可再生能源的利用需要储能技术来解决可再生能源的分散和波动等问题。未来储能技术将向大规模、大容量、低成本、长寿命的大型储能，以及高性能、安全可靠、长寿命、低成本的小型储能方向发展。氢能是化石能源向可再生能源过渡的重要桥梁，是重要的二次能源，也是可再生能源消纳存储的重要手段，在未来的能源体系中可成为与电能并重且互补的终端能源。氢燃料电池的应用已扩展到交通、电力、微型电源和军事等众多领域。廉价的规模制氢技术和安全高效的氢能储、输技术仍将是解决氢能供应面临的两大核心问题，低成本、稳定、高能量密度、具有环境适应性的燃料电池技术是氢能大规模应用的关键。

5. 电力技术

我国特有的不同能源资源禀赋与空间差异化能源需求相匹配，需要安全的能源输运特别是电力输运技术提供电力通道。未来电网技术的创新将以电力输配的基础材料、设施和装备技术，信息通信技术，智能调控技术的突破为主，并向可靠、高效、灵活、智能、开放的方向发展。

6. 新型能源系统

未来能源技术将以系统集成的方式高效融合互补发展，能源技术与信息技术深度融合的新型能源系统将实现多类型、多区域能源的高度整合，以及能源体系的信息化、精细化管理和调控。可再生能源的多能互补系统技术、分布式能源系统及局域能源微网技术及可再生能源与常规化石能源的综合利用技术，将是新型能源系统的重要突破点。

我国能源发展已进入战略转型关键期，能源科技进步和创新、关键技术突破和战略性能源装备制造都在不断推进，带动着我国清洁能源、新能源与可再生能源产业的快速发展。同时，能源领域和材料、信息、控制、互联网领域的大量交叉集成，也派生出一批新技术、新业态和新商业模式；不仅服务于能源供应侧，也推动了能源需求侧的改变。能源的科技创新和未来面临着许多挑战和机遇，发展空间广阔。

参考文献

[1] White House. Blueprint for a Secure Energy Future [Z/OL]. http://www.whitehouse.gov/sites/default/files/blueprint_secure_energy_future.pdf [2011-03-30].

[2] White House. The all-of-the-above Energy Strategy as a Path to Sustainable Economic Growth [Z/OL]. http://www.whitehouse.gov/sites/default/files/docs/aota_energy_strategy_as_a_path_to_sustainable_economic_growth.pdf [2014-05-29].

[3] Department of Energy. Quadrennial Technology Review 2015 [Z/OL]. http://www.energy.gov/sites/prod/files/2015/09/f26/Quadrennial-Technology-Review-2015.pdf [2015-09-10].

[4] European Commission. Towards an Integrated Strategic Energy Technology (SET) Plan: Accelerating the European Energy System Transformation [Z/OL]. https://ec.europa.eu/energy/sites/ener/files/documents/1_EN_ACT_part1_v8_0.pdf [2015-09-15].

[5] Ministry of Economy, Trade and Industry. Strategic Energy Plan [Z/OL]. http://www.enecho.meti.go.jp/en/category/others/basic_plan/pdf/4th_strategic_energy_plan.pdf [2014-04-18].

[6] Deutscher Bundestag. Gesetz für den Vorrang Erneuerbarer Energien (Erneuerbare-Energien-Gesetz-EEG) [Z/OL]. https://www.clearingstelle-eeg.de/files/EEG2012_juris_120817.pdf [2012-01-01].

[7] Federal Ministry of Economics and Technology. Research for an environmentally sound, reliable and affordable energy supply: 6th Energy Research Programme of the Federal Government [Z/OL]. http://www.bmwi.de/English/Redaktion/Pdf/6th-energy-research-programme-of-the-federal-government, property=pdf, bereich=bmwi2012, sprache=en, rwb=true.pdf [2011-11-01].

[8] 高国力，戴彦德，于晓莉，等. 国宏大讲堂之一全球视野下的中国能源转型与革命[J]. 中国经贸导刊，2017，15：21-26.

[9] 佚名.强化应对气候变化行动——中国国家自主贡献（全文）[Z/OL]. http://www.scio. gov.cn/xwfbh/xwbfbh/wqfbh/2015/20151119/xgbd33811/Document/1455864/1455864.htm [2015-11-18].

[10] 国家发改委，国家能源局. 能源生产和消费革命战略（2016—2030）[Z/OL]. http://www.ndrc.gov.cn/zcfb/zcfbtz/201704/W020170425509386101355.pdf [2016-12-29].

[11] 国家发改委，国家能源局. 能源发展“十三五”规划 [Z/OL]. http://www.ndrc.gov.cn/zcfb/zcfbtz/201701/W020170117335278192779.pdf [2016-12-26].

[12] 刘笑冬，王頔. 习近平致第八届清洁能源部长会议和第二届创新使命部长级会议的贺信. http://www.xinhuanet.com/politics/2017-06107/c_1121104338.htm [2017-06-07].

第二节　陆上及海上智能化风电装备与风电场技术展望

胡书举[1]　许洪华[2]
（1 中国科学院电工研究所；2 北京科诺伟业科技股份有限公司）

一、重要意义

风力发电是我国发展最迅速、产业规模最大、技术相对较成熟的可再生能源之一，是推动我国能源转型的关键支柱之一。我国风电开发市场潜力巨大未来，风电开发规模仍将保持持续增长的态势。《可再生能源发展“十三五”规划》提出有序推进大型风电基地建设、加快开发中东部和南方地区风电、积极稳妥开展海上风电开发建设等重点任务；明确到 2020 年全国风电并网装机确保达到 2.1 亿千瓦以上、中东部和南方地区陆上风电装机规模达到 7000 万千瓦、海上风电开工建设 1000 万千瓦及确保建成 500 万千瓦等重点目标[1]。未来陆上风电产业将持续、稳步发展，并逐步向低风速区域和海上延伸。加速开展风电技术创新，重点布局基础、共性技术研究，进一步提升陆上风电开发水平，完善低风速、海上特色、重点区域的开发技术，探索面向未来的新型风电技术，对于不断提升我国风电开发利用水平，有效支撑风电产业健康快速发展，逐步向风电技术强国迈进具有重大意义。

近年来，我国在风能开发利用、装备研制等方面已经取得重大成绩，产业和利用规模世界第一，风能产业已成为我国经济增长的主要动力之一，也是我国在未来占领国际战略制高点的优势产业之一。同时，风能行业发展正面临严重的国际竞争压力。为了占据全球竞争的领导地位，发达国家大幅度增加科技投入。我国风能产业必须做好创新战略规划，进行技术创新布局，抢占国际前沿技术研发和标准制定的先机，这样才能提升在全球的话语权，提升我国风能产业的国际地位。

与国际上高水平相比，当前我国风电产业仍然存在一定差距，同时也存在一些制约行业发展的问题，如风电机组总体设计技术与国外相比仍存在差距，缺少自主知识产权的风电机组设计工具软件系统；风电设备质量参差不齐，可靠性距离国际先进水平还有较大差距；弃风严重、显性成本较高导致的发展速度缓慢、风电场运营效率提升空间较大等。鉴于此，亟须建立适合我国资源环境特点和能源结构的风能技术创新体系，提升陆上及海上大型、智能化风电装备研发、设计、制造水平，提高大型风电场规划、设计、运行和维护水平，支持风能的大规模、低成本开发利用，支持风能产业规模继续保持世界第一，支持风能技术尽快赶超世界先进水平。

二、国内外发展现状

（一）国外发展现状

近年来全球风电发展迅速。根据全球风能理事会（GWEC）的统计数据，全球风能产业 2018 年增加了 51.3 兆瓦的风力发电机组产能，累计风电装机已达 591 兆瓦；GWEC 表示，风力发电目前是大多数市场中价格最具竞争力的技术[2]。全球已形成完备的全产业链体系，机组和主要部件企业的规模越来越大，风电场设计、建设、运维等专业化公司实力雄厚。

随着海上风电发展速度的加快，风电机组单机容量不断增大，近年来欧洲海上风电项目新装机组多为 6 兆瓦及以上机型；Vestas 公司 9.5 兆瓦机组、Siemens 公司 8 兆瓦机组均已并网运行，Adwen 公司 8 兆瓦、GE 公司 6 兆瓦机组已有样机投运。研发下一代单机容量在 10～20 兆瓦的新型海上风电机组，以进一步降低海上风电的度电成本，已成为国际风电装备技术研究的发展方向。美国 AMSC、Clipper 和挪威 Sway Turbine 等公司已完成 10 兆瓦级机组的概念设计工作，美国 GE 公司正在开发 12 兆瓦机组；欧盟启动的 InnWind 项目提出开发 10～20 兆瓦机组，开展基础和关键技术系统性研究。针对叶片、齿轮箱、变流器等大容量机组主要部件，国际上也广泛开展以可靠性和低成本为目标的关键技术攻关。融入大数据、云计算等新一代信息技术的风电机组智能化技术也得到重视和发展。2016 年美国 GE 公司宣布与微软公司开展合作，借助微软的云平台，提升其在大数据管理、远程监控等方面的能力；另外还推出了智能化程度更高的风电机型，能够提前感知风速，优化机组控制。陆上风电场向规模化发展，应用环境更加多元化。随着互联网、大数据、人工智能技术的发展，近年来风电场运维技术不断革新，继续沿智能化、信息化方向发展。美国 GE 公司推出“数字化风电场”技术，其中利用大数据建立尾流模型以优化机组运行的技术可提升风电场出力 2%～5%。Vestas 跨国公司利用智能数据预测机组部件故障，优化其全球风电场的运维，目前正与 IBM 合作开发超级大数据计算平台。德国 Siemens 公司与 IdaLab 公司及柏林工业大学机器学习小组合作完成了 ALICE 项目，通过收集数据进行自学习来优化机组运维，显著提升了发电效率。平台化智慧运维解决方案是国际风电场运维技术研究的发展方向。

欧洲海上风电起步早、发展快，相关的设计、施工、运行维护等技术成熟，并处于国际领先水平。以英国、德国为代表，全球 90%的海上风电项目位于欧洲。这些国家在大规模开发海上风电初期，均建设了海上风电示范项目，其中德国的 Alpha-Ventus 海上风电试验场开展了包括水文、地质、气象、输电系统、并网、风电机组基础、部件等在内的 15 大类试验研究；依托这些示范项目，这些国家开展了大量基础性研究与试验检测，为欧洲海上风电场的大规模开发与利用提供了坚实的技术基础和工程经验，有力地推动了海上风电产业的发展。在海上机组支撑结构方面欧洲处于领先地位，固定式支撑结构技术成熟，漂浮式支撑结构已完成全尺寸模型试验和部分样机建设，并逐步商业化；在海上风电场施工设备方面，欧洲形成了从运输、吊装到运维、监测一系列的海上施工配套设施；在海上风电场输变电系统方面，欧洲相当一部分海上风电场采用了海上变电站设计，部分远距离海上风电场还采用了柔性直流输电等先进输电方式；在海上风电运维方面，欧洲已经发布相关的导则、标准，运维手段相对完善。当前海上风电场向大型化、深海（水深大于 50 米）发展，运维装备专业化程度不断提高。

（二）国内发展现状

我国风电技术和产业近年来实现了跨越式发展。根据国家能源局发布的数据，2018 年我国新增并网风电装机 2059 万千瓦，累计并网装机容量达到 1.84 亿千瓦，占全部发电装机容量的 9.7%；风电年发电量 3660 亿千瓦·时，占全部发电量的 5.2%，比 2016 年提高 0.4 个百分点[3]。我国已初步形成完整的全产业链体系，装备产业规模世界第一，已进入国际市场。针对大功率风电机组、大型风电场、试验测试等技术开展了重点科技攻关，取得一系列科研成果。

风电机组整机设计从许可证生产、请国外公司提供设计和联合设计向自主设计发展。1.5 兆瓦、2 兆瓦、2.5 兆瓦和 3 兆瓦主流机型的风电机组已经批量生产和应用，产业链已经基本成熟，但设备性能和可靠性仍需要提升；3.6 兆瓦、4 兆瓦风电机组已小批量生产并在海上风电场运行；5 兆瓦、6 兆瓦风电机组完成样机开发，实现并网运行；7 兆瓦风电机组样机正在研制。我国已经投入批量生产并应用的海上风电机组为 2.5 兆瓦和 3 兆瓦，5 兆瓦和 6 兆瓦海上风电机组仍处于试验或示范应用阶段。近年来，我国大型海上风电机组研发紧跟欧美步伐，但欧美海上风电机组多为自主研发，我国海上风电机组多为与国外企业联合研发。我国风电设备产业链已经形成，与兆瓦级以上风电机组配套的叶片、齿轮箱、发电机、电控系统等已经实现国产化和产业化，基本能够满足国内市场需要。但大型机组仍需要进口部分国外关键部件，大型齿轮箱、发电机的可靠性仍有待提高，5 兆瓦及以上机组的叶片、变流器和整机控制系统的研制仍处于自主设计的初级阶段。

国内陆上风电场在丘陵、山区等复杂地形和低温、低风速等特殊环境的应用越来越多。海上风电场向大型化、深海（水深大于 50 米）领域发展，施工、运维装备的专业化程度不断提高[4]。风电场运维正在物联网、大数据、故障预测诊断等技术的推动下，继续沿着智能化、信息化的方向发展[5-7]。我国是世界上唯一开展大规模风电基地建设的国家，具备引领世界大规模风电基地设计、建设与运行的潜力，规划建设超大规模风电基地是我国风能资源开发利用的重要特点。陆上风电场已经积累了丰富的设计、施工和建设经验，但精细化、智能化、信息化水平与国际上高水平相比存在较大差距。我国海上风电起步较晚，2010 年建成的上海东海大桥 100 兆瓦海上风电场是我国第一个海上示范风电场，该项目重点开展海上风电机组高桩承台基础、海上风电机组安全运行等研究。随后，龙源电力集团股份有限公司在江苏如东建设了 30 兆瓦潮间带试验风电场，该项目主要在风电机组的基础型式，潮间带的海洋、水文地质及气象条件，海上风电施工设备和海上风电工程建设等方面开展了研究。深水固定式支撑结构技术研究初具成效[8]，但尚未大规模应用；漂浮式支撑结构技术研究较初步，以理论研究为主[9]。

三、重要技术发展方向展望

在全球范围内，未来风电装备将进一步向大型化、智能化、高性能、高可靠性方向发展，10 兆瓦以上风电机组技术将成为风电装备技术的制高点；陆上及海上风电场设计建设与运行维护水平将持续提升，应用场景将更加多样化，智能化程度不断提高，将更加高效、低成本地实现风能的规模化开发利用。

从 2013 年开始，我国海上风电逐步加快发展速度，但国内整机企业只能提供 3～5 兆瓦海上风电机组；6～7 兆瓦机组仅有样机，尚未批量生产，而国外同类机型已成主流，我国迫切需要开展 6～7 兆瓦海上风电机组产业化技术的研究和应用，同时海上风电开发对机组可靠性的要求也迫切需要研究先进制造技术，为我国海上风电开发提供稳定可靠的大型海上机组，以满足海上风电场的建设需要。我国未来的海上风电开发同样需要新一代更大型的风电机组作为技术和产业的储备，在“十二五”前期研究的基础上进行 10 兆瓦级大型海上风电机组及关键部件的研制，将全面提升我国大容量风电机组设计、制造等技术的研发能力和水平。同时随着风电机组单机容量的不断增加及我国风电开发的不断深入，通过智能控制、先进传感、大数据分析技术的深度融合，综合分析风电机组工况条件及运行状态，对机组运行参数进行实时调整，以实现风电设备的高效、高可靠性运行，是未来风电设备智能化研究的趋势；智能载荷管理技术，利用先进的激光测风技术，预先分析风况变化，提前修正风电机组的运行参数，在保证风电机组发电效率的前提下，保护风电机组零部件，已成为未来智能化风电机组研发的重要方向。

针对风电开发特点，需要利用物联网、云计算、大数据等先进信息技术，探索新型风电场设计、运维、管理等技术，有效提升风电场运行效率，降低风电开发的成本和风险。为此，需要开展新一代智慧风电场设计与智能运维关键技术的研究及应用，有力支撑我国大规模风电开发在高水平进行。我国海上风能资源开发将逐步向水深大于 30 米的较深海域发展，亟须研究成本低、安全性高、耐久性好的海上风电深水固定式和漂浮式基础结构及成套施工的技术装备，以期大幅度提高我国海上风电工程建设和长期运行的安全性及经济性，为未来大规模海上风电开发的重大需求奠定基础。

参考文献

[1] 国家发改委. 可再生能源发展"十三五"规划 [EB/OL]. http://www.ndrc.gov.cn/fzgggz/fzgh/ghwb/gjjgh/201706/t20170614_850910.html [2018-03-15].
[2] Global Wind Energy Council (GWEC). Global Wind Report 2019. Brussel: Belgium. April. 2019.
[3] 国家能源局. 2018 年风电并网运行情况 [EB/OL]. http://www.nea.gov.cn/2019-01/28/c_137780779.htm [2019-01-28].
[4] 蔡旭，施刚，迟永宁，等. 海上全直流型风电场的研究现状与未来发展 [J]. 中国电机工程学报，2016，36(8): 2036-2048.
[5] 晋宏杨，孙宏斌，郭庆来，等. 基于能源互联网用户核心理念的高载能-风电协调调度策略 [J]. 电网技术，2016，40(1): 139-145.
[6] 刘吉成，何丹丹，龙腾. 适应能源互联网需求的风力发电数据集成研究 [J]. 电网技术，2017，41(3): 978-984.
[7] 龙霞飞，杨苹，郭红霞，等. 大型风力发电机组故障诊断方法综述 [J]. 电网技术，2017，41(11): 3480-3491.
[8] 张敏. 固定式海洋结构模型转换与动力特性研究 [D]. 青岛：中国海洋大学，2010.
[9] 方龙，李良碧. 海上漂浮式风电机组支撑结构运动响应研究 [J]. 风能，2015，(4): 80-84.

第三节　核聚变技术展望

万宝年
（中国科学院合肥物质科学研究院）

一、发展核聚变技术的重要意义

18 世纪以来，能源不断推动着人类和经济发展。在这个过程中，煤、石油和天然气等化石燃料为工业和消费者提供了热、电和迁移的便利。2016 年，全世界能源消耗约 133 亿吨油当量，近十年能源消耗平均增速约 1.8%，其中化石燃料仍然是能源消耗的主导，占 85.5%[1]。按照目前探明储量及 2016 年产量换算，这些不可再生的化石燃料，煤仅供消耗 153 年，石油仅供消耗 50.6 年，天然气仅供消耗 52.5 年，综合平均仅供消耗 85 年[1]。因此，改变能源结构、探索新能源成为摆在人类面前的一项紧迫的战略任务。

人类现在已经开发出各种新能源，如太阳能、风能、水能、潮汐能、地热能等。这些新能源各有特点，可以作为辅助能源，但很难从根本上解决人类的能源问题。从 20 世纪 50 年代开始登上世界能源舞台，核电站显示了巨大的威力，只要消耗极少的燃料就可获得巨大的能量。核电站是以原子核的裂变反应为基础的，产生的废物具有放射性，乏燃料处理比较困难，而且主要核燃料铀的储量（相对其他元素）并不十分丰富，开采和提炼成本高、困难大。与核裂变相对应的核聚变能是人类未来理想的新能源。它是轻核聚合成较重的原子核，同时释放出巨大能量的过程，太阳发光发热和氢弹爆炸就是核聚变的原理。聚变能的特点是：①单位质量释放出的聚变反应能量高（最易实现的核聚变反应为氢的同位素氘和氚，1 升海水中的氘通过聚变反应可释放出相当于 300 升汽油燃烧的能量）；②资源丰富（地球上海水中所含的氘，如果用于氘-氚聚变反应可供人类用上亿年，而用于产生氚的锂也有非常丰富的储量，月球上的氦-3 储量也非常丰富）；③反应产物是比较稳定的氦。由于其固有的安全性、环境的友好性、燃料资源的丰富性，聚变能被认为是人类最理想的洁净能源。

早在 20 世纪 50 年代初，人类就实现了聚变核反应，这就是氢弹的爆炸。它是依靠原子弹爆炸时形成的高温高压，使得热核燃料氘-氚发生聚变反应，以释放巨大的能量，形成强大的破坏力。但是氢弹瞬间的爆炸是无法控制的。要利用聚变释放的巨大能量，必须对剧烈的聚变核反应加以控制。实现受控热核聚变一直是人类的梦想。然而，实现可控的热核聚变反应的条件非常苛刻，工程技术的挑战也很大。

目前可控核聚变的实现方案有磁约束和惯性约束两种途径，磁约束途径是公认最有可能建成聚变堆的方案。自从 20 世纪 50 年代以来，很多国家大力促进核聚变能的研究，并希望通过国际热核聚变实验堆（ITER）计划[2]，以国际合作的方式，早日实现利用聚变能应用的愿望。

二、国内外相关研究进展

（一）国外研究现状

从 20 世纪 60 年代中期到 70 年代，国际聚变界先后建造了多种类型的磁约束聚变装置，如托卡马克、磁镜、仿星器、箍缩类装置等。在这些装置上，人们开展了大量的高温等离子体基础问题的研究，对高温磁约束等离子体取得了一系列突破性的认识，极大地推动了等离子体物理学的发展。托卡马克以其优越的约束性能及其位形的对称性吸引了国际聚变界的重点关注，各国纷纷开始着手大、中型托卡马克的建造。

到了 20 世纪 80 年代，托卡马克实验研究取得重大突破。1982 年，在德国轴对称偏滤器实验（Axial Symmetric Divertor Experiment，ASDEX）装置上首次发现高约束放电模式[3]。1984 年，欧洲联合环（联合环 JET，Joint European Torus）装置上等离子体电流达到 3.7 兆安，并能够维持数秒。1986 年，美国普林斯顿等离子体物理实验室的 TFTR 利用 16 兆瓦大功率氘中性束注入，获得了中心离子 2 亿度，聚变中子产额达到 10^{16}/（厘米^3 · 秒）[4]。这些显著进展，使得人们开始尝试获取氘-氚（D-T）聚变能。1991 年 11 月，研究人员在 JET 上首次成功地进行了氘-氚放电实验，美国的 TFTR 装置也于 1993 年 10 月实现了氘-氚聚变反应。1997 年，研究人员在 JET 利用 25 兆瓦辅助加热手段，获得了聚变功率 16.1 兆瓦，聚变能 21.7 兆焦耳的世界最高纪录，由于当时密度太低，能量尚不能得失相当，能量增益因子 Q（聚变功率与注入功率之比）小于 1[5]。同年，日本在 JT-60 装置上利用氘-氘放电实验，折算到氘-氚反应等效能量增益因子的 Q 超过了 1.25，即有正能量输出。到 20 世纪 90 年代末，日本 JT-60U 装置获得了最高的聚变反应堆级的等离子体参数：峰值离子温度约 45 千电子伏特，已满足更先进的 D^3-He^3 聚变反应条件，等离子体密度约 10^{20}/米^3，聚变三乘积约 1.5×10^{24} 电子伏/（秒 · 米），Q 值大于 1.3[6]。这些里程碑式的进展验证了托卡马克作为未来聚变反应堆的科学可行性，推动了 ITER 计划的诞生和发展。

在设计、建造下一代的 ITER 托卡马克的同时，国际聚变界还尝试各种新的磁场位形，以期建造更经济、稳态的磁约束聚变堆。在托卡马克方面，通过尝试更小纵横比的近球形位形和增强磁场的方式，为磁约束聚变堆小型化提供了可能性。在球形环托卡马克研究方面，美国的国家环球形实验（National Spherical Torus experiment，NSTX）和英国的兆安培球形托卡马克（Mega Amp Spherical Tokamak，MAST）装置都获得了更好约束、更高比压的等离子体；在强场装置中，美国的高场环（Alto Campo Torop C-Mod，Alcator C-MOD）和意大利的弗拉斯卡蒂托卡马克（Frascati Tokamak Upgrade，FTU）装置验证了可以在较小的装置上实现接近聚变堆参数的等离子体。除了环对称的托卡马克外，仿星器位形以其天然的稳态和稳定特性成为聚变界备受关注的另一种磁约束位形。日本大螺旋装置（Large Helical Device，LHD）装置验证了螺旋形仿星器装置可以实现稳态高参数运行[7]。德国的利用模块化线圈优化的先进仿星器装置 Wendelstein 7-X（W7-X）也于 2015 年开始第一次放电[8]。这些位形的优点也为将来的磁约束聚变堆提供了进一步优化的方向。

21 世纪初，中国加入 ITER 计划后不久，ITER 正式进入建造阶段，预计 2025 年进行第一次等离子体放电。最近十几年来，以国际托卡马克物理活动组织（ITPA）为核心，各大托卡马克装置研究的重点主要围绕解决未来 ITER 面临的关键科学技术问题开展，如偏滤器靶板热负荷控制及等离子体与材料相互作用问题、长脉冲稳态运行等。未来聚变堆全金属壁条件下的关键科学技术问题是近年来 JET 和 ASDEX-U 的研究重点。国际上各大装置通过共振磁扰动、加料与杂质注入等方式开展了大量的边界局域模引起的靶板瞬态热负荷控制研究。在稳态运行方面，法国 Tore Supra 超环托卡马克装置实现了长达 6 分钟的长脉冲运行，JT-60U 托卡马克在高极向比压放电中，利用非感应方式实现了中性束同轴驱动电流和自举电流各占 50%的完全电流驱动；获得了长达 28 秒的高比压长脉冲混杂模式的放电。近 10 年，美国 DIII-D 托卡马克利用离轴加热和电流驱动实现高比压（βN①=3～4）、高自举电流份额（60%～85%）的完全非感应电流高约束等离子体[9]。在过去的几年中，韩国的 KSTAR（Korea Supercorducting Tokamak Advanced Research）全超导托卡马克装置在高约束、长脉冲等离子体的获得和性能研究方面也取得了可喜的进展[10]。这些突破性成果进一步证实了以托卡马克为代表的磁约束核聚变途径的科学可行性，促进人类思考如何创造大规模核聚变研究的条件及如何进行未来聚变实验堆的建造。

（二）国内研究现状

我国核聚变能研究始于 20 世纪 60 年代初，经历了长时间非常困难的环境，但始终能坚持稳定、渐进的发展，已建成两个发展中国家最大的、理工结合的大型现代化专业研究院所，即中国科学院等离子体物理研究所和核工业西南物理研究院，中国科学技术大学、华中科技大学、大连理工大学、北京大学、清华大学等高校设立了核聚变及等离子体物理专业或研究室。

---

① 指归一化的等离子体压强与磁压的比值。

自 20 世纪 90 年代以来，我国开展了大中型托卡马克发展计划，探索先进托卡马克经济运行模式和托卡马克稳态运行等问题。1994 年，核工业西南物理研究院通过引进和改造建成了中国环流器一号 M（HL-1M）装置，装置的综合性能指标达到国际同类型同规模装置的先进水平，其实验研究数据列入 ITER 实验数据库。中国科学院等离子体物理研究所同时建成并运行了世界上超导装置中第二大的 HT-7，在围绕长脉冲和稳态等离子体物理实验方面做了大量突破性的工作，获得 400 秒、1000 万度等离子体。2002 年，核工业西南物理研究院在引进 ASDEX 装置基础上，通过改造建成了中国环流器二号 A（HL-2A）常规磁体托卡马克，开始一系列物理实验并取得丰硕的科研成果。

在 HT-7 成功运行的基础上，大型非圆截面全超导托卡马克核聚变实验装置 EAST 由中国科学院等离子体物理研究所于 2000 年 10 月开工建设，2006 年 3 月完成建造，并于 2006 年 9 月获得初始等离子体[11]。EAST 装置主要用于对稳态先进托卡马克核聚变堆的前沿性物理和技术问题开展探索性研究。EAST 运行后一直不断刷新核聚变研究的世界纪录，并于 2017 年获得了长达 100 秒量级 5000 万度电子温度的稳态高约束等离子体[12]，标志着国际聚变研究上升到一个新台阶，有力推动了托卡马克稳态运行的物理和工程技术发展。EAST 是达到国际领先水平的新一代磁约束核聚变实验装置。作为国家重大科学工程之一，EAST 的成功建设和物理实验使中国在磁约束聚变研究领域进入世界前沿[13-15]，使中国成为世界上最重要的聚变研究中心之一。

中国环流器二号 A（HL-2A）是核工业西南物理研究院利用德国 ASDEX 装置改建而成。该装置自 2002 年运行以来，取得了很多重要成果。除了在电子回旋加热实验中获得 4900 电子伏特的电子温度，在中性束加热条件下得到 2500 电子伏特的离子温度等高参数外，还成功实现了高约束模（H 模）放电[16]。此外，核工业西南物理研究院新建的中国环流器二号 M（HL-2M）托卡马克，瞄准近堆芯等离子体物理及聚变堆关键工程技术，特别是高约束和偏滤器物理方向开展研究，为下一步建造聚变堆奠定科学技术基础。

近年来，为加大聚变人才的培养，多所高校也加入发展小型聚变装置的行列。华中科技大学通过国际合作，于 2008 年完成了 TEXT-U 托卡马克装置（现更名为 J-TEXT[17]）的重建工作，中国科学技术大学设计建造的科大反场箍缩（KTX）实验装置主要用来探索各种新思想、新诊断、新技术及培养聚变人才。

在加入ITER计划的同时，中国聚变界也开始积极筹划设计、建造下一代的中国聚变工程实验堆（CFETR）[18]。为此，中国科学院等离子体物理研究所专门成立聚变堆总体研究室，并与中国科学技术大学共建中国科学技术大学核学院，与核工业西南物理研究院一起，联合国内其他科研院所和高校，共同推动CFETR的设计、预研工作。

三、核聚变技术未来发展前景及我国的发展策略

经过超过半个世纪的研究和探索，托卡马克途径的热核聚变研究已逐步趋于成熟。ITER计划将全面验证聚变能和平利用的科学可行性和工程可行性。为最终建成商用聚变堆，还需要进一步优化等离子体约束和稳定性性能，解决建造聚变堆关键的材料、聚变核科学技术和聚变能量的提取等系列重大科学技术难题。目前国际上参与ITER计划的欧盟、美国、俄罗斯、日本、韩国、中国、印度七方，都基于ITER计划提出了适合自己的热核聚变堆的中长期发展规划，同时积极筹划下一代商用示范堆DEMO装置的概念/工程设计和建设。

我国未来聚变发展战略是瞄准国际前沿，通过加强国内研究和国际合作，夯实我国磁约束核聚变能源开发的坚实基础，加速人才培养，以现有中、大型托卡马克装置为依托开展核聚变前沿问题研究，探索未来稳定、高效、安全、实用的聚变工程堆的物理和工程技术基础。其发展路径是：以建立近堆芯级稳态等离子体实验平台、吸收消化、发展与储备聚变工程实验堆关键技术；聚变工程实验堆设计和关键部件预研等为近期目标（2015～2020年）；以建设、运行中国聚变工程试验堆，开展稳态、高效、安全聚变堆科学研究为中期目标（2020～2040年）；以探索聚变商用示范电站的工程、安全、经济性为长远目标（2040～2050年）。

未来十余年，磁约束聚变等离子体科学研究将重点依托国内两大装置EAST、HL-2M开展高水平的实验研究。通过进一步提升EAST装置的研究能力和实验条件，聚焦未来ITER和下一代聚变工程堆稳态高性能等离子体的关键科学技术问题，实现近堆芯等离子体稳态运行的科学目标，探索和实现2～3种适合于稳态条件的先进托卡马克运行模式，为未来聚变堆稳态等离子体运行奠定科学技术基础。充分利用HL-2M的特点，在高参数（高比压、高约束和高密度等）运行下开展近堆芯等离子体物理和偏滤器关键问题和兼容性的研究。基于

两大实验装置，形成国际公认并共同参与的、可为 ITER 和 CFETR 提供重要科学基础的国际化、大规模的先进研究基地。

在 2035 年左右，能够在我国建成 20 万～50 万千瓦聚变功率的 CFETR，解决稳态和氚自持两大科学技术问题，与 ITER 燃烧等离子体形成互补，加速推动聚变能的发展进程，同时使我国磁约束聚变研究实现跨越式发展，全面进入世界核聚变能研究开发的先进行列。通过 CFETR 升级，开展商用示范堆的关键科学技术研究，到 2050 年前后引领国际聚变领域的发展。为了实现这一目标，需要加大一系列关键技术的研发，包括大型超导磁体、中能高流强粒子束、连续大功率微波源、大型低温、先进诊断、大型电源、复杂环境下的智能远程遥控技术及反应堆材料、实验包层、氚工艺和核聚变的安全等。这些技术不但是未来聚变电站所必需的，而且能对我国工业、社会经济发展起到重大促进作用。可以预测，随着我国核聚变战略布局的实施，世界第一个能够演示具有商用前景的核聚变堆将在我国实现。

参 考 文 献

[1] BP. BP 世界能源统计年鉴（2017 版）[EB/OL]. https://www.bp.com/zh_cn/china/reports-and-publications/_bp_2017-_. html [2017-07-05].

[2] ITER. What is ITER? [EB/OL]. https://www.iter.org/proj/inafewlines [2018-04-15].

[3] Wagner F，Becker G，Behringer K，et al. Regime of improved confinement and high beta in neutral-beam-heated divertor discharges of the ASDEX tokamak [J]. Physical Review Letters，1982，49 (19)：1408.

[4] Hawryluk R J. Results from deuterium-tritium tokamak confinement experiments [J]. Reviews of Modern Physics，1998，70 (2)：537.

[5] Keilhacker M，Gibson A，Gormezano C，et al. High fusion performance from deuterium-tritium plasmas in JET [J]. Nuclear Fusion，1999，39 (2)：209.

[6] Mori M，Ishida S，Ando T，et al. Achievement of high fusion triple product in the JT-60U high βp H mode [J]. Nuclear Fusion，1994，34 (7)：1045.

[7] Fujiwara M，Takeiri Y，Shimozuma T，et al. Overview of long pulse operation in the Large Helical Device [J]. Nuclear Fusion，2000，40 (6)：1157.

[8] Wolf R C，Ali A，Alonso A，et al. Major results from the first plasma campaign of the Wendelstein 7-X stellarator [J]. Nuclear Fusion，2017，57 (10)：102020.

[9] Solomon W M，Burrell K H，Fenstermacher M E，et al. Advancing the physics basis of quiescent h-mode through exploration of ITER relevant parameters [C] //25th IAEA Fusion

Energy Conference Proceedings [PPC/P2-37] on IAEA Physics website. Princeton Plasma Physics Lab.（PPPL），Princeton，NJ（United States），2014（PPPL-5074）.
[10] Yoon S W，Ahn J W，Jeon Y M，et al. Characteristics of the first H-mode discharges in KSTAR [J]. Nuclear Fusion，2011，51（11）：113009.
[11] Wan Y X，Li J G，Weng P D，et al. Overview Progress and Future Plan of EAST Project [R]. 21th IAEA Fusion Energy Conference，OV/1-1，Chengdu，China，16-21 October，2006.
[12] Wan B N，Liang Y F，Gong X Z，et al. Overview of EAST experiments on the development of high-performance steady-state scenario [J]. Nuclear Fusion，2017，57（10）：102019.
[13] Normile D. Waiting for ITER，Fusion Jocks Look EAST [J]. Science，2006，312（5776）：992-993.
[14] Fuyuno I. China set to make fusion history [J]. Nature，2006，442：853.
[15] Li J，Guo H Y，Wan B N，et al. A long-pulse high-confinement plasma regime in the Experimental Advanced Superconducting Tokamak [J]. Nature Physics，2013，9（12）：817.
[16] Yang Q W，Liu Y，Ding X T，et al. Overview of HL-2A experiment results [J]. Nuclear Fusion，2007，47（10）：S635.
[17] Zhuang G，Gentle K W，Diamond P，et al. Overview of the recent research on the J-TEXT tokamak [J]. Nuclear Fusion，2015，55（10）：104003.
[18] Wan Y，Li J，Liu Y，et al. Overview of the present progress and activities on the CFETR [J]. Nuclear Fusion，2017，57（10）：102009.

第四节　新一代核裂变能技术展望

徐瑚珊　胡正国　骆　鹏　王思成
（中国科学院近代物理研究所）

一、发展核裂变能技术的重要意义

核裂变能（常简称核能）是一种安全、清洁、低温室气体排放且经济性好的能源。自 20 世纪 50 年代苏联奥布灵斯克核电站建成以来，核裂变能逐渐成为人类文明发展的重要能源。根据世界核协会（World Nuclear Association，WNA）和国际原子能机构（International Atomic Energy Agency，IAEA）提供的数据[1]，核电在很长一段时间占世界总发电量的 15%左右；由于日本福岛核事故的影响，2012 年后，核电所占份额有所下降，但仍高于 10%，其中 2016 年核电约占世界总发电量的 10.6%。加快核能等非化石能源的开发利用，优化能源结构，发展清洁、高效、安全能源是我国优化能源产业结构的必然选择，直接影响国民经济能否实现可持续发展和保障国家的能源战略安全。随着我国核电装机容量的持续增加，以及在很长一段时间内保持对核燃料的需求，我国铀资源保障的风险和不确定性不断增加。另外，随着乏燃料的累积量的快速增长，乏燃料（特别是其中的长寿命高放核废料）的安全处理处置将成为影响我国核电可持续发展的瓶颈。

二、技术发展现状与趋势

福岛核事故后，成熟先进、经济安全的三代反应堆技术成为未来 10～20 年新建核电项目的主流选择[2-7]。同时，美国、俄罗斯、中国等在开发小型堆及第四代反应堆技术研发方面投入巨大，研发步伐明显加快。第四代核能系统国际论坛（GIF）提出要在 2030 年左右开发出一种或若干种未来新一代核能系统，使其在安全性、经济性、可持续发展性、防核扩散、防恐怖袭击等方面都有显著的先进性和竞争能力。GIF 推荐了钠冷快堆（SFR）、气冷快堆（GFR）、铅冷快堆（LFR）和熔盐堆（MSR）等六种优先发展的第四代候选堆型。另外，加速器驱动次临界系统（ADS）被认为是核废料安全处置的最有效技术途径，也是一种核电生产装置，被 IAEA 列为优先发展的先进核能技术之一。

1. 小型压水堆

小型压水堆具有反应堆功率小（小于 30 万千瓦）、主系统热储能低、衰变余热低、放射性源项低等多重固有的安全特性。从设计上消除了许多传统压水堆的设计基准事件和假想事故，可实现非居住区、规划限制区、应急计划区的三区合一，消除放射性大量释放的可能性[8]。

我国小型模块化反应堆中最有代表性的是中核集团研发的“玲龙一号”（ACP100）模块式小型堆[8]。小型模块化反应堆列入《国家能源科技“十二五”规划》。国家发改委和国家能源局发布的《能源技术革命创新行动计划（2016—2030 年）》将先进模块化小型堆作为新一代反应堆纳入《能源技术革命重点创新行动路线图》，重点开展先进模块化小型堆示范工程的建设。2016 年 4 月，全球首个通过 IAEA 通用安全审查的小型堆——ACP100 模块化小型堆诞生。

2018 年国家能源局的工作指导意见中明确指出，要加快推进小型堆重大专项的立项工作，积极推动核能的综合利用。

2. 钠冷快中子反应堆

快中子反应堆（简称快堆）的研究始于 20 世纪 40 年代。美国相继建成 Clementine 和 EBR-I 快中子研究堆，苏联建成 BR-1 和 BR-2 快堆。第一座钠冷快堆是苏联于 1959 年建成的 BR-5。目前俄罗斯的 BN-1200 快堆方案正在规划中，印度的 PFBR 即将建成。

1992 年 3 月国务院批复我国建设一座热功率为 65 兆瓦、试验发电功率为 20 兆瓦实验快堆（CEFR）方案[8-10]。CEFR 已经实现首次临界。经过对实验快堆的设计、建设、调试、运行，我国已基本掌握实验快堆技术，具备开始大型快堆电站研究开发的基础。由中国核工业集团有限公司自主设计的示范快堆（CFR600）工程项目已经开工，计划于 2023 年建成投产。

3. 加速器驱动先进核能系统

关于 ADS 的研发，欧盟、美国、日本、俄罗斯等核能科技发达国家和地区均制订了 ADS 中长期发展路线图，正处在从关键技术攻关逐步转入系统集成的 ADS 原理验证装置的建设阶段。

我国从 20 世纪 90 年代起开展 ADS 概念的研究，已经建立快-热耦合的 ADS 次临界实验平台“启明星 I 号”[11-15]。2011 年中国科学院启动 ADS 的先导专项已经取得一定的进展。在此基础上，“十二五”国家重大科技基础设施 CiAD 已经完成设计并获得批发。

4. 铅基快中子反应堆

利用液态铅或铅铋作为堆芯冷却剂的反应堆被称为铅基快中子反应堆[16]。1952 年，苏联提出一种以铅铋合金共晶体作为冷却剂的反应堆方案，为核潜艇提供动力装置，并先后建造了 8 艘装有铅铋反应堆的核潜艇。进入 21 世纪，俄罗斯积极开展铅铋反应堆 SVBR-100 和铅冷反应堆 BREST-OD-300 的研发与建设工作，推进铅基反应堆商业化应用。

中国科学院 ADS 先导专项支持的“启明星 II 号”已经首次实现临界。“启明星 II 号”装置创新性地采用水堆和铅堆“双堆芯”结构，其中铅基堆芯中子物理特性接近于 ADS 工程应用系统，将为铅冷和铅铋冷却快堆的研发发挥三大平台的作用，即准确可靠的测量系统测试平台、设计程序及数据库的实验验证平台和科研及操纵人员教育培训平台，将为我国 ADS 第三阶段的研发及铅基快中子反应堆的研发奠定重要基础。这说明我国在铅基重金属冷却快中子反应堆方面已经突破关键技术。此外，在 ADS 先导专项支持下还建成多个铅铋工艺综合实验回路和氧控性能测试装置等有关铅铋反应堆研究平台。

5. 高温气冷堆

国际上高温气冷堆的研究始于 20 世纪 60 年代，英国于 1960 年开始建造热功率 20 兆瓦的“龙堆”（Dragon）并于 1964 年首次临界。进入 90 年代，国际高温气冷堆研究主要为我国建设的 10 兆瓦高温气冷实验堆（HTR-10）和日本建造的一座 30 兆瓦高温气冷实验堆（HTTR）[17]。

我国高温气冷堆技术的研发取得突破性成果，处于国际先进行列。除已经建成并运行的 HTR-10 外，HTR-PM 有望于 2019 年建成并网发电。

6. 钍基熔盐堆

熔盐堆的研究始于 20 世纪 40 年代末的美国，主要是为美国空军轰炸机寻求航空核动力。美国已经成功运行的 8 兆瓦热能的液态燃料熔盐实验堆（MSRE）。结果证实：熔盐堆可使用包括 235U、233U 和 239Pu 的不同燃料，具有优异的中子经济性和固有安全性；熔盐堆可以用铀基核燃料，也可以用钍基核燃料，理论上可以实现钍铀燃料闭式循环。

中国科学院于 2011 年部署 TMSR 战略先导专项。TMSR 核能系统项目具备三个基本特征：一是利用钍基燃料；二是采用熔盐冷却；三是基于高温输出的核能综合利用，采取兼顾钍资源利用与核能综合利用两类重大需求，对固态熔盐堆和液态熔盐堆的研发同时部署、相继发展的技术路线。液态燃料熔盐堆基于在线干法处理技术，可实现钍铀增殖，并进一步实现钍铀闭式循环；固态燃料熔盐堆可初步利用钍并节省铀资源。TMSR 可望在 2020 年左右建成。

三、技术发展展望

近年来，我国对先进核裂变能技术的研发给予了高度的关注和持续的经费支持，在核裂变能技术研发布局上充分考虑到中长期核能可持续发展的战略需求和不同类型核能技术的特点与应用前景，重点部署了小型压水堆、钠冷快堆、高温气冷堆、加速器驱动先进核能系统、铅基堆和钍基熔盐堆的研发项目。目前，我国高温气冷堆、钠冷快堆示范装置的建设工作已全面启动，小型压水堆即将启动示范工程，加速器驱动次临界系统、铅基堆和钍基熔盐堆的实验研究装置也将开工建设。我国新一代核裂变能技术的研发已达世界先进水平，正逐步成为引领者。

小型压水堆具有布置紧凑、系统简化、非能动安全、换料周期长、投资低经济性好等优点，可作为热电气水综合供给能源，具有为偏远地区和海上供电、热电联产和海水淡化等多种用途，将成为现有核电系统的重要补充。小型堆采用技术成熟、运行经验丰富的压水堆技术，潜在的安全问题暴露充分，技术问题已基本解决。经济性是小型模块化反应堆在市场推广面临的主要问题，需要重点解决紧凑/一体化布置、新型燃料、快速负荷跟踪等关键技术问题。目前，我国自主研发的小型反应堆重大专项的立项工作已启动，预计到 2025 年和 2035 年，紧凑型和一体化小型反应堆将分别获得实际应用，进一步展示其固有安全特性和多用途的优势。

快堆可通过增殖来大幅提高资源利用率，并通过嬗变实现核废物的最小化，是实现我国核能大规模、可持续、环境友好发展的必然选择。经多年的发展，我国在钠冷快堆、加速器驱动先进核能系统和铅基快堆的技术研发上已获得众多突破性成果，培养了多支专业知识精湛、经验丰富的科研团队，总体研发能力居于国际领先或先进水平。目前，600 兆瓦电功率的钠冷示范快堆电站的土建工程已启动，计划 2023 年左右投运，预计在 2030 年前后可实现钠冷快堆电站的商用化推广。钠冷快堆技术虽发展较为成熟，但要实现大规模推广应用，还需要重点解决经济性及其他许多关键技术问题。

ADANES 是基于我国 ADS 最新研究成果提出的原创性先进核燃料闭式循环技术。其燃烧器系统具有的高能散裂中子和次临界运行特性，使其成为最安全有效的增殖嬗变装置。基于 ADANES 技术的燃料循环不需要将乏燃料中的铀、钚和锕系核素高度分离，再生核燃料的制备只需要排除部分中子毒物。这一简易燃料循环是高经济性的最佳防扩散循环方式。该系统能彻底解决制约核电发展的资源不足与乏燃料问题，有望成为未来主流核电系统，引领全球核电技术的发展。通过“十二五”国家重大科技基础设施 CiADS 和再生燃料研究平台的建设和运行，ADANES 相关技术将逐步取得突破和完善，预计 2035 年左右实现示范应用。ADANES 要实现工程应用，需要重点解决加速器功率提升，紧凑型高功率散裂靶研发，次临界反应堆关键工艺、材料、乏燃料再生后的新型燃料研发与验证等问题。CiADS 建成后，将重点开展超导直线加速器、高功率散裂靶、次临界反应堆等系统稳定、可靠、长期运行的策略研究，以及系统耦合特性的研究；同时开展次锕系元素嬗变原理性实验、嬗变中子学、材料辐照等方面的研究；并发展具有自主知识产权的 ADS 设计软件，为最终设计和建设加速器驱动嬗变工业示范装置奠定基础。

铅基快堆具有的冷却剂沸点高、化学惰性、热容大、自然循环能力强等优良特性，使其具有极佳的固有安全性。伴随着 CiADS 研究装置的建成，其铅铋冷却次临界反应堆将为我国铅基快堆的研发提供重要的研究平台，极大促进研发进程。预计 2030 年，百兆瓦级的铅冷快堆将实现示范应用。未来铅基堆的研究在已开展的关键技术和实验研究基础上，还应重点解决系列关键问题，以利于实现工程应用及 ADANES 核能技术的推广。

高温气冷堆采用全陶瓷包覆颗粒燃料、石墨和碳块全陶瓷堆芯，功率密度低，具有热容量大、负反应性温度系数等特点。高温气冷堆安全性高、系统简化、模块化水平高，具有很好的经济发展潜力。此外，它具有高的出口温度，也可用于制氢等高温热应用中，是发展核能综合利用及内陆核电的重要选择。我国 HTR-PM 示范电站建成运行。实现模块化高温气冷堆的广泛应用，下一步需解决超高温气冷堆、中间换热器、核能制氢、氦气透平等关键技术问题。

相对于铀资源，我国的钍资源储量更丰富，钍基熔盐堆核能系统具有防扩散性能好和产生核废料更少的优点，是解决长期能源供应的又一种优势技术方案。另外，熔盐堆使用高温熔盐作为冷却剂，无须使用沉重而昂贵的压力容器，适合建成紧凑、轻量化和低成本的小型模块化反应堆。除发电外，熔盐堆也可用于工业热应用、高温制氢及氢吸收二氧化碳制甲醇等，以有力缓解碳排放和环境污染问题。在未来一段时间，钍基熔盐堆的主要研究任务是进一步完善和优化小型模块化熔盐堆的设计，通过百兆瓦级小型模块化钍基熔盐示范堆的建设和运行，完成钍基燃料干法处理热验证和钍资源规模化利用的示范，以全面掌握钍基熔盐堆的相关科学与技术，实现钍基熔盐堆全产业链的商业推广应用。

四、基于新一代核裂变能技术的核燃料循环策略的思考

目前的核能发电模式是以热中子反应堆技术为基础的，除法国等少数国家采用核燃料闭式循环外，大多采用一次通过核燃料循环方式。一次通过循环方

式的铀资源利用率约为0.6%，乏燃料的放射性寿命在10万年以上，造成严重的铀资源浪费和极大的放射性风险。采用铀钚循环策略（MOX铀钚混合陶瓷燃料）后，热堆闭式循环可使核燃料的利用率提高至接近1%，核废料的寿命在数万年以上；若采用增殖快堆闭式循环战略，核燃料的利用效率可提高30～60倍，从而大大延长了铀资源的可持续供应时间，但其放射性毒性的去除效率仍然很低。基于这一需求，20世纪90年代提出"分离-嬗变"闭式循环的概念，其核心是在铀/钚再利用闭式循环的基础上，将经铀/钚回收处理后的高放废液做进一步的处理，将锕系核素和长寿命裂变碎片分离出来并送入快堆或ADS系统进行嬗变处理[18-21]。经过多年的努力，在锕系核素的湿法和干法分离技术上已取得很多成就，但仍局限于实验室研究。传统意义上的"分离-嬗变"战略虽然可以利用嬗变极大地降低核废料的放射性毒性，但对提高核燃料利用率仍缺乏考虑。未来新一代核裂变能技术的研发需要从先进高效的核燃料循环战略为出发点来考虑，必须是在确保安全的前提下同时满足燃料利用率和废料毒性去除率两个方面的诉求。这需要打破原有的思维桎梏，寻求新一代核裂变能技术发展方向的突破。

随着钠冷快堆示范电站的建设，我国已实质性进入快堆的示范应用阶段，这是我国核能发展"三步走"战略的第二步。作为快堆体系的ADS在其发展过程中，大多专注于其固有的安全特性和强大的核废料嬗变能力，而忽视了核燃料增殖和核能发电的潜力。通过ADS先导专项的实施，人们对于ADS系统在核燃料增殖和产能方面的巨大潜力的认识和理解也愈加深入，进而创造性地提出"加速器驱动先进核能系统"（ADANES）的全新概念和研究方案。ADANES核裂变能技术的研发符合我国核能发展的战略方针和长期目标，为我国先进核裂变能的进一步发展提供了有益的借鉴和参考。

参考文献

[1] IAEA. Power reactor information system (PRIS) [EB/OL]. https://www.iaea.org/resources/databases/power-reactor-information-system-pris [2018-11-05].

[2] IEA. World Energy Outlook 2015 [EB/OL]. https://webstore.iea.org/world-energy-outlook-2015 [2018-11-05].

[3] IEA. Technology Roadmap - Nuclear Energy 2015 [EB/OL]. https://webstore.iea.org/technology-roadmap-nuclear-energy-2015-chinese [2018-11-05].

[4] 苏罡. 中国核能科技“三步走”发展战略的思考 [J]. 科技导报，2016，34（15）：33-41.
[5] 中国工程院“我国核能发展的再研究”项目组. 我国核能发展的再研究 [M]. 北京：清华大学出版社，2015.
[6] 环境保护部核与辐射安全中心. 全球核能安全动态第三期 [EB/OL]. http://nnsa.mee.gov.cn/gjhz_9050/gjdt/201601/P020160112366430906556.pdf [2018-11-05].
[7] IAEA. IAEA fukushima report [EB/OL]. https://www.iaea.org/newscenter/multimedia/videos/iaea-fukushima-report [2014-01-15].
[8] 徐銤. 我国快堆技术发展的现状和前景 [J]. 中国工程科学，2008，（01）：70-76.
[9] 中国科学技术协会，中国核学会. 2014—2015 核科学技术学科发展报告 [M]. 北京：中国科学技术出版社，2016.
[10] 何佳闰，郭正荣. 钠冷快堆发展综述 [J]. 东方电气评论，2013，27（03）：36-43.
[11] Kadi Y，Revol J P. Design of an accelerator-driven system for the destruction of nuclear waste [R]. LNS0212002，2003.
[12] Stanculescu A. Accelerator Driven Systems（ADS）and transmutation of nuclear waste：Options and trends [R]. LNS015022，2001.
[13] 何祚庥. 一种亟需大力推进的先进的新型核能——加速器驱动的核电站 [J]. 世界科技研究与发展，1996，（06）：1-6.
[14] 丁大钊，方守贤，何祚庥. 加速器驱动的核电站亟待开发与研究 [J]. 中国科学院院刊，1997，（02）：116-123.
[15] 赵志祥，丁大钊. 新一代干净的核能——加速器驱动的次临界堆 [J]. 物理，1997，（04）：31-36.
[16] 吴宜灿，王明煌，黄群英，等. 铅基反应堆研究现状与发展前景 [J]. 核科学与工程，2015，35（02）：213-221.
[17] 符晓铭，王捷. 高温气冷堆在我国的发展综述 [J]. 现代电力，2006（05）：70-75.
[18] Taylor R. Reprocessing and recycling of spent nuclear fuel [M]. Amsterdam：Elsevier，2015.
[19] Goff K M，Benedict R W，Howden K L，et al. Pyrochemical treatment of spent nuclear fuel [C]. Proceedings of GLOBAL. 2005：9-13.
[20] Griffith A，Boger J，Perry J. The advanced fuel cycle facility（AFCF）role in the global nuclear energy partnership [C]. 16th International Conference on Nuclear Engineering. American Society of Mechanical Engineers，2008：31-40.
[21] Baetslé L H，Magill J，Embid-Segura M. Implications of partitioning and transmutation in radioactive waste management [M]. Vienna：International Atomic Energy Agency Press，2003.

第五节　核燃料后处理技术展望

叶国安
（中国原子能科学研究院）

一、引言

反应堆卸出的乏燃料中含有约95%的铀（铀-235的丰度高于天然铀）、约1%的钚、约4%的裂变产物和次锕系元素。乏燃料后处理是指对反应堆卸出的乏燃料进行处理，利用化学方法分离回收未烧尽的铀和新生成的钚，同时对放射性废物进行处理的过程。乏燃料后处理是实现核燃料闭式循环的关键环节，是典型的军民两用技术。采用一次通过技术路线，天然铀利用率约为0.6%。如果采用闭式循环，循环一次可使铀资源利用率达到约1%。在快中子核电站燃料闭式循环模式下，铀资源利用率在理论上可以提高30～60倍。

乏燃料中包含的钚和次锕系元素毒性大，半衰期长，要在地质处置过程中衰变到天然铀矿的水平需要10万年以上。经过后处理并分离次锕系以后，其放射性摄入的毒性可降至千年或千年以下[1]，大大缩短了高放废物安全监管的年限。

乏燃料直接地质处置，其体积是2米^3/吨铀。而法国UP3后处理厂经后处理提取铀钚后，需地质处置的所有长寿命废物体积则低于0.5米^3/吨铀。

此外，地质处置库的装载容量取决于处置库关闭后巷道内的温度，即残留在玻璃固化体中的释热核素决定了处置库的容量。以乏燃料直接处置为参考，提高钚、次锕系与高释热核素（锶-90、铯-137）的回收率，可显著提高处置库的装载容量。如钚、次锕系和锶、铯等的回收率达到99.9%时，处置库的装载容量可以提高200余倍[2]。

总之，无论是从提高铀资源利用率，还是从乏燃料的安全管理来看，后处理是确保核能可持续发展的关键途径。

二、国外后处理技术发展

（一）后处理技术发展

目前全世界累计卸出各类乏燃料约 40 万吨，已经后处理近 10 万吨。法国在阿格有两座后处理厂（UP3 和 UP2-800），处理能力为 1700 吨/年；俄罗斯的 RT1 厂处理能力为 400 吨/年；英国 1964 年建成的 Magnox 后处理厂处理能力为 1500 吨/年，1994 年投运的热堆氧化物燃料后处理厂自 2001 年溶解液泄漏事故后一直停运至今。日本东海村后处理中试厂仍在运行（约 90 吨/年），六个所厂（800 吨/年）建成并完成热调试后尚未正式投运。

后处理技术的发展大致可分为四个阶段[3]，如图 4-5-1 所示。在阶段 1，主要处理生产堆乏燃料［燃耗小于 1000 兆瓦・日/吨铀］，目的是提取军用钚；开始采用的是沉淀法，20 世纪 50 年代初发展出以磷酸三丁酯（TBP）为萃取剂的萃取法回收钚和铀（Purex）流程。

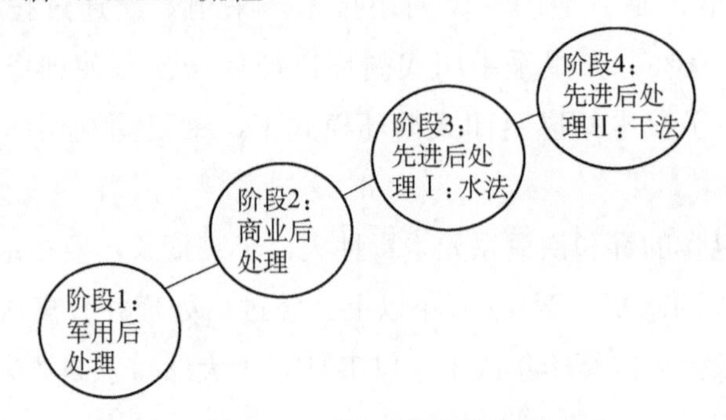

图 4-5-1　后处理技术的发展

早期的 Purex 流程经改进后可用于核电站乏燃料后处理（燃耗可提高到数万兆瓦・日/吨铀），为目前商业后处理厂普遍采用，其主要改进有：改进首端，强化铀、钚分离，改进试剂管理和废物管理，减少废物量和对环境的影响。

先进后处理技术可分为水法和干法两个方法或阶段，其目的是在回收分离铀、钚的同时，分离次锕系（和/或长寿命裂变产物）元素。干法后处理技术主要用于处理在水溶液中难以溶解的金属元件［或高燃耗铀钚混合陶瓷燃料（MOX）元件］快堆乏燃料、惰性基体燃料及辐照靶件，主要有高温电解法和氟化物挥发法。先进后处理技术是目前研究的热点，尚未进入工业应用。其中水法又可分为全分离和部分分离两类，干法后处理中钚与其他锕系元素一般难以分开，属于部分分离。从工程可行性与核燃料循环的其他环节相匹配的发展考虑，水法会先行应用；从嬗变需要多次循环的物料衔接等角度考虑，全分离更适宜。

（二）各国行动计划

尽管美国出于防扩散考虑停止了商业后处理活动，但却从未停止后处理技术的研发。2016 年 8 月美国恢复了南卡罗来纳州一座军用后处理厂的生产，用于处理研究堆乏燃料。这说明，美国具备随时启动后处理的技术和能力。自 20 世纪 90 年代起，美国提出了一系列研发计划：加速器驱动嬗变计划（ATW）、先进核燃料循环计划（AFCI）、全球核能合作倡议（GNEP）等，目前在第四代核能系统国际论坛（GIF）下积极开展先进后处理 Urex+系列流程的研发。美国开发的熔盐电解干法后处理技术已达到中间规模[4]。

法国一直坚持进行后处理，走核燃料闭式循环的技术路线。法国政府自 20 世纪 90 年代起即发布了高放废物管理及分离嬗变（SPIN）的研究计划，此后每隔 3～5 年法国国会都要系统评估相关的进展并布置下一步的研发计划。其后处理技术发展的一个显著特点是：在政府主导下与核燃料循环产业发展紧密结合。法国分两期在马库尔基地建成了综合性的 Atalante 后处理实验设施。此外，法国、德国等欧共体国家在次锕系分离中合成了多种软配体系列萃取剂，研究了众多分离流程[5]。在后处理设备工程化方面，法国具有丰富的工艺与经验，不断开发出新工程设备。结合先进钠冷快中子示范快堆（ASTRID），开展了快堆 MOX 乏燃料后处理技术研究，并计划在阿格厂建设快堆 MOX 乏燃料后处理设施 TCP（“特殊燃料处理”的法语缩写）。

日本、韩国、俄罗斯、印度等国均制定了核燃料后处理长期发展规划。日本原子能委员会 1998 年启动了“从锕系元素和裂变产物获得额外收益方案”（OMEGA 计划），积极开展干法和水法后处理技术的研发，并建有综合性研究实验设施（NUCEF），开发出众多分离流程。2017 年 10 月日本政府发布了“革新的研究开发推进计划”（ImPACT），旨在从高放废物中分离嬗变长寿命裂变产物元素。韩国 20 世纪 80 年代提出了将压水堆乏燃料经过干法后处理制成坎杜型（CANDU）堆元件再循环的 DUPIC 流程，并开展了大量研究。同时韩国与美国合作，开展熔盐电解干法后处理研究，开发出压水堆氧化物乏燃料高温电解还原—电解精炼—电沉积的后处理流程。2012 年韩国完成了干法后处理示范设施（PRIDE）建设，目前正在开展工程规模铀试[4，6]。俄罗斯结合快堆发展，积极研究氮化物元件（MNIT）、MOX 元件后处理技术[6]，在原子反应堆研究所（RIAR）开发出氧化物燃料高温电化学后处理流程（DDP），并于 2000 年在国际原子能机构发起“反应堆与燃料循环创新国际计划”（INPRO）[7]。印度后处理活动一直置于总理的领导之下，曾用后处理提取的军用钚完成了 1974 年的原子弹核爆试验。2019 年，印度拥有三座小型后处理厂和一座先进后处理研究设施，钚生产能力约为 250 千克/年。此外，印度于 2005 年 6 月完成了快堆乏燃料［燃耗 100 吉瓦 · 日/吨］后处理热实验，2007 年开始建设实验快堆乏燃料后处理厂，并计划建设原型快堆乏燃料商用后处理厂。

自 2008 年起，欧洲 12 个国家发起了由 34 个研究机构参与的锕系网络实验室（ACTINET），制定了“分离-嬗变使锕系再循环”（ACSEPT）计划，主要开展先进分离技术的研究[8]。

基于后处理技术开发的分离技术也可用于其他锕系元素的提取和分离。通过改进 Purex 流程，可以提取镎并进行镎与钚-238 的分离。

三、我国后处理技术的发展

我国自 20 世纪 50 年代末即开始后处理的基础研究，于 60 年代中期开始从生产堆辐照乏燃料中分离回收军用钚的工作，先后建成并运行了两座军用后处理厂，形成了一支乏燃料后处理科研、设计和生产的技术队伍，为我国战略核威慑力量建设做出了重要贡献。

早在 1983 年我国就确定了对动力堆乏燃料进行后处理并实行核燃料闭式循环的技术路线，20 世纪 90 年代启动了动力堆乏燃料后处理中间试验工厂（简称中试厂）的建设。进入 21 世纪，随着核电的进一步发展，启动了一批核燃料循环示范项目和科技专项。

1. 建成动力堆核燃料后处理中试厂和核燃料后处理放化实验设施，开展了先进后处理技术的研究

（1）中试厂的处理对象为燃耗 33 000 兆瓦 · 日/吨铀的动力堆核电站乏燃料，采用改进型 Purex 流程工艺。中试厂以多年的实验室工艺研究成果为基础，在工程开展后，又先后补充开展了相关工艺的研究，已突破铀钚分离、锝对铀

钚分离干扰、钚的浓缩净化等多项关键技术，攻克一批关键设备（如立式送料剪切机、沉降离心机、折流板和喷嘴板脉冲萃取柱等）的设计、制造技术。在安全方面，中试厂采用先进的核安全设计理念，在辐射防护方面采用最优化原则，采取了纵深防御和多重实体屏障等措施。此外，经过设计与建设，中试厂形成了一批行业标准。

中试厂的建成，表明我国在动力堆乏燃料后处理技术的研发和工程应用方面取得重要进展，为放大设计建造工业规模的动力堆乏燃料后处理厂提供了宝贵的经验。

（2）核燃料后处理放化实验设施（简称放化大楼）是我国重要的、集后处理工艺与核材料提取技术于一体的综合性研究平台。放化大楼针对研究对象源项多样、放射性强、工艺复杂等技术难题，集成了先进无盐二循环后处理主工艺、高放废液分离、钚的提取和转化等工艺流程，采用先进的设计理念和废物管理技术，集成了强放射性热室、工艺设备和辐射防护等系统。设施内共布置十余个热室、40 余个工作箱，最大允许操作放射性在国际同类设施中最高。

为了完成放化大楼热试验工艺研究，我国自主开发出一系列实验装备，如广泛应用确保转运过程无放射性泄漏的双盖（门）密封技术、台架式热室和台架转运箱、移动式维修气闸等。此外，还建立了 30 余种新分析检测方法，实现了工艺控制分析、产品分析和衡算分析目标，为工艺研究和中试厂热调试等的顺利进行发挥了重要作用。

该设施已用于后处理全流程热试验和钚的制备新工艺的研究，结束了我国后处理工艺研究长期以来只能开展分段式温试验的历史。

（3）20 世纪 90 年代开始，我国开展了先进无盐 Purex 两循环（APOR）流程、高放废液分离研究等[9]。铀钚分离则使用新型无盐还原剂，将原三个循环的 Purex 流程缩短为两个循环，并使 80%以上的镎进入有机相，为从钚线同时提取镎创造有利的条件。围绕先进无盐两循环后处理流程，我国系统开展了十余种无盐试剂与镎、钚的氧化还原的动力学与热力学的研究，突破了二氧化钚电化学溶解、亚硝气调节钚价态等系列关键工艺技术。

我国已开发出具有自主知识产权的高放废液分离流程（TRPO），并在此基础上研究了锕镧分离的 Cynex301 流程[5, 6]，2009 年在中核四〇 四有限公司用生产堆燃料后处理高放废液进行了热试验，取得很好的成果。

进入 21 世纪以来，我国干法后处理技术的研究得到较快发展，针对快堆乏燃料、熔盐堆燃料的后处理开展了相关的前期研究，以及百克量级钚研究、氯化铝熔解-铝合金化和氟化物熔解-电解分离方法的研究。

2. 下一步发展思路

根据我国核能发展“三步走”战略和国际核能技术发展趋势，我国后处理及核燃料循环发展路线如图 4-5-2 所示。后处理现有轻水堆乏燃料得到的工业钚，被制成铀钚混合氧化物燃料，首先用于快堆；后处理轻水堆与后处理快堆铀钚混合氧化物燃料的乏燃料，建立快堆核燃料循环体系；部分采用干法后处理技术制备金属元件，再用于建立金属元件快堆系统，以实现更高、更快的增殖；过程中积累的钚在热堆条件具备的情况下，也可用于热堆。此外，适时布置嬗变快堆和 ADS 系统，逐步嬗变系统中分离的次锕系。最终实现先进核能系统的双重目标——增殖的同时使核废物最小化。

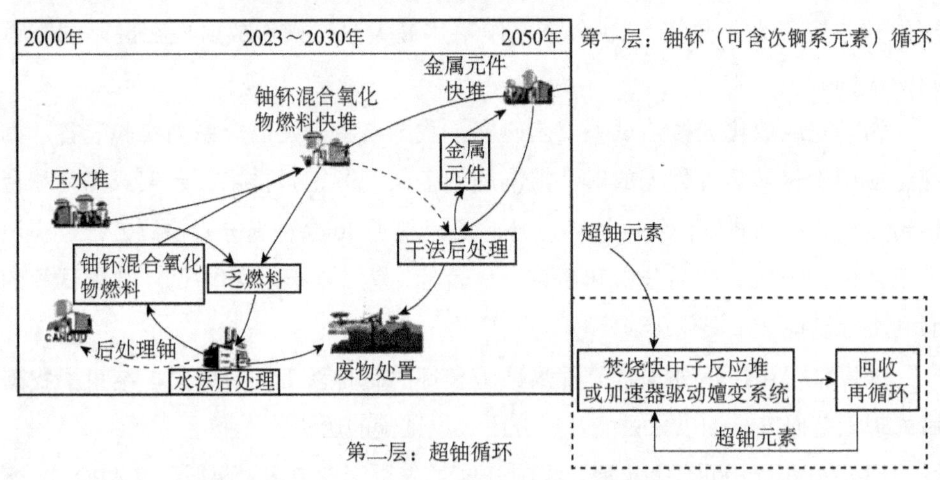

图 4-5-2 我国核燃料循环发展路线图

由此可以看出，我国乏燃料后处理技术和能力的发展可分为水法和干法两条路线，以发展水法技术为主。干法作为方法研究，适时布置形成能力。我国后处理技术和产能发展路线大致如图 4-5-3 所示。

就后处理技术发展而言，主要任务是确保实现水法后处理的产能。当前和今后一个时期我国后处理的主要任务是：运行好中试厂，及时解决运行中出现的技术问题；完成后处理专项科研，建成后处理示范工厂和商业后处理厂。

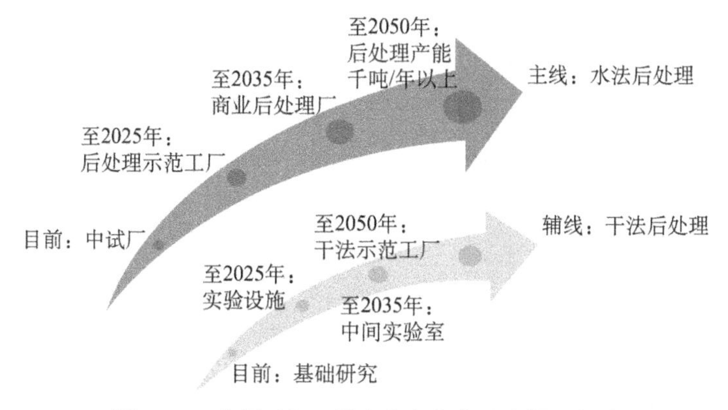

图 4-5-3　我国后处理技术和产能发展路线示意图

下一阶段，后处理技术攻关围绕后处理厂工艺过程展开（图 4-5-4），主攻高燃耗乏燃料后处理工艺技术，经过两个萃取循环得到铀钚产品；开展乏燃料剪切、溶解器、钚线转化、废物处理与玻璃固化等关键设备与工艺的研发，同时积极开展镎的提取和高放废液分离技术的研究。

同时，健全我国后处理技术的研发体系，建成临界实验室、后处理工程技术研究中心、干法实验室等研究设施。

参考文献

[1] IAEA. Assessment of partitioning processes for transmutation of actinides [EB/OL]. https://www-pub.iaea.org/MTCD/publications/PDF/TE_1648_CD/PDF/TECDOC_1648.pdf [2018-02-25].

[2] Wigeland R A，Bauer T H，Fanning T H，et al. Separations and transmutation criteria to improve utilization of a geologic repository [J]. Nuclear Technology，2006，154（1）：95-106.

[3] 中国科学技术协会，中国核学会. 2014—2015 核科学技术学科发展报告 [M]. 北京：中国科学技术出版社，2016，218-222.

[4] IAEA. Status of developments in the back end of fast reactor fuel cycle，IAEA Nuclear Energy Series No. NF-T-4.2 [EB/OL]. https://www-pub.iaea.org/MTCD/publications/PDF/Pub1493_web.pdf [2018-02-26].

[5] IAEA. Spent fuel reprocessing options [EB/OL]. https://www-pub.iaea.org/MTCD/publications/PDF/TE_1587_web.pdf [2018-02-26].

[6] NEA. National Programs in Chemical Partitioning-A Status Report，NEA No. 5425，OECD 2010 [EB/OL]. https://www.oecd-nea.org/science/reports/2010/nea5425-National-Prog.pdf [2018-02-26].

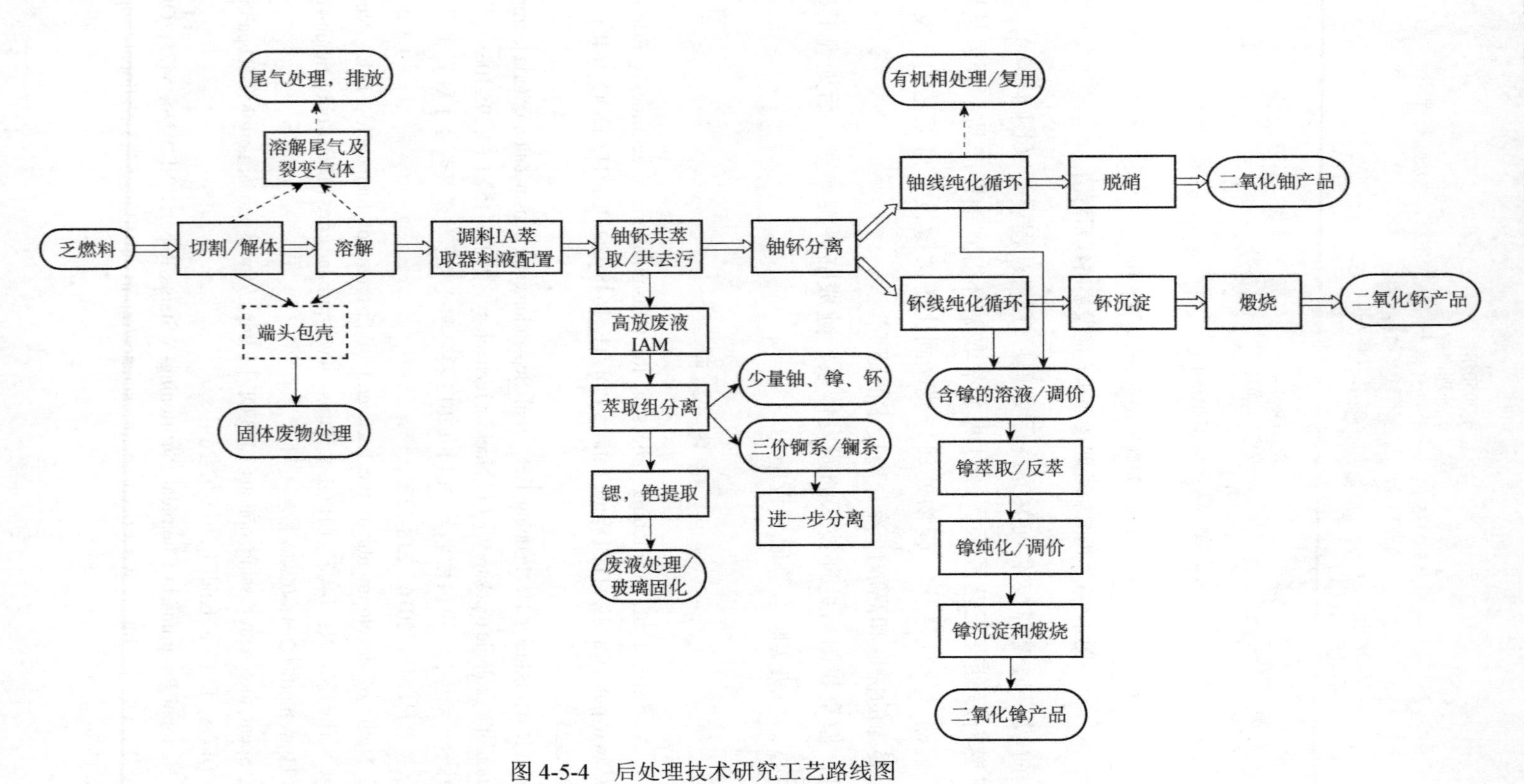

图 4-5-4 后处理技术研究工艺路线图

[7] IAEA. Framework for Assessing Dynamic Nuclear Energy Systems for Sustainability: Final Report of the INPRO Collaborative Project GAINS [R]. IAEA Nuclear Energy Series No. NP-T-1.14, 2013.
[8] Bourg S, Poinssot C, Geist A, et al. Advanced reprocessing developments in Europe status on European projects ACSEPT and ACTINET-I3 [J]. Procedia Chemistry, 2012, 7: 166-171.
[9] Ye G A, He H, Lin R S, et al. R&D activities on actinide separation in China [J]. Procedia Chemistry, 2012, 7: 215-221.

第六节　煤炭分级液化生产油品的技术展望

杨　勇[1,2]　李永旺[1,2]
（1 中国科学院山西煤炭化学研究所；2 中科合成油技术有限公司）

一、技术的重要意义

能源是现代社会发展的基础和动力，能源供应和安全事关国家现代化建设的全局。富煤、贫油、少气的资源禀赋，导致我国石油和天然气资源的储产量均远低于丰富的煤炭资源。受雾霾治理、经济增长放缓等因素影响，煤炭在我国一次能源结构中的比重呈逐年降低的趋势，但煤炭作为我国主体能源的地位和作用在今后相当长一段时期内难以改变。2017 年，全国煤炭在一次能源消费占比为 60%左右；预计到 2030 年，其占比仍将高达 49%[1]。因此，国家提出安全、绿色、集约、高效的煤炭使用原则，煤的清洁高效利用是解决环境污染、满足能源需求、推动能源生产和消费革命的重要途径。

以煤制油/制烯烃等为代表的现代煤化工技术，具有资源利用效率相对较高、环境污染问题解决较好的优势[2]，是煤炭清洁高效转化利用的重要途径。近年来，我国在现代煤化工领域取得长足进步，百万吨级煤炭直接液化、400 万吨级煤炭间接液化、60 万吨煤制烯烃、40 亿立方米煤制天然气等技术先后实现了工业化的示范应用。

随着国民经济的快速发展，我国石油消耗量不断攀升，目前已成为仅次于美国的世界第二大石油消费国。我国油气资源相对贫乏，原油供应越来越依赖进口。2017 年中国石油表观消费量达到 6.1 亿吨，对外依存度高达 67.4%。可见，我国的石油安全、经济安全、国家安全已面临很大的挑战。因此，《国家能源发展战略行动计划（2014—2020 年）》要求“积极发展能源替代”，即坚持煤基替代、生物质替代和交通替代并举的方针，科学地发展石油替代，计划到 2020 年形成石油替代能力 4000 万吨以上。我国煤炭资源丰富，自主开发的煤制油技术已日趋成熟。鉴于此，国家提出了“按照清洁高效、量水而行、科学布局、突出示范、自主创新的原则，以新疆、内蒙古、陕西、山西等地为重点，稳妥推进煤制油、煤制气技术研发和产业化升级示范工程，掌握核心技术，严格控制能耗、水耗和污染物排放，形成适度规模的煤基燃料替代能力”的政策规划[3]。这表明，煤制油已成为中国煤炭清洁利用和能源安全战略的重要方向。

二、技术研发现状

煤与石油的主要成分均为碳、氢、氧等元素。两者的根本区别在于：煤是以缩合芳烃为核心结构单元的大分子，分子量极大，无机矿物质含量高；石油为烷烃、环烷烃和芳烃的混合物，分子量相对较低，约在数十至数百之间，其中无机物含量相对较低。煤制油是以煤炭为原料，通过裂解、气化、加氢、合成等化学反应将氢/碳比例低的固态大分子转化为氢/碳比例高、分子量较小的液态燃料的技术，主要包含煤炭直接液化和煤炭间接液化两种技术路线。

1. 煤炭直接液化

煤炭直接液化（又称煤炭加氢液化），将低变质煤的有机大分子在高温高压条件下，借助供氢溶剂和催化剂作用，通过热裂解、热溶解、萃取和加氢等物理化学过程，直接转化为液烃燃料，同时提高液化油的氢含量，脱出硫、氮、氧等原子。煤直接液化技术源于 1913 年德国科学家柏吉乌斯（Bergius）的煤炭高温高压加氢试验，并获得了世界上第一个直接液化技术的专利[4]。1927 年，德国建成世界上第一座年处理 10 万吨煤的直接液化工厂。受原油供需矛盾和价格波动等因素影响，煤直接液化技术经历了两个快速发展阶段：①为满足战争对液体燃料的需求，第二次世界大战期间，德国建立了 12 座煤直接液化工厂，总规模达到 423 万吨/年成品油[5]。当时的液化反应条件极为苛刻，反应压力高达 70.0 兆帕。第二次世界大战结束后，这些工厂受到破坏。②20 世纪 70 年代，两次世界石油危机，促使煤液化技术研究掀起了新高潮。美国、德国、日本等发达国家相继开发出多种煤直接液化新工艺：美国的溶剂精炼煤工艺（SRC-Ⅰ和 SRC-Ⅱ）、埃克森供氢溶剂工艺（EDS）和氢-煤法工艺（H-Coal），德国的液化与油精炼集成工艺（IGOR+），日本的烟煤液化工艺（NEDOL）等[6-8]；完成了 50～600 吨/天规模的工业性试验。与第二次世界大战期间的技术相比，这些工艺的反应条件有所缓和，操作压力由 70 兆帕降至 18～30 兆帕，反应温度约 430～470 摄氏度。

国内煤加氢液化技术的发展可追溯到 20 世纪 50 年代，通过国家“六五”“七五”科技攻关，煤炭科学研究总院建立了具有国际先进水平的煤直接液化技术的基础研究试验基地，并在 0.1 吨/天中试装置上开展了直接液化煤种筛选和工艺开发实验。神华集团从 20 世纪末开始进行煤直接液化的产业化技术开发工作，在取得具有自主知识产权的神华煤直接液化工艺及煤直接液化高效催化剂等技术成果基础上，建成了全球首套百万吨级煤直接液化工业示范厂，并于 2008 年底试车成功，打通了全厂工艺流程，生产出柴油和石脑油产品。

我国煤直接液化技术具有能量转化效率高的优点，其过程能效可高达 55%～60%，但在工艺“自洽”、工程化等方面存在技术发展的瓶颈：①操作压力高达 18～30 兆帕，设备要求苛刻，运行成本高，且技术工程化难度极大，技术经济性相对要差一些；②存在溶剂自平衡困难的工艺缺陷，需要外购大量煤焦油等替代溶剂；③液化油以芳烃和环烷烃为主，柴油十六烷值、密度等指标难以满足国标要求。

2. 煤炭间接液化

煤炭间接液化首先利用气化技术将煤炭转化为合成气（一氧化碳+氢气），再以合成气为原料利用费托合成（F-T 合成）制取液体燃料和化学品。1923 年，德国科学家 Fischer 和 Tropsch 发现利用碱性铁屑做催化剂，在温度 400～450 摄氏度、压力 10～15 兆帕条件下，一氧化碳和氢气可反应生产烃类和含氧化合物的混合液体。此后，人们就把合成气（一氧化碳+氢气）转化为烃类液体燃料的方法称为费托合成法。第二次世界大战期间，德国建有 9 座合成油生产厂，日本有 4 套合成装置，法国和中国各建有 1 套装置，合成油生产总规模合计 91.4 万吨/年[9]。

第二次世界大战结束至 20 世纪 50 年代，由于廉价石油的大量开发，费托合成研究势头逐渐减弱。南非由于国情特殊、资源结构和石油禁运等因素，于 1950 年成立 SASOL 公司，开始大力发展煤间接液化技术。至今，SASOL 公司已成为世界上最大的煤化工联合企业，拥有 3 个合成油厂，年产油品和化学品约 850 万吨，其中油品约 600 万吨。

我国于 20 世纪 50 年代在锦州石油六厂开展过合成油试生产，后由于大庆油田的发现，煤间接液化技术的研究工作随之中断。20 世纪 80 年代，中国科学院山西煤炭化学研究所恢复了煤间接液化技术的研究工作。经过 20 年的努力，先后开发出固定床两段法合成工艺（MFT）和浆态床-固定床两段法合成工艺（SMFT）[10]。进入 21 世纪后，中国科学院山西煤炭化学研究所组建合成油品研究中心（中科合成油技术有限公司前身），在开发出具有完全自主知识产权的高效 Fe 催化剂和浆态床反应器技术基础上，形成了高温浆态床煤炭间接液化成套技术（中温费托合成技术），并先后完成了千吨级中试运行验证和 16 万吨/年规模示范验证[11-13]。2016 年底，采用中科合成油技术有限公司自主开发的中温费托合成技术建成的全球规模最大的神华宁煤 400 万吨/年煤炭间接液化示范项目投入运行。该装置目前已实现满负荷稳定运行，在过程能量转化效率、催化剂吨产油能力、C_{3^+}油品收率等关键技术指标上处于国际领先水平。2017 年，内蒙古伊泰杭锦旗和山西潞安两个 100 万吨/年煤间接液化示范项目相继投产。至此，国内采用高温浆态床合成油技术的产能规模已达 650 万吨/年。

费托合成工艺是以合成气为原料制备烃类化合物的过程，该技术所产油品具有超清洁（无硫）、十六烷值高的优点。然而，煤间接液化工艺的流程较长，仍存在过程能效偏低（尽管已提升到 40%～45%）、油品体积热值偏低等问题。

3. 煤炭分级液化

基于对已有的煤直接液化和间接液化技术的全面分析，针对煤直接液化技术存在的油品品质差、工程难度大、技术经济性差等问题，中科合成油技术有限公司首次提出煤炭分级液化工艺的概念。即首先将煤在较温和条件（4～6 兆帕、400～440 摄氏度）下加氢液化，获取液化油；然后将液化残渣（配煤）经气化制得合成气，用作费托合成的原料，以制取合成油；最后将液化油与合成油经加氢精制、催化裂化、催化重整等炼油技术处理后，生产出高品质汽/柴油、航煤及化学品等[14, 15]。可见，分级液化是集成了温和加氢液化、残渣高效利用、费托合成及油品加工等单元技术的新型煤炭液化技术，具有过程能效高、油品品质好、技术经济性好等优点。

（1）温和加氢液化与传统直接液化技术的工艺流程相近，但操作压力由传统技术的 18～30 兆帕大幅度降至 4～6 兆帕。因此，工程化难度大幅降低，设备投资低，利于国产化，操作更安全，技术经济性更好。

（2）通过耦合残渣焦化-气化、费托合成等技术，形成液化残渣的高效利用方案，降低煤炭液化过程的原料消耗，提高全过程的能量转化效率和油品收率。

（3）分级液化工艺可同时获取温和加氢液化油和费托合成油，两种油品化学组成和理化性质具有很强的互补性，适于生产超清洁、高品质的汽/柴油产品，同时丰富了煤炭液化产品的方案。

（4）分级液化以低变质煤为主要原料。低变质煤占我国煤炭资源储量55%以上，具有水含量偏高、热值偏低的特点，其应用具有运输成本高、热效率低等缺点。分级液化技术是高储量低变质煤的清洁高效转化利用的新途径。

煤炭分级液化工艺涉及温和加氢液化、残渣焦化-气化、费托合成及油品加工等单元技术。中科合成油技术有限公司自主开发的中温费托合成技术已成功用于多套百万吨级工业示范装置，基于液化油和合成油的组成和理化性质开发出高品质油品加工成套工艺技术，并获得高于国六标准的汽油和柴油产品。可见，温和加氢液化和残渣高效利用是分级液化的核心和重点。

传统煤直接液化利用提高操作压力，实现热解自由基的高效加氢稳定，以提高液化油品收率。中科合成油技术有限公司提出以“溶剂氢转移”为核心理念的加氢液化条件的温和化技术原理，即以溶剂作为氢转移媒介，将溶剂的活性氢传递至自由基，使自由基加氢稳定；溶剂供氢后再利用催化加氢，恢复其供氢性能。该公司在开发出高效催化剂和高性能溶剂等核心技术基础上，形成了煤温和加氢液化成套工艺，并于2017年通过了由中国石油和化工联合会组织的专家组对万吨级中试运行的现场考核验证。

液化残渣具有产量大、热值高、重质油/沥青质含量高的特点，开发残渣高效利用技术有利于提高煤加氢液化过程的能量转化效率和技术经济性。中科合成油技术有限公司根据残渣组成及理化特性，联合气化技术优势团队（华东理工大学），开发出残渣高效焦化-气化技术方案，解决了液化残渣的高效利用问题，并实现了液化高浓有机废水的环保处理。

综上所述，煤炭分级液化技术具有能量转化效率高、油品品质好、技术经济性好等优点。在费托合成技术实现百万吨级工业示范应用、温和加氢液化技术通过万吨级中试运行验证基础上，中科合成油技术有限公司正在开展每年两百万吨油品规模的煤炭分级液化项目的前期工作。

三、未来发展展望

在国际上，以煤、天然气、生物质等含碳资源为原料生产液体燃料和高附加值化学品，在近中期内（约 30 年内）仍然是重要的技术发展方向。煤炭资源丰富的国家重点发展煤制油技术，天然气资源丰富的国家重点发展天然气制油技术。煤制油技术逐渐向煤种适应性强、反应条件温和化、技术高度集成化、生产的油品和化学品多样化与高值化方向发展。煤炭分级液化新技术未来对我国储量丰富的低阶煤转化利用具有重要的现实意义。

煤炭分级液化制高品质油品技术已形成国家能源局“十三五”的储备项目，其示范应用将为地方煤炭资源提供清洁高效的利用方案，积极促进地方经济发展。以煤炭资源丰富的新疆哈密地区为例，煤炭预测资源量为 5708 亿吨，占全国预测资源量的 12.5%，但因受煤炭运输和煤电外送等瓶颈的制约，其煤炭资源优势难以发挥。哈密煤属低变质的长焰煤，具有挥发分含量高的特点，是分级液化的理想原料。针对哈密煤的煤质特性，国家在哈密地区规划了多个煤炭分质分级利用的示范项目，并拟建设千万吨级煤基合成油品的示范基地。

煤炭分级液化技术已启动哈密两百万吨级煤炭分级综合利用的示范项目，该项目得到国家、地方政府和大型能源企业的支持和关注。哈密地区未来规划的千万吨级煤基合成油示范基地的落实，预计将为哈密地区创造上万个直接就业岗位，带动投资 2400 余亿元，增加利税 600 余亿元/年，并将进一步巩固和提升我国在煤炭液化领域的国际领先水平。

参考文献

[1] 中国能源研究会. 中国能源展望 2030 [M]. 北京：经济管理出版社，2016.

[2] 钱伯章. 煤化工技术与应用 [M]. 北京：化学工业出版社，2015.

[3] 国务院办公厅. 国务院办公厅关于印发能源发展战略行动计划（2014—2020 年）的通知 [EB/OL]. http://www.nea.gov.cn/2014-12/03/c_133830458.htm [2014-12-03].

[4] Mochida I，Okuma O，Yoon S H. Chemicals from direct coal liquefaction [J]. Chemical Reviews，2014，114 (3)：1637-1672.

[5] 舒歌平，史士东，李克健. 煤炭液化技术 [M]. 北京：煤炭工业出版社，2003.

[6] Song C，Hanaoka K，Ono T，et al. Catalytic upgrading of sRC from pyrolytic coal liquefaction and hydrocracking of polycyclic aromatic hydrocarbons [J]. Bulletin of the Chemical Society of Japan，1988，61 (10)：3788-3790.

[7] Recio L, Enoch H G, Hannan M A, et al. Application of urine mutagenicity to monitor coal liquefaction workers [J]. Mutation Research/Genetic Toxicology, 1984, 136 (3): 201-207.
[8] Cable T L, Massoth F E, Thomas M G. Studies on an aged H-coal catalyst [J]. Fuel Processing Technology, 1981, 4 (4): 265-275.
[9] 高晋生，张德祥. 煤液化技术 [M]. 北京：化学工业出版社，2005.
[10] 周敬来，张志新，张碧江. 煤基合成液体燃料的 MFT 工艺技术 [J]. 燃料化学学报，1999 (S1): 59-65.
[11] 相宏伟，杨勇，李永旺. 煤炭间接液化：从基础到工业化 [J]. 中国科学：化学，2014，44 (12): 1876-1892.
[12] 温晓东，杨勇，相宏伟，等. 费托合成铁基催化剂的设计基础：从理论走向实践 [J]. 中国科学：化学，2017，47 (11): 1298-1311.
[13] Xu J, Yang Y, Li Y W. Recent development in converting coal to clean fuels in China [J]. Fuel, 2015, 152: 122-130.
[14] 崔民利，黄剑薇，李永旺，等. 含碳固体燃料的分级液化方法和用于该方法的三相悬浮床反应器：ZL200910178131.8 [P]. 2009-10-09.
[15] 田磊，杨勇，李永旺，等. 一种含碳原料加氢液化的铁基催化剂及其制备方法和应用：ZL201410440385.3 [P]. 2014-09-01.

第七节　天然气水合物安全、高效开采技术展望

李小森
（中国科学院广州能源研究所）

一、重要意义

随着经济的快速发展，我国对能源资源尤其是油气资源的需求正在急剧增加。油气产量已远远不能满足经济发展的需求，化石能源短缺和供给安全问题也已成为制约可持续发展的重要因素，严重影响国民经济的健康平稳发展，威胁着国家安全。面临如此严峻的能源短缺的问题，我国需要积极寻找新的替代能源。这不仅是当务之急，也是一项长期的国家能源战略。

天然气水合物（natural gas hydrate，NGH）是一种在低温高压下由天然气和水生成的一种笼形结晶化合物，其外形如冰雪状，遇火既燃，俗称“可燃冰”。标准状态下 1 立方米固体水合物可释放出 164～200 立方米的天然气，单位体积

NGH 燃烧热值为煤的 10 倍，传统天然气的 2～5 倍，所以 NGH 具有极高的能量密度。自然界中的 NGH 主要存在于海洋大陆架的沉积物层和陆地冻土带，迄今至少在 116 个地区发现了 NGH，分布十分广泛[1, 2]。在过去的 20 年中，全球范围展开包括深海钻探计划（DSDP）、大洋钻探计划（ODP）和综合大洋钻探计划（IODP）对 NGH 的矿藏资源进行调研。目前全球水合物矿藏中天然气总储量估计约 10^{15}～10^{18} 标准立方米，其有机碳约占全球有机碳的 53.3%，约为现有地球常规化石燃料（石油、天然气和煤）总碳量的 2 倍，储量巨大。因此，NGH 作为未来非常具有潜力的战略替代能源，已经成为当代能源科学研究的一大热点[3]。世界各国，尤其是发达国家及能源短缺国家，对 NGH 的开采研究高度重视，美国、日本、加拿大、德国、韩国、印度、中国等都制定了 NGH 研究开发计划，美国和日本甚至提出 2020 年前后实现商业性 NGH 开发的目标[4]。

近年来，我国在南海北部陆坡东沙、神狐、西沙、琼东南 4 个海域开展了 NGH 资源调查。2007 年，广州海洋地质调查局（GMGS）首次在神狐海域钻获 NGH 岩心。2013 年，中国地质调查局首次公布在珠江口盆地钻获大量层状、块状、脉状及分散装等多种类型可燃冰样品，并发现超千亿方级可燃冰大型矿藏。2015 年 9 月，GMGS3 钻探计划航次在神狐海域的细颗粒沉积物和粗沙及碳酸盐沉积物中发现了大量的不同饱和度的可视化 NGH，证实神狐海域具有广阔的 NGH 资源前景[5]。2016 年，GMGS4 钻探计划在神狐海域的钻探结果进一步证实 GMGS3 的钻探结果，即在神狐海域发现的泥质沉积物中存在大量的高饱和度 NGH；在该区域还发现了 II 型水合物的存在[6]。据估算，仅南海海域 NGH 的总资源量就达到 6.435 百亿～7.722 百亿 吨油当量，约相当于我国陆上和近海石油天然气总资源量的 1/2[7]。不仅仅是海域 NGH，我国还拥有丰富的冻土区 NGH 资源。2008 年 11 月，在青海省祁连山南缘永久冻土带取得水合物实物样品。据估算，该地区有 NGH 资源约 350 亿吨油当量[8]。如果能够对储量巨大的能源资源进行安全可控的开采，可以使我国天然气供给更加充足，可降低能源对外依存度，增加能源安全，优化能源结构，对我国的能源格局将产生重大影响。

我国政府非常重视 NGH 研究，《国家中长期科学和技术发展规划纲要（2006—2020 年）》将 NGH 开发技术列为重点研究发展的前沿技术；国家自然科学基金、国家重点研发计划、国土资源部水合物调查专项等均给予水合物研究大力资助；进入“十三五”以来，国家发改委印发了《天然气发展“十三五”规划》，明确提出要加强 NGH 基础研究工作，重点攻关开发技术等难题，做好技术储备。2016 年，我国祁连山冻土 NGH 试采技术与工程完成了三井地下水合物层水平定向对接施工，并成功进行了开采试验[9]，连续试采排空试燃 23 天，开采气量 1078 立方米。2017 年 5 月，中国地质调查局组织实施我国海域 NGH 试采，在无成功先例、无成熟团队、无成熟平台、无成熟工艺的情况下，在南海神狐海域实现连续 60 天稳定产气，试采取得圆满成功，实现了我国 NGH 开发的历史性突破[10]。2017 年 11 月，国务院批准将 NGH 列为新矿种，将极大地促使我国 NGH 的勘探开发工作进入新阶段。虽然试采取得了圆满成功，但可燃冰商业化开采任重而道远，仍然面临诸多技术难题。因此，深化 NGH 基础理论研究，优化完善 NGH 开采工艺，建立适合我国资源特点的开发利用技术体系迫在眉睫。

二、国内外相关研究进展

与常规油气藏资源不同的是，NGH 以固体形式胶结在沉积物中。开采 NGH 的基本思路是通过改变 NGH 稳定存在的温-压环境，即 NGH 相平衡条件，激发固体 NGH 在储层原位分解成天然气和水后再将天然气采出。据此原理提出的几种常规 NGH 分解方法（降压法、注热法、注化学试剂法、二氧化碳置换及联合开采法）均涉及在原位沉积物中 NGH 的分解相变、物质与热量传递及多相渗流过程[11]。NGH 开采是一项复杂的系统工程，水合物藏的地质条件、渗流特性、传热特性及开采过程中水合物饱和度的变化对开采过程中水合物的分解、运移和气体收集具有重要的影响。NGH 开采涉及的关键物理化学过程包括：水合物形成分解、相态变化，分解气体和液体从分解前沿向开采井的渗流、热质传递，以及由于水合物分解而导致的沉积层结构变化、储层变形、产沙等过程。这些过程相互影响、相互制约，导致 NGH 开采技术难度大、成本高，地层稳定和产沙安全控制难度大。

全球目前开展 NGH 试开采的地区有四处，加拿大、美国分别于 2002～2008 年、2012 年开展了冻土区 NGH 试采，日本 2013 年完成了南海海槽首次海洋水合物试采，2017 年我国在南海神狐海域成功开展了 NGH 试采。

Mallik 2002 NGH 试开采计划是由日本国家石油天然气和金属公司、加拿大地质调查局、美国地质调查局、美国能源部、德国地学研究中心（Helmholtz-Centre Potsdam-German Research Centre for Geosciences，GFZ）、印度石油地质与天然气部和国际大陆科学钻探计划共同完成。此计划首次完成了 NGH 的实际矿藏试开采实验。在 Mallik 3L-38、4L-38、5L-38 三个 NGH 钻井站位进行了短期的降压法开采 NGH 实验，用于研究降压法用于水合物开采的可行性。结果表明，水合物多孔介质的有效渗透率高于预想。另外，在一块厚度为 17 米的高饱和度水合物层，利用热激法进行了为期 5 天的水合物开采实验，期间最高产气速率达到 1500 米^3/天。实验结果表明，在 Mallik 地区利用热激法开采水合物是可行的。通过短期的实验对长期水合物开采进行预测的结果表明，降压法是可行且经济性的，并且认为降压法和注热法结合是更有优势的方法。但是这种预计模型的不确定性太大，所以急需开展实际的长期水合物试开采实验。

于是，2006～2008 年，JOGMEC/NRCan/Aurora Mallik NGH 试开采计划在 2002 年试开采的基础上开展了长时间的 NGH 试开采。在 Mallik 2L-38 井区，研究人员分别在 2007 年 4 月和 2008 年 3 月进行了两次水合物试开采。其中 2007 年的那次试开采由于沙子的流出导致管道堵塞，所以在 15 小时的开采中，共产气 830 立方米。2008 年的试开采进行了为期六天的连续开采作业，产气速率达到 2000～400 米^3/天。

2007 年，研究人员在阿拉斯加北坡的埃尔伯特山（Mount Elbert）一号井进行了为期 22 天的 NGH 试开采[12]，钻井深度为 915 米。在取得岩心样品和测井数据之后，利用 Schlumberger 模块化动态测试（MDT）对 NGH 饱和度为 60%～75%的两块水合藏进行了 4 次测试。此次实验与 Mallik 2002 NGH 试开采计划最大的不同是：本次开采所采用的是裸眼井筒，所以开采的时间更长，产气产水量也更大。在较低温度条件下，在 Mount Elbert 地区进行了多种方法的 NGH 开采实验，其结果如下：降压法联合井筒加热法有助于提高产气速率；单纯热激法的能量效率较低；高压注入二氧化碳进行置换开采水合物会引起井筒中的二氧化碳水合物生成，从而导致堵塞；但是较低压力的二氧化碳注入可以置换出水合物，并且在二氧化碳注入之前如先进行一段时间的降压开采，有助于提高水合物储层的渗透率，利于二氧化碳置换开采的进行[3]。

2013 年 3 月 12 日，为了证实降压法开采深水海洋 NGH 的可行性，在日本经济贸易与工业部门的资助下，日本石油天然气和金属国家公司在日本南海海槽东部进行了海洋水合物试开采。试采方案包括钻探一口产出井和两口监测井，获得了大量的井底压力、温度、岩心样品等数据资料。在试采过程中，井底压力从13.5兆帕降至4.5兆帕。此次产气持续6天，总共产甲烷气1.2×10^5立方米。3月18日，由于大量产沙，试采过程被迫中止。

2017年3月28日我国海域NGH第一口试采井在南海神狐海域开钻，5月10日下午14时52分点火成功，从水深1266米海底以下203～277米的NGH矿藏开采出天然气，至7月9日试采连续产气60天，累计产气量超30.9万立方米，全面完成试采试验和科学测试目标，取得圆满成功。本次试采实现三项重大理论自主创新：①初步建立了“两期三型”成矿理论，指导在南海准确圈定了找矿靶区。②初步创建了NGH成藏系统理论，指导试采实施方案的科学制定。③初步创立了“三相控制”开采理论，指导精准确定试采降压区间和路径。

但是目前的试采实验仍属于技术验证范畴，离真正商业开发还有一定距离。我国制定的2030年NGH商业开采计划，仍然任重而道远。

三、未来待解决的关键技术问题

1. NGH基础物性研究

国内外在20世纪80年代以来就广泛开展了关于NGH基础物性测量方面的研究，从最初的纯水体系到溶液体系，再到21世纪得到快速发展的复杂多孔介质体系。从全球范围来看，在不同体系条件下，NGH的热力学、动力学、光学、电学和力学特性等均展开了一定程度的研究，并且在今后的10～20年内仍然需要投入大量的精力进行基础数据的积累和校正。我国在这一方面并不落后，起步阶段基本能够跟踪国外先进水平的研究热点和方向，在导热系数测量、相平衡条件测定等若干方面甚至走在国际的前列，形成了比较丰富的实验和数值模拟数据与结果；但在测试手段方面，与美国等发达国家相比尚处于追踪阶段，缺乏原创性的测试手段和方法。

2. 经济、高效、安全的NGH开采技术

NGH开采方法在NGH能源利用中占有突出位置，主要有热激法、降压法、化学试剂法等，各有其优缺点；综合多种开采方式进行联合开采，有可能提高开采效率并节约成本。基础实验与理论研究包括 NGH 原位基础物性、理论模型、分子动力学模拟、数值模拟开发等，在 NGH 资源开采中占有重要地位，将为开采方法的发展提供有效的指导。NGH 开采方法的研究在不断探索和改进中，更加经济、高效、安全的 NGH 资源开采方法为人们所期待。

我国在实验室内的 NGH 开采基本原理和方法研究方面做得比较系统和完善，各种方法的 NGH 分解规律的研究开展较为深入，已在实验现象的基础上总结出国内外比较认可的研究结论，尤其是在人造岩心中常规开采方法条件下的 NGH 分解过程。然而，野外实地条件下的试验性开采过程的验证，尚处于实验室研究阶段，下一步需要试开采的验证。另外，在新型开采方式的探索方面，包括天然气原位燃烧开采、利用 NGH 方法原位开采及二氧化碳置换开采等，我国也都展开了研究，形成了自主的知识产权和理论，获得了实验室研究成果，但仍需要实际 NGH 开采过程的验证和完善。

在 NGH 开采方法和开采流程方面，需要针对 NGH 的特殊条件，参考现有深海油气田的开发经验，将对从钻井、NGH 分解到气体产出的完整过程的各个环节进行逐一系统研究。在这方面，我国尚处于试验性开采的前期理论研究阶段，今后将重点突破。

3. 全面、综合的 NGH 环境影响评估

NGH 开采对环境的影响包含地质、气候及海洋构件的影响。NGH 以沉积物的胶结物存在，其开采将导致 NGH 分解，从而影响沉积物强度，有可能引起海底滑坡、浅层构造变动，诱发海啸、地震等地质灾害，并对 NGH 开采钻井平台、井筒、海底管道等海洋构建产生影响。此外，甲烷气体的温室效应明显高于 二氧化碳，如果大量泄漏将会引起温度上升，影响全球气候变化。因此，应研究水合物沉积层及开采井周边的基础特性，分析沉积层稳定性及海底结构物的安全性，确立海底滑坡及气体泄漏的判别标准，开发相关数学模型及安全评价方法。

四、未来发展前景及我国的发展策略

2017 年 NGH 试采成功是我国首次、也是世界第一次成功实现资源量全球占比 90%以上、开发难度最大的泥质粉砂型 NGH 安全可控开采，为实现 NGH 的产业化开发利用提供了技术储备，积累了宝贵经验，取得了理论、技术、工

程和装备的自主创新，打破了我国在能源勘查开发领域长期跟跑的局面，实现了在这一领域由“跟跑”到“领跑”的历史性跨越，对保障能源安全、推动绿色发展、建设海洋强国具有重要而深远的意义。

总的来讲，未来我国需要继续加大 NGH 资源勘查的力度，为产业化提供资源基础；加大理论、技术、工程、装备的研究力度，为产业化提供技术准备；依靠科技进步保护海洋生态，为产业化提供绿色开发基础；研究制定勘探开发管理的规范性文件和产业政策，为产业化提供相关保障。此外，针对我国南海 NGH 成藏特征，还需要开展 NGH 开采关键技术、地质安全及环境影响评价研究，解决海洋 NGH 商业化开采的关键科学与技术问题，建立 NGH 商业化开采的技术及装备技术体系。中国虽然已进入 NGH 调查研究的世界先进行列，但在开采方面依旧处于关键技术的研发阶段。中国在 2030 年实现 NGH 的商业开发仍然任重而道远。只有依靠科技进步，保护海洋生态，促进 NGH 勘查开采的产业化进程，才能为推进绿色发展、保障国家能源安全做出新的更大贡献。

参考文献

[1] Sloan Jr E D，Koh C. Clathrate Hydrates of Natural Gases [M]. Boca Raton：CRC Press, 2008.

[2] 蒋国盛，王达，汤凤林. 天然气水合物的勘探与开发 [M]. 武汉：中国地质大学出版社，2002.

[3] Moridis G J，Collett T S，Pooladi-Darvish M，et al. Challenges，Uncertainties and issues facing gas production from gas hydrate deposits [J]. Reservoir Evaluation and Engineering, 2011，14：76-112.

[4] Vedachalam N，Srinivasalu S，Rajendran G，et al. Review of unconventional hydrocarbon resources in major energy consuming countries and efforts in realizing natural gas hydrates as a future source of energy [J]. Journal of Natural Gas Science and Engineering，2015，26：163-175.

[5] Yang S X，Zhang M，Liang J Q，et al. Preliminary results of China's third gas hydrate drilling expedition：A critical step from discovery to development in the South China Sea [J]. Center for Natural Gas and Oil，2015，15：1-5.

[6] Yang S，Liang J，Lei Y，et al. GMGS4 gas hydr ate drilling expedition in the south China sea [J]. Fire in the Ice，2017，17：7-11.

[7] 付强，周守为，李清平. 天然气水合物资源勘探与试采技术研究现状与发展战略 [J]. 中国工程科学，2015，17（9）：123-132.
[8] 祝有海，张永勤，文怀军，等. 青海祁连山冻土区发现天然气水合物 [J]. 地质学报，2009，83（11）：1762-1771.
[9] 地调局勘探所. 祁连山天然气水合物水平试采井对接成功 [J]. 地质装备，2016，17（5）：8-9.
[10] 新华社. 直击我国海域天然气水合物（可燃冰）成功试采 [J]. 国土资源，2017，（6）：6-13.
[11] 刘乐乐，张旭辉，鲁晓兵. 天然气水合物地层渗透率研究进展 [J]. 地球科学进展，2012，27：733-746.
[12] Hunter R B，Collett T S，Boswell R，et al. Mount Elbert gas hydrate stratigraphic test well，Alaska North Slope：Overview of scientific and technical program [J]. Marine and Petroleum Geology，2011，28：295-310.

第八节　超超临界发电技术展望

朱　骅[1,2,3]　易广宙[2,3]　潘绍成[2,3]　何　维[2,3]　霍锁善[2,3]
（1 西安交通大学动力工程多相流国家重点实验室；
2 清洁燃烧与烟气净化四川省重点实验室；
3 东方电气集团东方锅炉股份有限公司）

一、发展超超临界发电技术的重要意义

未来全球能源需求预计仍将大幅增加。国际能源署（International Energy Agency，IEA）煤炭产业咨询委员会强调指出，煤炭将继续为21世纪的全球能源短缺提供解决方案。因此，在今后较长一段时期内，继续保持煤炭发电的能力，对保障能源供给、改善人类生活条件必不可少。

中国是全球少数以煤炭为主要能源的国家之一，煤炭消费量在一次能源消费结构占比已从2007年的73.7%降至2014年的66%，2014年煤炭产量出现20年来首度下降。据预测，2030年、2050年煤炭在中国一次能源消费总量占比将降至50%和40%[1]。即在未来的30余年内，煤炭在我国能源结构中的主导地位不会发生根本改变。

当前中国发电用煤占煤炭产量的50%以上，预计在2035年将达到60%～70%，到2050年增加到80%[2]。据统计，我国电力行业排放二氧化硫占全国排放总量的53%，大气污染物中氮氧化物约60%来自于煤的燃烧，燃煤排放的二氧化碳约占全国排放总量的40%，预计到2050年燃煤产生的二氧化碳将占我国二氧化碳排放总量的70%～75%[3]。

中国二氧化硫、氮氧化物等主要大气污染物排放总量约4700万吨，居世界第一，其中二氧化硫排放量接近美国、欧盟总和的4倍，氮氧化物排放量为美国、欧盟总和的2倍左右。近年来，中国部分地区连续出现大范围、持续时间较长的雾霾天气，引起了社会各界的高度重视。面对严峻的生态环保压力，利用洁净燃煤发电技术来提高燃煤效率、降低环境污染并将煤高效地转化为电力，是煤炭能源技术发展的主要方向。

“十三五”期间，洁净燃煤发电新技术正在加快研发和推广应用，以提高煤电发电效率及节能环保水平。现役煤电清洁化改造和新建清洁化煤电机组，加大了高能耗、重污染的煤电机组的改造和淘汰力度[4]。重点推广的高效率低排放煤炭发电技术的各项相关技术，各有自身的优势和潜在的问题，都在持续改进中。超超临界发电（USC）、整体煤气化联合循环（IGCC）、富氧燃烧（oxy-fuel）等煤炭发电技术均已不同程度地趋于成熟，已成功实现商业化运行。

超超临界发电技术最成熟，商业化最普遍，是上述几种洁净煤发电技术中最易推广和普及的技术。从国内外的发展来看，大容量高参数超临界和超超临界机组是世界火电发展的重要趋势。随着材料工业的发展，高效超超临界机组在国际上处于快速发展的阶段，将在保证机组高可靠性、高可用率的前提下采用更高的蒸汽温度和压力来提升机组效率，降低煤耗。因此，在今后若干年，持续提升超超临界发电技术，可以尽可能地高效、清洁地利用煤炭资源发电，是我国解决煤炭清洁高效利用的根本途径，是保障能源安全、促进经济可持续发展、缓解面临的巨大政治压力的一项重大而长远的战略性任务。

二、国内外技术现状

（一）国外技术现状

从20世纪末开始，世界上许多国家根据其能源结构的特点、技术发展水平和经济发展阶段，从能源战略的长远利益考虑，为提高效率、减少环境污染，提出了各自的超超临界发电技术的发展计划。

国际上超超临界发电技术的发展主要集中在高参数的先进超超临界技术（A-USC）和超临界循环流化床锅炉技术（USC-CFB）。

1. 国外 A-USC 技术的研究现状

目前发展 A-USC 技术的主要国家和地区包括美国、欧盟、日本，示范项目一般计划 2020 年以后开展。A-USC 技术中蒸汽温度在 700～760 摄氏度，压力在 30～35 兆帕，机组热效率可达 50%（燃料的低位发热值，LHV）或更高。A-USC 技术与亚临界发电技术相比，至少可以减少 15%的二氧化碳排放。

美国于 2001 年启动 700 摄氏度超超临界机组研究项目（AD760），计划采取的起步参数中主蒸汽压力/主蒸汽温度/再热蒸汽温度为 37.9 兆帕/732 摄氏度/760 摄氏度，热效率将达到 47%左右。AD760 内容包括：高参数主机设备概念设计、先进合金的力学性能、蒸汽侧氧化腐蚀性能、高温部件焊接性能、制造工艺性能等[5]。

欧盟 20 世纪 80 年代开始实施“COST 研究计划 501”，确定由电站设备和钢铁制造商合作分工，开发采用奥氏体钢的超超临界机组，目标是研制可与燃气蒸汽联合循环的机组效率竞争的新一代超超临界机组。其研究成果已应用于高参数化石燃料电站，蒸汽温度高达 610～625 摄氏度[6]。到 20 世纪末，欧洲开展 AD 700 计划，目的是论证和准备发展具有先进蒸汽参数的未来燃煤电厂的形式，欧盟约有 40 个单位参加了这个项目，其中有 26 家是设备制造商（包括汽轮机、锅炉、主要辅机和材料等制造商），这是世界上进展最快并唯一有示范电厂的 700 摄氏度超超临界发电计划。该计划已先后完成三个阶段的工作：可行性研究和材料基本性能（1998～2004 年，丹麦 ELSAM 电力公司组织）；材料验证和初步设计（2002～2004 年，丹麦 ELSAM 电力公司组织）；部件验证（2004～2009 年，德国 VGB 组织）。第四阶段是建设全尺寸示范电厂：原计划 2010 年开始建设，2014 年投入运行，但因高温材料问题还未全部解决，已宣布推迟。

2008 年八国集团首脑会议（ G8 Summit）之后，日本针对 2050 年二氧化碳减排 50%的目标，推出发展 700 摄氏度超超临界发电技术和装备的九年发展计划“先进的超超临界压力发电”（A-USC）项目，明确在 2015 年达到 35 兆帕/700 摄氏度/720 摄氏度及 2020 年实现 750 摄氏度/700 摄氏度超超临界产品的开发目标。项目内容包括锅炉、汽轮机主机设备设计、阀门技术开发、材料长时性能试验和部件的验证等。目前该计划处于部套设备试验阶段。

如果这些计划能够如期完成，利用烟煤发电的 USC 电站效率可超过 50%（LHV）；利用高湿度的褐煤通过预干燥处理和集成，机组效率也可超过 50%（LHV）。

A-USC 技术发展的主要障碍是技术问题，如冶金和材料制造问题。国外 700 摄氏度先进超超临界机组研发重点在如下几个方面。

（1）锅炉和汽轮机高温部件的材料开发和应用；

（2）温度最高区域的许多部件都要采用镍基高温合金；

（3）提高铁素体耐热钢和奥氏体耐热钢的使用温度。

高温材料的开发时间漫长，技术风险很大，因此在高温材料和个别部件的供应上美国、日本、欧洲各国在各自的研发项目中都互有参与。

2. 国外 USC-CFB 技术的研究现状

大容量的循环流化床燃煤锅炉具有煤种适应性广及炉内脱硫脱硝等特点。发达国家 20 世纪末开始超临界循环流化床发电技术（USC-CFB）的研究，美国 Foster Wheele 公司是世界上第一个获得超临界循环流化床（CFB）锅炉订货合同的公司，在 2002 年与波兰 Lagisza 电厂签约建设一台 460 兆瓦超临界 CFB 锅炉。该锅炉设计容量为 460 兆瓦，主蒸汽压力 27.5 兆帕，温度 560 摄氏度，再热蒸汽温度 580 摄氏度，机组设计发电效率为 43.3%，工程项目于 2006 年启动，已于 2009 年 6 月正式投入商业运行。该机组全面达到设计指标，锅炉效率超过 93%，运行平稳。

美国 Foster Wheeler 公司还与韩国电力公司于 2011 年 7 月签订供货合约，为其绿色电厂项目提供 4 台 550 兆瓦超临界 CFB 锅炉，并于 2015 年投入商业运行。美国 Foster Wheeler 公司已对外宣称完成 800 兆瓦超超临界 CFB 电站锅炉的设计，蒸汽参数为 600/620 摄氏度、30 兆帕，净效率可达 45%（LHV）[7]。

（二）国内技术研究的现状

上述发达国家燃煤机组供电煤耗率变化较小，世界先进机组平均煤耗为 320

克/（千瓦·时），我国平均煤耗 2013 年已达世界先进水平（图 4-8-1）。我国自 2013 年以来积极优化和升级超超临界发电技术，使燃煤机组平均供电煤耗持续下降，预计到 2020 年将降低至 310 克/（千瓦·时）。煤耗下降，主要是通过提高锅炉或汽轮机的参数来实现。图 4-8-2 为 2006～2013 年各国燃煤机组年平均供电煤耗变化情况。

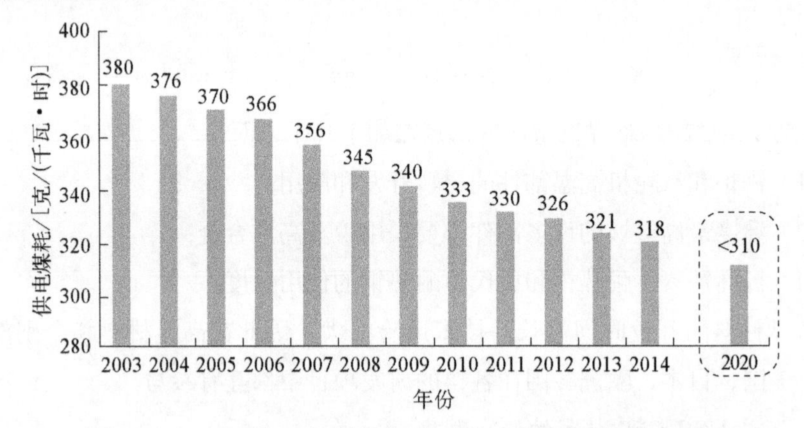

图 4-8-1　2003～2014 年中国燃煤机组年平均供电煤耗变化情况

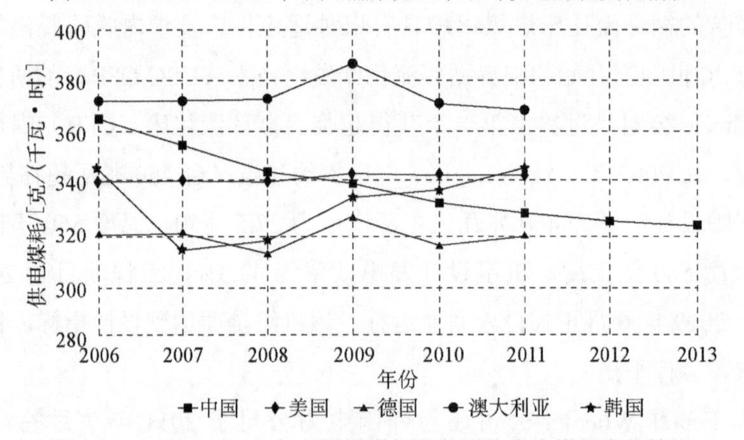

图 4-8-2　2006～2013 年各国燃煤机组年平均供电煤耗变化情况

国内超临界火电技术从 2002 年开始仅用 2 年多就完成了从亚临界到超临界再到超超临界的发展。此后的 10 年，国内的超临界火电技术没有突破性进展，直到 2015 年才有中国东方电气集团有限公司（简称东方电气集团）设计供货的国内首套 1050 兆瓦高效超超临界机组在重庆神华万州电厂投运（图 4-8-3）。这标志着中国超超临界技术实现了跨越式发展。机组的主蒸汽压力/主蒸汽温度/再热蒸汽温度为 28 兆帕/600 摄氏度/620 摄氏度[8]，供电煤耗下降 10 克/（千瓦·时）左右。虽然没有新材料可用，但该高效超超临界锅炉供货商东方锅炉利用现有材料，在蒸汽侧温度偏差和烟气侧温度偏差的控制方面做出创新，将温度偏差控制做到极致，克服了之前蒸汽参数无法提升的困难，使该参数达到极限。

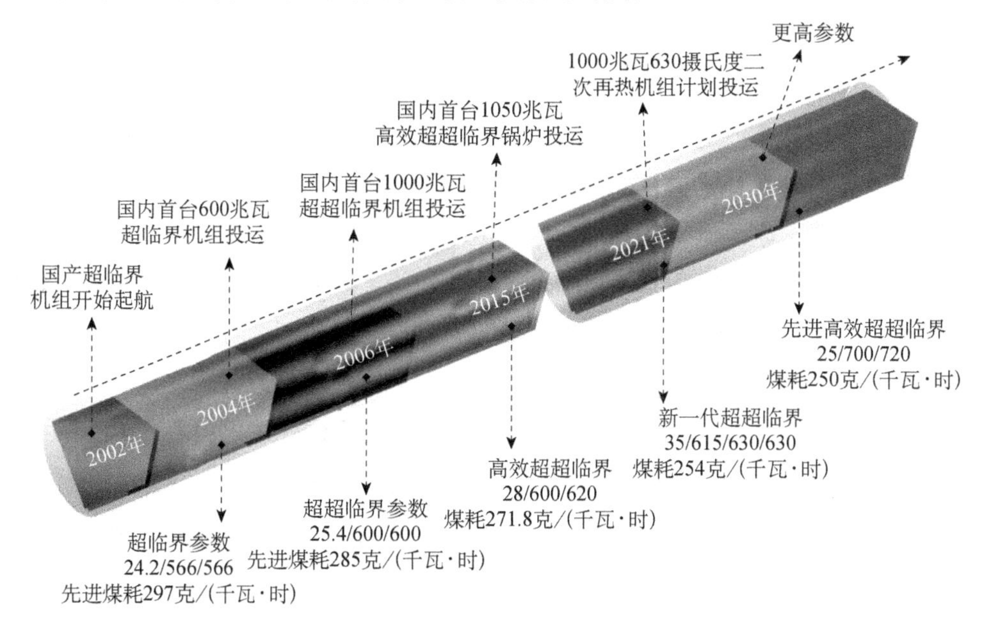

图 4-8-3 中国燃煤机组超超临界技术发展历程

煤耗均指机组供电煤耗，先进煤耗是指同参数机组中运行指标先进的机组煤耗处于较先进水平，后面几个参数煤耗是指当前参数的设计供电煤耗；

24.2/566/566 表示一次再热机组的汽轮机的入口参数：主蒸汽压力 24.2 兆帕、主蒸汽温度 566 摄氏度、再热器温度 566 摄氏度，其余参数类似。35/615/630/630 表示是二次再热机组的汽轮机入口参数为：主蒸汽压力 35 兆帕、主蒸汽温度 615 摄氏度、一次再热蒸汽温度 630 摄氏度、二次再热蒸汽温度 630 摄氏度

随后，国产 1000 兆瓦和 660 兆瓦、620 摄氏度参数的超超临界二次再热机组相继投运，使供电煤耗下降到 270 克/（千瓦・时）以下。

2016 年，东方电气集团依托大唐郓城 1000 兆瓦项目、上海电气集团股份有限公司依托安徽平山 1350 兆瓦项目，开展了再热蒸汽温度达 630 摄氏度参数的超超临界机组技术的开发，立足采用国产材料，建设 35 兆帕/615 摄氏度/630 摄氏度/ 630 摄氏度或 35 兆帕/610 摄氏度/630 摄氏度/623 摄氏度二次再热燃煤机组；计划利用总体热力系统的创新、更高效的主、辅机设备、烟气余热深度利用等技术，实现内陆电厂发电效率大于 50%、供电煤耗不大于 254 克/（千瓦・时）等目标。目前已完成初步设计方案和材料的优选。

1. 我国A-USC技术的研究现状

自2008年以来，中国华能集团有限公司委托西安热工研究院有限公司开展了700摄氏度机组关键材料的预研，对Inconel 740、Inconel 263、Inconel 617、Inconel 625、GH984G等五种关键镍基高温合金的基础性能进行了初步的研究；东方电气集团、哈尔滨电站设备集团公司、上海电气集团股份有限公司三大电站主机设备制造企业通过各种渠道对国外特别是欧洲的700摄氏度等级的先进超超临界技术开发计划进行跟踪。2011年由国家能源局下达题为“700摄氏度超超临界燃煤发电关键设备研发及应用示范”的研究课题，明确由中国华能集团牵头，与中国电力工程顾问集团公司、西安热工研究院有限公司、东方锅炉股份有限公司、哈尔滨锅炉厂有限责任公司、上海锅炉厂有限公司、东方汽轮机有限公司、哈尔滨汽轮机厂有限责任公司、上海汽轮机厂有限公司等单位联合完成。该课题的目标是：提出700摄氏度超超临界燃煤发电的总体方案，完成700摄氏度超超临界示范电站建设的可行性研究；在电厂旁路建立我国首个高参数蒸汽试验平台，再加上相关电厂的挂片试验系统，使之成为我国在该领域的技术创新基地。

截至2017年6月已完成的工作有：600兆瓦700摄氏度参数超超临界燃煤发电机组的总体方案设计研究；耐热合金材料筛选、开发、优化及性能评定的研究；锅炉水冷壁、过热器、再热器、集箱等关键部件加工制造技术的研究；锅炉关键部件、管道、集箱及阀门的验证平台的投入运行。

我国A-USC技术有待解决的问题是：材料试验未完成，尚存在不确定性；大口径管材不能批量生产；材料加工焊接工艺还需检验。可见，A-USC的发展仍受限于高等级材料的成熟，其工业应用尚需时日。

2. 我国USC-CFB技术的研究现状

2002年，超临界CFB列入863计划。2006年，科技部和国家发改委同时支持600兆瓦超临界CFB锅炉的研制工作，即国家科技支撑计划超临界循环流化床（2006BAA03B00）。国家要求依托四川白马600兆瓦超临界循环流化床示范电站项目，形成具有自主知识产权的超临界循环流化床技术和相关专利及产品，使我国循环流化床燃烧技术实现跨越式发展，大规模进入燃煤发电行业[9]。

2012年12月，东方锅炉股份有限公司设计供货的世界首台600兆瓦等级超临界CFB锅炉四川白马600兆瓦超临界循环流化床示范电站项目进入商业运行，投产后运行稳定，最长连续运行 163 天，成为世界上容量最大的超临界 CFB 锅炉，达到国际领先水平。项目成果直接用于山西平朔 2 台 660 兆瓦超临界 CFB 锅炉，并推广到 350 兆瓦超临界 CFB 锅炉上。2015 年，东方锅炉股份有限公司的 350 兆瓦等级超临界 CFB 锅炉已实现批量生产。

此外，中国与罗马尼亚 600 兆瓦超临界 CFB 项目于 2013 年 11 月在李克强总理的见证下签署了合作意向协议，同样由东方锅炉股份有限公司供货的波黑斯坦纳瑞 350 兆瓦亚临界 CFB 锅炉于 2016 年 8 月投入商业运行，东方锅炉与波黑巴诺维奇签订了 350 兆瓦超临界 CFB 锅炉订货合同，这标志着中国设计供货的超临界 CFB 技术已走向世界，我国 USC-CFB 技术已跻身世界领先行列，大型 CFB 锅炉进入超临界时代。

近年来，我国正在努力将超超临界 CFB 锅炉出口的温度和压力参数提升至超超临界技术的参数。目前，东方锅炉股份有限公司已完成超超临界 CFB 锅炉和超超临界二次再热 CFB 锅炉的初步设计方案，计划通过参数的提升及其他设计优化措施，使 600 兆瓦超超临界 CFB 锅炉机组的供电标准煤耗率比现有的 600 兆瓦超临界 CFB 机组大幅降低约 20 克/（千瓦·时）（折算至同等冷端条件）。

三、未来发展前景及我国的发展策略

（一）未来发展前景

2016 年，国际能源署推出《高效低排放燃煤发电技术路线图》，重点介绍超超临界粉煤燃烧、高参数超超临界粉煤燃烧、循环流化床燃烧、整体煤气化联合循环等技术，并列出了技术路线和时间节点。路线图特别指出，要实现 2030 年发展超超临界发电技术，2050 年二氧化碳排放减半的目标，必须部署二氧化碳捕获与封存技术。超超临界燃煤发电站的减排措施目前主要是控制和最小化二氧化碳的排放。基于超超临界燃煤发电机组可以移除 80%～90%的二氧化碳排放量，实现近零排放目标。为此，二氧化碳捕获与封存技术需要应用到未来的燃煤（及燃气）发电站中。实现零排放的基础是当前最先进的洁净煤技术。目前可选择的方案很多，有些是基于燃烧煤炭，有些是基于煤气化。最能满足短期和中期需要的技术包括超超临界煤粉锅炉、超临界循环流化床燃烧及整体煤气化联合循环。从中长期来看，其将有可能与燃料电池结合使用。

从目前到 2035 年是我国超超临界技术赶超国际先进水平的重要时期。到 2035 年，超超临界发电技术有望实现如下目标。

1. 为建设 A-USC700 摄氏度参数的超超临界燃煤发电机组的示范工程进一步夯实基础

这就需要完善总体设计方案，密切关注验证平台运行的情况，获取相关数据；完成高温大型锻件、铸件加工制造技术的研究；加强汽轮机高中压转子、汽缸、阀壳、高温叶片、紧固件、阀芯耐磨件等关键部件加工制造技术及大口径高温管道及管件的设计、制造技术的研究。

2. 完成大容量高参数超超临界二次再热机组的工程示范

国家 630 摄氏度二次再热创新示范项目大唐郓城 1000 兆瓦二次再热机组，其设计参数主蒸汽压力/主蒸汽温度/一次再热蒸汽温度/二次再热蒸汽温度为 35 兆帕/615 摄氏度/630 摄氏度/630 摄氏度，未来将继续提高参数并与二次再热结合，进一步降低煤耗。后续可依托该示范工程对此类技术进行优化和推广。

3. 实现超超临界 CFB 锅炉和超超临界二次再热 CFB 锅炉的工程示范

CFB 锅炉煤种适应性广，往往是针对燃用特殊燃料提供解决方案。大容量高参数的 CFB 锅炉是未来规模化高效清洁利用低热值劣质燃料发电的主要途径，目前具备推广到有褐煤或低热值煤种存量国家的条件。CFB 锅炉提升至超超临界参数后，除能效得到提高外，在烟气污染治理方面的特点及成效也值得特别关注。在超低排放标准实施之后，CFB 锅炉技术在脱硫、脱硝方面形成的新工艺有望在项目中得到检验。

4. 完成超超临界燃煤机组与生物质耦合发电技术的推广应用

该类技术还包括垃圾与超超临界燃煤机组耦合发电技术。目前在役的大容量超超临界机组配备有完整的烟气净化设备，已接近零排放标准。实现这类大容量燃煤机组与生物质、垃圾的耦合发电，可有效利用生物质和垃圾，减少机组燃煤量；可以解决污染问题，降低燃煤机组本身污染物的排放水平。这类技术已具备推广应用的条件。

5. 完成灵活性超超临界机组的设计方案和试点应用

开发 50 兆瓦等级、100 兆瓦等级的小型化高参数超临界锅炉，以满足区域供能供热的要求，同时掺烧生物质或垃圾。未来超超临界机组中除大容量高参数带基本负荷的机组外，还有适应调峰的灵活性机组及类似于分布式能源的小型超超临界机组。

6. 超超临界技术采用二氧化碳捕捉与埋存（CCS）技术

超超临界发电的综合洁净化程度较高，采用二氧化碳捕捉与埋存技术，不仅可以直接有效控制二氧化碳排放，也可继续提高煤炭利用的总洁净化程度。

7. 完成超临界二氧化碳发电技术的总体设计方案和局部应用

超临界二氧化碳发电技术还处于探索阶段，国内外只在实验室里建成了小功率的模拟机组，目前正在向工业示范电站迈进。中国华能集团立项开发超临界二氧化碳高效发电机组，目标是实现600兆瓦等级以上的大型超临界二氧化碳火力发电系统及关键部件的工程方案；2017年已完成5兆瓦试验系统的设计，拟在2019年10月陕西阎良试验平台投运。到2035年，该技术可进入局部应用。

（二）我国的发展策略

在未来的几十年里，化石能源仍将是世界能源供应的主要支柱。与此同时，能源政策对二氧化碳排放的限制会更显著。只有坚定使用洁净煤燃用技术，才能有效地应对这些挑战，而超超临界发电技术是其重要方向。

“十三五”期间，需着力加快煤电转型升级，增加超超临界机组比重，促进煤电清洁有序发展。发展大容量高参数的超超临界机组（包括CFB机组），将这些大机组作为带基本负荷的主力机组，集中供能，不参与调峰，最大化大机组低煤耗、低排放的优势。发展小型超临界机组。这类机组具有低煤耗和灵活的运行能力，可提供区域热源、调峰调频等辅助服务，大大适应能源结构调整和电力市场的发展。发展“超超临界＋生物质掺烧＋区域供热＋CCS”的示范性机组，并根据区域条件逐步推广。加快煤电结构优化和转型升级，促进煤电清洁、有序发展。

此外，在科研体制上应当以大企业为主，产、学、研结合，利用足够的资金投入来强化基础研究和产业化。到2035年，超超临界发电技术的广泛应用将为国民经济发展做出重要贡献。

在“一带一路”的背景下，将我国处于世界先进水平的超超临界发电技术推广到海外市场，可以带动钢铁产能和劳动力输出。为此，对于掌握先进超超临界技术和国际工程经验的大企业应给予政策支持，鼓励其积极参与海外市场，承接全球的超超临界发电机组的建设和设备供货。这样做，在带动我国经济发展的同时，可以逐步提升技术水平和加强人才队伍建设，提升国家的综合竞争力。

参 考 文 献

[1] 中国能源中长期发展战略研究项目组. 中国能源中长期（2030、2050）发展战略研究：节能·煤炭卷[M]. 北京：科学出版社，2011.

[2] 黄其励. 中国燃煤发电技术现状和发展[C]. 西安："和谐可持续煤基发电"清洁化石能源研讨会，2007.

[3] Bugge J，Kjær S，Blum R. Energy Information Administration [R]. U. S. Department of Energy. International Energy Annual 2004，2006，31（10）：1437-1445.

[4] 刘世宇，杜忠明，王茜，等."十三五"电力发展思路解析[J]. 中国电力，2017，01：7-9.

[5] 李桂菊，张军，季路成. 美国未来零排放燃煤发电项目最新进展[J]. 中外能源，2009，14（5）：96-100.

[6] Franco A，Diaz A R. The future challenges for "clean coal technologies"：Joining efficiency increase and pollutant emission control [J]. Energy，2009，34（3）：348-354.

[7] Arto Hotta，Kari Kauppinen，Ari Kettunen. Towards New Milestones in CFB Boiler Technology-CFB 800MWe [EB/OL]. http://www.fosterwheeler.com/publications/tech_papers/files/TP_CFB_12_02.pdf [2012-02-14].

[8] 黎懋亮，易广宙. 东方 1000MW 高效超超临界锅炉设计方案[J]. 东方电气评论，2015，4：26-30.

[9] 岳光溪，胡昌华. 我国大型循环流化床技术的创新与发展[N]. 科技日报，2010-01-22：005.

第九节　低成本长寿命高效安全的储电技术展望

郑杰允[1]　陆雅翔[1]　李先锋[2]　徐玉杰[3]　陈海生[3]　索鎏敏[1]
胡勇胜[1]　李　泓[1]

（1 中国科学院物理研究所；2 中国科学院大连化学物理研究所；
3 中国科学院工程热物理研究所）

随着智能电网和可再生能源的快速发展，作为与之配套的重要组成部分的储能技术的作用不断凸显。适用于实际需求的低成本、长寿命、高效安全的储电技术，将成为支撑未来新能源和智能电网发展的关键技术。目前或未来在储电技术上具有巨大应用前景的几种关键化学储能技术主要有：压缩空气储能系统、液流电池、室温钠离子电池、固态锂电池和水系碱金属离子电池。

一、相关的储能技术的介绍

（一）压缩空气储能系统

储能技术是大规模利用可再生能源，提高常规电力系统效率、安全性和经济性，以及建立智能电网和分布式能源系统的必备关键技术，被称为能源革命的支撑技术。压缩空气储能（compressed air energy storage，CAES）具有储能容量大、周期长、单位投资小等优点，被公认为两种适合大规模电力储能（100兆瓦级）的技术之一（另一种为抽水蓄能）。抽水蓄能受到特定地理资源的限制（在我国，与风能、太阳能资源存在地域错位），因此，压缩空气储能被认为是目前最具发展潜力的大规模储能技术之一。

（二）液流电池

液流电池储能技术是通过正、负极电解质溶液活性物质发生的可逆氧化还原反应来实现电能和化学能的相互转化（图4-9-1）[1, 2]。具有输出功率和容量可单独设计、安全性高、寿命长、效率高和环境友好等特点，是大规模储能的首选技术之一[3, 4]。在固定式大规模储能的应用领域，从其安全性、生命周期的高性价比和低环境负荷方面综合考虑，液流电池储能技术是最佳技术方案之一。在可再生能源发电系统中配备液流电池，可保证供电的连续性和稳定性，在电力系统中发挥调峰调频作用[5, 6]。配置大规模液流电池储能系统，可实现电网的负荷均衡、谷电峰用。此外，液流电池在应急备用电站、分布式发点及偏远地区供电等领域也具有广阔的应用前景。

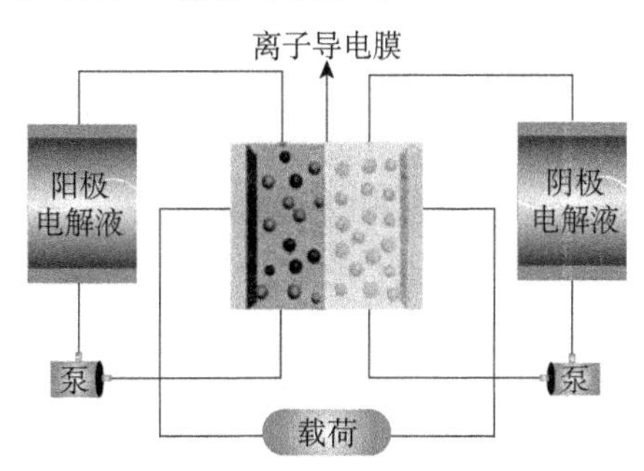

图4-9-1　液流电池工作原理示意图

（三）室温钠离子电池

在20世纪70年代末期，钠离子电池技术的研究几乎与锂离子电池同时开展。钠与锂二者同属于碱金属元素，其物理化学性质接近并具有类似的离子脱出/嵌入机制[7]。充电过程中钠离子从正极脱出，进入电解液扩散并最后嵌入负极，电子在电场作用下经外电路到达负极参与还原反应，放电过程与之相反，从而完成化学能与电能的相互转化。此外，钠离子电池的构成也与锂离子电池相同（图4-9-2），包括正极、负极、隔膜和电解液。钠离子电池虽然在能量密度上尚不及锂离子电池，但因其具有原料来源广泛、成本低廉、安全性高、易于大规模成组应用等优势，有望在一定程度上缓解由于锂资源短缺引发的储能电池发展受限的问题，是锂离子电池的有益补充，同时可逐步取代环境污染严重的铅酸电池[8]。因此，钠离子电池技术是大规模电力储能系统的重要选择之一，对新能源领域的发展具有非常重要的意义。

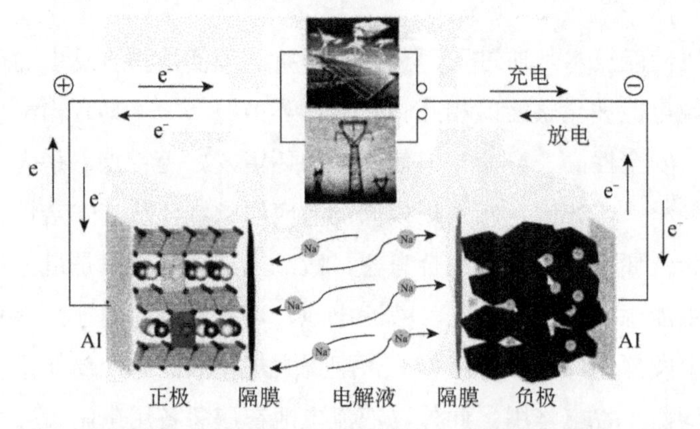

图4-9-2　钠离子电池的组成与工作原理示意图

（四）固态锂电池

固态锂电池包括混合固液电解质锂电池、半固态锂电池及全固态锂电池。对比现有液态锂电池，固态电池将逐步减少电解液的使用量，最终达到全固态。液体电解液因含有可燃性的有机溶剂而存在安全隐患，因此，减少其使用量将有效提升电池的安全性。金属锂电池为负极侧含有金属锂的可充放锂电池[1]。金属锂的理论比容量为3860毫安·时/克，采用含锂负极将提升电池的能量密度，因此固态金属锂电池将是下一代高能量密度、高安全性电池最具潜力的技术方案。固态金属锂电池的原材料及制备工艺体系与现有体系基本一致，这点不会导致其成本的增加；而能量密度的提升会降低每瓦时电量的成本。固态金属锂电池有望应用于消费类电子、电动汽车及各种储能领域。固态金属锂电池如图 4-9-3 所示。

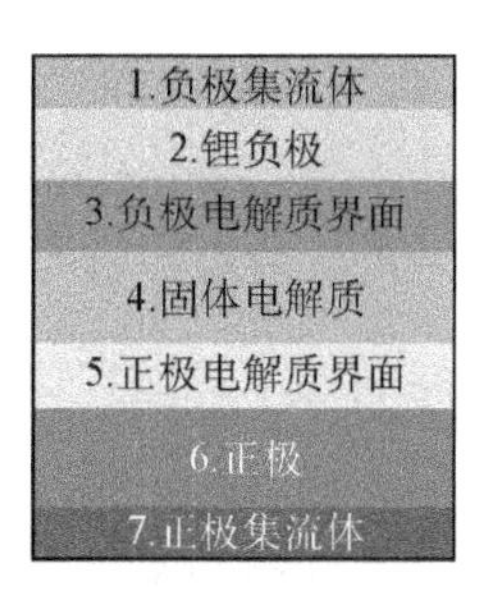

图 4-9-3　固态金属锂电池示意图

（五）水系碱金属离子电池

水系碱金属离子电池是采用水作为基础溶剂构成水系电解液，并以此为基础搭配可嵌入式锂离子电池正负极，以构成二次可充水系锂离子电池。相较目前广泛使用的有机溶剂碱金属离子电池体系及传统概念的商用水系电池（镍氢电池和铅酸电池），水系碱金属离子电池在低成本、长寿命、高效、安全等综合方面具有先天优势，被认为是下一代极具前景的储能技术[9-11]。较有机碱金属离子电池而言，其具体优点体现如下：①水是天然的阻燃剂，水系电池在极端条件或电池热失控条件下都不易发生燃烧或爆炸，因此符合储能系统对安全性的要求；②水对人体和自然环境绝对绿色，因此在环保系数要求较高的储能领域具有绝对优势；③水系电池对制造环境无特殊要求（有机系锂离子电池需要在水含量极低的干燥环境下生产），因此大大降低了电池制造成本。此外，水系碱金属离子电池是通过碱金属离子（锂/钠）在电极材料晶格内可逆嵌入和脱出来实现储能，其材料在循环过程中结构稳定；较传统商用水系镍氢电池和铅酸电池而言，其在电池循环寿命和储存效率方面具有绝对优势。

二、相关储能技术的研究现状

（一）压缩空气储能系统

传统压缩空气储能利用低谷低质电，将空气压缩并储存于大型储气洞穴中；在用电高峰，高压空气从储气洞穴释放，同燃料燃烧后驱动透平发电；

目前已在德国（Huntorf 电站，290 兆瓦）和美国（McIntosh 电站，110 兆瓦）得到商业应用。但是，传统压缩空气储能存在三个主要技术瓶颈：一是依赖化石燃料提供热源，特别不适合我国这类缺油少气的国家；二是需要特殊地理条件建造大型储气室，如高气密性的岩石洞穴、盐洞、废弃矿井等；三是系统效率需要提高，Huntorf 电站和 McIntosh 电站的效率分别为 42%和 54%，需进一步提高。

近年来，针对压缩空气储能的技术瓶颈，国内外学者先后开展了蓄热式压缩空气储能、地面压缩空气储能、联合循环压缩空气储能、液化空气储能系统等新型压缩空气储能系统研究。目前已实现兆瓦级系统示范的包括：美国 SustainX 公司的 1.5 兆瓦等温压缩空气储能示范系统和美国 General Compression 公司的 2 兆瓦蓄热式压缩空气储能示范系统，这两个系统不依赖化石燃料，但仍依赖大型储气室；英国 Highview 公司已建成 2 兆瓦 · 时液态空气储能示范系统，该系统不依赖化石燃料和大型储气室，但系统效率低于 25%。中国科学院工程热物理研究所原创性地提出了先进超临界压缩空气储能系统，通过回收压缩热解决了对化石燃料的依赖；通过空气的液态储存，解决了对大型储气洞穴的依赖问题；通过采用蓄热/冷、超临界过程换热等，提高了系统的效率；同时解决了压缩空气储能的主要技术瓶颈。中国科学院工程热物理研究所现已完成兆瓦级和 10 兆瓦级系统研发、示范与产业化，系统效率分别达到 52%和 60%，性能指标优于国际同等规模的压缩空气储能系统。

（二）液流电池

自 1974 年美国国家航空航天局刘易斯研究中心的 Taller 提出液流储能电池概念以来，以中国、澳大利亚、日本、美国等为代表的国家相继开始液流电池的研究开发，并取得重要进展（图 4-9-4）。其中以全钒液流电池为代表的技术已进入产业化推广阶段。已经建造了多项兆瓦级应用示范工程。依托中国科学院大连化学物理研究所技术，大连融科储能技术发展有限公司 2012 年完成了 5 兆瓦/10 兆瓦 · 时全钒液流电池储能电站示范[4]。2015 年日本住友电气工业株式会社在北海道建设的 15 兆瓦/60 兆瓦 · 时的液流电池储能电站成功运行。2016 年，国家能源局批复大连融科储能技术发展有限公司建设 200 兆瓦/800 兆瓦 · 时的液流电池调峰电站。尽管如此，液流电池还存在能量密度较低，成本较高的问题，这些问题限制了其产业化的应用。因此，开发低成本、高可靠性的关键材料及基于对现有的电池结构进行创新性设计，是推进液流储能电池产业化的有效途径。此外，通过电化学的合理设计，开发新一代高能量密度、低成本液流电池新体系，正逐渐成为液流电池的重要发展方向[12-14]。

图 4-9-4 液流电池研究进展

（三）室温钠离子电池

高性能电极材料的开发对实现钠离子电池的大规模应用至关重要。英国法拉第公司最早开始钠离子电池产业化的探索，国内外其他公司也相继开展了前期工作。目前，硬碳是钠离子电池首选的负极材料，正极材料，如钠离子层状氧化物、隧道型氧化物、聚阴离子化合物和普鲁士蓝类材料，均具有一定的容量和循环性能[15]。相比较而言，国内钠离子电池的产业化起步较晚，但也紧随国际步伐。中国科学院物理研究所首次设计和制备出不含钴和镍的低成本、环境友好的钠-铜-铁-锰基正极[16, 17]和无烟煤基碳负极材料[18]体系并组装成安全可靠的 1～12 安·时级软包电池，能量密度达到 117 瓦·时/千克，能量转换效率高达 90%，并通过了一系列安全试验。最近，该团队研制出了一个 72 伏/80 安·时（5.76 千瓦·时）的钠离子电池组（图 4-9-5），并在微型电动车上进行示范运行。然而，钠离子电池的制备及工艺技术尚不够成熟，大规模实际应用尚未普及，对其产业化的推广亟待突破。

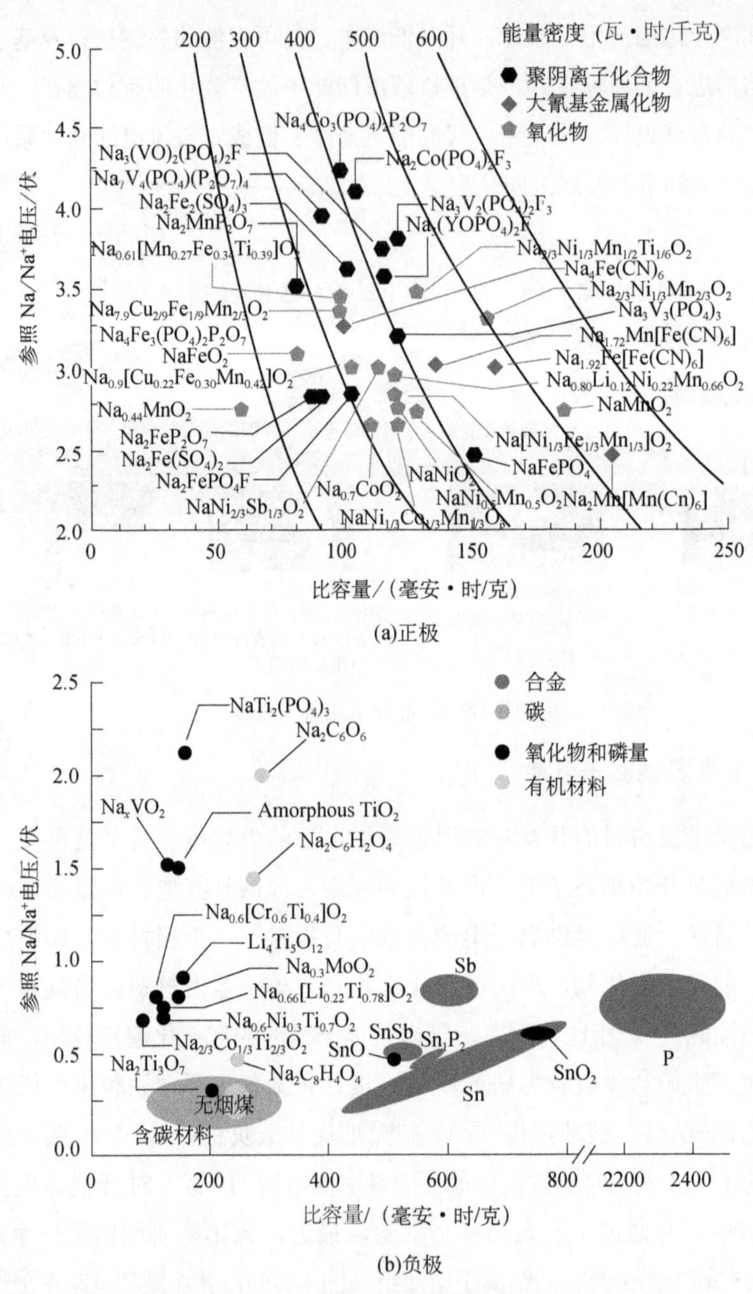

图 4-9-5　钠离子电池正极和负极材料的工作电压与比容量关系图

（四）固态锂电池

固态锂电池技术已受到科研及产业界的广泛专注。法国博洛列（Bolloré

Bluecar）公司采用聚合物基的固态锂电池作电动汽车的动力电池，已投入运营；日本丰田汽车公司也在研究应用于电动汽车的固态锂电池技术；近几年美国 SEEO、Sakit3 等初创公司陆续成立，专门致力于固态电池的开发。在国内，“十三五”国家重点研发计划新能源汽车、纳米、材料基因、智能电网等专项布局了固态锂电池项目；国内多家电芯、汽车企业也开始投入对固态锂电池技术的研发；中国科学院物理研究所、清华大学、中国科学院宁波材料技术与工程研究所等将固态锂电池技术进行转移转化，成立了初创公司。固态锂电池规模化使用所面临的问题之一是如何构建稳定的正极材料/电解质、负极材料/电解质界面。该电池具有低界面电阻，同时可抑制金属锂枝晶生长，在长循环过程中具有良好的机械及电化学稳定性等。采用复合金属锂、有机/无机复合固体电解质技术发展新型制备工艺等，有望解决上述问题，也是目前研发的重点。

（五）水系碱金属离子电池

以锂离子电池为例，水系锂离子电池较传统有机锂离子电池而言，主要存在以下两方面的关键技术问题：①水的热力学稳定的电化学电压窗口只有 1.23 伏，从而导致传统水系锂电解液的电化学稳定电压窗口（< 2 伏）远远低于有机锂离子体系（> 4 伏），进而大大限制了电池输出电压，最终导致水系锂离子电池能量密度无法与现有商用有机锂离子电池抗衡；②水分解产氢电位较高，且分解产物为气态，无法像有机锂电池一样在电极表面形成钝化膜-固体电解质中间相膜（solid electrolyte interphase，SEI），因此也就无法提供有效的动力学保护，使循环过程中的电极材料副反应持续发生（析氢问题），从而导致电池衰减迅速，无法实现长期稳定的循环寿命。几年来，针对上述关键技术壁垒，研究人员发明了一种新型宽电位窗口“Water-in-Salt”水系电解液，将水系电解液稳定窗口提高到 3 伏以上；同时，首次在水系电池体系中实现 SEI，进而实现了动力学层面的保护，解决了“析氢问题”导致水系锂离子电池循环寿命低这一关键技术难题[19]。基于此技术，研究人员成功研制出一系列具有高输出电压（> 2 伏）、长循环寿命和安全绿色的新型宽电位“Water-in-Salt”水系锂离子电池（图 4-9-6），使水系电池在输出电压和能量密度上与商用有机锂离子电池差距不断缩小[20-23]。

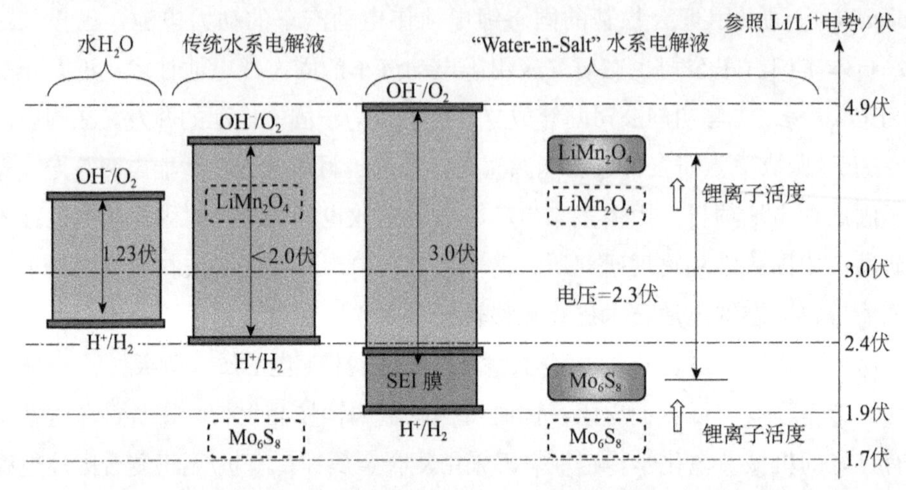

图 4-9-6 新型宽电位“Water-in-Salt”水系锂离子电池示意图[1, 9]

三、相关的储能技术的展望

（一）压缩空气储能系统

摆脱对化石燃料和大型储气洞穴的依赖，并同时提高压缩空气储能系统的效率，是压缩空气储能的主要发展趋势。大规模是压缩空气储能系统提高效率、降低成本的重要途径。现国内外已经开发出不同原理的先进压缩空气储能系统，我国率先实现了 10 兆瓦级研发、示范与产业化。研发 100 兆瓦级及以上先进压缩空气系统是压缩空气储能系统的发展方向。

预计 2021 年，攻克 100 兆瓦先进压缩空气储能系统关键部件技术，完成系统示范，使系统效率达到 70%，系统成本为 1500 元/（千瓦·时）。预计到 2035 年左右，攻克 300 兆瓦先进压缩空气储能系统关键部件技术，完成系统示范与产业化应用，使系统效率提高到 75%左右，系统成本降低到 1000 元/（千瓦·时）左右。

（二）液流电池

作为可再生能源普及应用的关键核心技术，大规模液流电池储能技术受到越来越高的重视。全钒液流电池需要通过开发新一代高性能、低成本电池关键材料及高功率密度电堆，进一步降低成本，提高可靠性，下一步将开展 100 兆瓦级系统的应用示范并推广应用。同时在液流电池新体系方面，加强高能量密度、低成本锌基液流电池的研究[14]，突破其规模放大技术，开展示范应用，推进其产业化；加强新体系液流电池包括有机系液流电池的研究。

（三）室温钠离子电池

钠离子电池的研究和开发正处在突破阶段。实现高安全、长寿命、低成本的钠离子电池储能技术的重点在于设计、确定关键的材料体系，跟踪研究电池的界面演变，开发完善电池的制造工艺，以期实现材料的规模量产及技术的示范应用。因此，未来研究的短期目标应为开展电极材料/电解液界面问题的研究，解决循环过程中正极材料元素溶解和固体电解质界面膜增长和溶解的问题，进一步提高电极材料的储钠容量及循环稳定性；中期目标应为确定关键材料体系，解决材料在制备过程中的成本和工艺问题，实现关键材料的量产；长期目标应为大幅提升电芯能量密度与循环稳定性，进一步降低成本到足以满足应用的需求，为规模化储能应用奠定坚实基础。

（四）固态锂电池

国务院发布的“中国制造 2025”中明确提出，到 2030 年，电动汽车动力电池的能量密度目标为 500 瓦·时/千克，现有液态锂电池体系将无法满足。中国工程院陈立泉院士指出：“如果能量密度进一步提高，一定要从现在开始就要考虑全固态锂电池。”从技术现状及发展的角度考虑，需要发展混合固液电解质电池、半固态电池等多种技术，逐步提升锂电池的能量密度和安全性。在全球固态锂电池研究处在快速发展的背景下，我国应抓住电池技术迭代的机会，实现电池领域的并跑与领跑。

（五）水系碱金属离子电池

“Water-in-Salt”水系电解液体系的提出，为解决制约水系锂离子电池的关键技术问题提供了一种全新且有效的思路，因此一经提出就迅速受到科研界和产业界的广泛关注，短短两年内大量跟踪工作被相继报道。相关衍生体系，如双盐混合体系及凝胶聚合物电解质体系，陆续被开发出来，使得水系锂离子电池的输出电压和能量密度不断接近现有商用有机锂离子电池，循环寿命不断延长，为水系锂离子电池作为下一代安全绿色高效的储能技术提供了很有价值的解决方案。同时，研究人员将该技术移植和拓展到储量更为丰富、价格低廉的水系钠离子电池中，钠离子电池“析氢问题”得到了很好的解决，水系钠离子电池循环寿命大幅提高，技术可行性初步得到验证。综上所述，预期水系锂离子电池作为目前储能技术前沿研究之一，将在未来十年成为科学研究的热点和技术研发的重点；随着对水系碱金属二次电池（锂离子、钠离子和钾离子等）基础科学研究的不断深入和在技术应用层面上的不断成熟，其在储能领域中的应用价值和市场前景将逐渐被认识，有望在不久成为一种极具竞争力的低成本、长寿命、高效安全的储电技术。

参 考 文 献

[1] Yang Z，Zhang J，Kintner-Meyer M C W，et al. Electrochemical energy storage for green grid [J]. Chemical Reviews，2011，111 (5)：3577-3613.

[2] Ding C，Zhang H，Li X，et al. Vanadium flow battery for energy storage：prospects and challenges [J]. The Journal of Physical Chemistry Letters，2013，4 (8)：1281-1294.

[3] Lu W，Yuan Z，Zhao Y，et al. Porous membranes in secondary battery technologies [J]. Chemical Society Reviews，2017，46 (8)：2199-2236.

[4] Li X，Zhang H，Mai Z，et al. Ion exchange membranes for vanadium redox flow battery (VRB) applications [J]. Energy & Environmental Science，2011，4 (4)：1147-1160.

[5] Armand M，Tarascon J M. Building better batteries [J]. Nature，2008，451 (7179)：652.

[6] Dunn B，Kamath H，Tarascon J M. Electrical energy storage for the grid：a battery of choices [J]. Science，2011，334 (6058)：928-935.

[7] Pan H，Hu Y S，Chen L. Room-temperature stationary sodium-ion batteries for large-scale electric energy storage [J]. Energy & Environmental Science，2013，6 (8)：2338-2360.

[8] Li Y，Lu Y，Zhao C，et al. Recent advances of electrode materials for low-cost sodium-ion batteries towards practical application for grid energy storage [J]. Energy Storage Materials，2017，7：130-151.

[9] Li W，Dahn J R，Wainwright D S. Rechargeable lithium batteries with aqueous electrolytes [J]. Science，1994，264 (5162)：1115-1118.

[10] Luo J Y，Cui W J，He P，et al. Raising the cycling stability of aqueous lithium-ion batteries by eliminating oxygen in the electrolyte [J]. Nature Chemistry，2010，2 (9)：760-765.

[11] Kim H，Hong J，Park K Y，et al. Aqueous rechargeable Li and Na ion batteries [J]. Chemical Reviews，2014，114 (23)：11788-11827.

[12] Perry M L，Weber A Z. Advanced redox-flow batteries：a perspective [J]. Journal of the Electrochemical Society，2016，163 (1)：A5064-A5067.

[13] Park M，Ryu J，Wang W，et al. Material design and engineering of next-generation flow-battery technologies [J]. Nature Reviews Materials，2017，2 (1)：16080.

[14] Xie C，Duan Y，Xu W，et al. A Low-Cost neutral zinc-iron flow battery with high energy

density for stationary energy storage [J]. Angewandte Chemie International Edition，2017，56 (47)：14953-14957.

[15] Zhao C，Lu Y，Li Y，et al. Novel methods for sodium-ion battery materials [J]. Small Methods，2017，1 (5)：1600063.

[16] Mu L，Xu S，Li Y，et al. Prototype sodium-ion batteries using an air-stable and Co/Ni-free O_3-layered metal oxide cathode [J]. Advanced Materials，2015，27 (43)：6928-6933.

[17] Xu S Y，Wu X Y，Li Y M，et al. Novel copper redox-based cathode materials for room-temperature sodium-ion batteries [J]. Chinese Physics B，2014，23 (11)：118202.

[18] Li Y，Hu Y S，Qi X，et al. Advanced sodium-ion batteries using superior low cost pyrolyzed anthracite anode：towards practical applications [J]. Energy Storage Materials，2016，5：191-197.

[19] Suo L，Borodin O，Gao T，et al. "Water-in-salt" electrolyte enables high-voltage aqueous lithium-ion chemistries [J]. Science，2015，350 (6263)：938-943.

[20] Suo L，Han F，Fan X，et al. "Water-in-salt" electrolytes enable green and safe Li-ion batteries for large scale electric energy storage applications [J]. Journal of Materials Chemistry A，2016，4 (17)：6639-6644.

[21] Suo L，Borodin O，Sun W，et al. Advanced high-voltage aqueous lithium-ion battery enabled by "water-in-bisalt" electrolyte [J]. Angewandte Chemie International Edition，2016，55 (25)：7136-7141.

[22] Yang C，Chen J，Qing T，et al. 4.0 V aqueous Li-ion batteries [J]. Joule，2017，1 (1)：122-132.

[23] Suo L，Borodin O，Wang Y，et al. "Water-in-salt" electrolyte makes aqueous sodium-ion battery safe，green，and long-lasting [J]. Advanced Energy Materials，2017，7 (21)：1701189.

第十节　综合热效率达到60%以上的燃气轮机联合循环发电技术的展望

王泽峰[1,2]　韩　巍[1,2]　隋　军[1,2]

（1 中国科学院工程热物理研究所；2 中国科学院大学）

一、发展燃气轮机联合循环发电技术的重要意义

发电装置多采用简单循环的方式，因受到工质物性和金属材料耐温性等的

限制，只能局限于狭窄的温度区间内工作，其热转功的效率偏低。火力发电系统最常用的是朗肯循环（利用汽轮机实现热功转换）和布雷顿循环（利用燃气轮机实现热功转换）。两者各有自己的优缺点：朗肯循环以水为工质，做功后的汽轮机排汽温度可以低到接近大气温度，但因设备受到材料的限制，蒸汽初温（进入汽轮机水蒸气温度）不能很高（650 摄氏度以下），系统热效率在 40%左右，很难进一步提高；布雷顿循环的燃气初温高（通常 1000 摄氏度以上），效率提高的潜力大，但因受到透平膨胀比不能太大的制约，燃气轮机的排气温度很高（500～600 摄氏度），大量余热随排气进入大气而损失掉，热效率也在 40%左右，很难再大幅提高。故从热力学角度看，两者均非完善。

将具有不同工作温度区间的热机循环联合起来，使之互为补充，如把高温循环热机的排热作为低温循环的热源，可以大大降低总的排放热损失，从而提高整体循环效率。这种不同动力装置组合的热力循环就叫作联合循环。考虑到它们各自适合的工作温度区间，燃气轮机适合于作为高中温区域热功转换的功能部件，而汽轮机则适合在中低温区域工作；将它们串联在一起，用燃气轮机的排烟余热来产生蒸汽，再去驱动汽轮机做功，从而组成联合循环的发电系统，则可以实现综合互补，使发电系统具有很高的整体系统性能，这就是最常用的燃气蒸汽联合循环（简称联合循环）。通过循环集成，发电系统实现了能量在布雷顿循环和朗肯循环间的梯级利用，使联合循环的热效率可达 60%以上，远高于单一循环。

联合循环发电系统除了热效率高外，还具有污染排放低、节省投资、建设周期短、启停快捷、调峰性能好、占地少、节水、厂用电率低和可靠性强、维修方便等优点。与常规燃煤电厂相比，联合循环热电联供机组具有极大的优势，已得到国内各级政府的重视，目前已建成一批联合循环电站。联合循环发电技术与煤气化技术结合，形成燃煤联合循环发电技术，已成为我国能源可持续发展的最重要的关键技术之一[1]。

二、国内外研究现状

（一）国外研究与应用动向

1949 年，世界首套燃气蒸汽联合循环在美国俄克拉荷马州投入运行，利用燃气轮机排气加热朗肯循环的锅炉给水。20 世纪 60 年代建设的联合循环电厂，燃气和蒸汽参数很低，联合循环的热效率仅为 35%，因而该技术没有得到太多的应用。20 世纪 80 年代后，燃气轮机的初温提高到 1100～1288 摄氏度，联合循环发电效率超过 50%，因超过当时大型煤电机组效率而得到迅速发展。20 世纪末与 21 世纪初，联合循环机组技术出现跨越式发展，各公司相继推出先进的大功率、高效率的燃气轮机系列及联合循环机组。这些机组的燃气初温超过 1300 摄氏度，联合循环效率达到 55%～58%。装机容量为 400～1000 瓦级单轴或双轴联合循环装置批量投入商业运行。最近，新一代的燃气轮机初温高达 1600 摄氏度，相应的联合循环效率超过 60%，呈现出更强的竞争力和广阔的发展前景。燃气蒸汽联合循环在电力系统中的地位也发生明显变化，在世界发电容量中所占份额明显快速增长。在美国 2000～2004 年新建的电厂中，燃用天然气的电厂约占 93%（多为联合循环装置）。据分析，2000 年以后，在新增的发电设备总装机容量中，联合循环发电装置将超过常规火电站，占电力发展的主导地位。联合循环发电技术已日趋成熟，并被广泛应用。

随着联合循环向大型化、复杂化方向发展，系统集成优化的重要性更显突出，已成为相关研究的前沿和热点。但以往多数研究都集中在对局部的、个别过程部件上，较少从整个系统的层面去深入分析。联合循环系统是不同系统、不同部件、不同技术和不同功能的整合，在进行系统集成与设计优化时，不仅要对各个子系统、子过程进行合理筛选和优化，而且还需要从整体系统功能和性能特性出发，通过优化整合所有集成子系统与过程，使它们合理地匹配，从而实现系统全局的优化集成。此外，传统的热力系统分析大多侧重在简单的热力学第一定律的层面，难以科学分析当系统集成时出现的核心问题，也很难找到影响系统性能的关键部件和关键因素。因此，对不同类型的联合循环集成与开拓来说，系统集成优化的理论问题是非常重要的。随着联合循环发电系统的迅速发展和应用，国内外都开展了大量相关的研究[2]。

（二）国内研究开发现状

近 30 余年来，国内研究人员依托国家重要科研项目对联合循环系统进行全面深入的研究，率先基于总能系统概念对联合循环发电系统给出比较明确的定义与阐述，在相关的理论问题（如联合循环最佳压比、余热锅炉的节点温差与补燃问题），系统分析方法（如复杂循环比较法、变工况特性解析解法）与综合评价准则，以及新联合循环的集成开拓等方面都有国际水平的创新成果。例如：①总结不同循环与不同用能系统的整合方式和优化方法，提出“温度对口、梯级利用”的集成优化思路与措施；对联合循环中余热锅炉的节点温差和补燃问题进行深入的理论研究，得出普适性结论；对联合循环性能潜力进行科学预测等。这些研究成果为系统集成优化提供了强有力的理论支撑。②首先得到各种联合循环的效率最佳压比值及其他简明性能指标，定量证明了联合循环效率最佳压比即其燃气轮机的比功最佳压比。③在国际上首先给出燃气轮机及其功热并供装置变工况的典型显式解析解，从理论上分析了变工况特性对考虑变工况、经济与环保的装置的优化准则。④提出与分析几种创新的联合循环，最早在国内开展对湿空气透平循环 HAT 循环等新循环的探索研究，提出超结构流程与参数同步优化的概念与方法；对注蒸汽燃气轮机循环 STIG 循环进行严格的数学推导，给出关键“尖端现象”的理论解释；率先提出氢氧联合循环等新热力循环[2]。

我国还没有掌握大型燃气轮机技术，已经建成的联合循环电站的燃气轮机全部是国外进口，急需研发具有自主知识产权的大型燃气轮机技术。2001～2007 年，我国以三次“打捆招标、市场换技术”方式引进美国 GE 公司、日本三菱重工公司（Mitsubishi Heavy Industries，MHI）、德国 Siemens 公司的 F/E 级重型燃气轮机 50 余套，共 2000 万千瓦。在此基础上，我国的重型燃气轮机也取得一定的进展，以中国航空工业集团有限公司黎明 R0110 重型燃气轮机和北京华清燃气轮机与煤气化联合循环工程技术有限公司国产 F 级 300 兆瓦重型燃气轮机为代表，但是尚未投入商业化应用。利用余热锅炉回收燃气轮机的排气余热，可以产生推动汽轮机发动所需的蒸汽，这是整个联合循环系统中的一个重要的有机组成部分。国内大型余热锅炉生产技术不断成熟，大型余热锅炉已趋于国产化，相关企业主要有中国船舶重工集团公司第七〇三研究所、上海锅炉厂有限公司、哈尔滨锅炉厂有限责任公司、杭州锅炉集团股份有限公司、东方锅炉股份有限公司等。中小型余热锅炉制造技术难度较低，国内多数锅炉厂均能生产。我国汽轮机行业经过半个世纪的发展，单机容量已从几百千瓦发展到百万千瓦等级的超超临界汽轮机，实现了从无到有、从小到大、从引进仿制到自行设计制造的跨越式发展。特别是 2000 年以来，我国汽轮机行业经过多年的技术改造和产品结构的调整，以及采取与国外合资、合作生产，捆绑式以市场换技术等一系列措施，先后从国外引进 E 级和 F 级燃气轮机技术，使我国汽轮机已由 300 兆瓦、600 兆瓦亚临界发展到 600 兆瓦、1000 兆瓦超临界、超超临界，燃气轮机从 36 兆瓦发展到 250 兆瓦等级，与世界先进水平基本持平[3]。

三、未来待解决的关键技术问题

（一）高效重型燃气轮机发电装置

重型燃气轮机发电装置是联合循环发电系统的核心，在世界已形成美国 GE 公司、日本三菱重工公司、德国 Siemens 公司和阿尔斯通公司，以及俄罗斯列宁格勒金属工厂五大制造商的高度垄断局面。半个多世纪以来，燃气轮机提高性能的主要途径是不断提高透平初温，不断增大压比与完善部件性能等。市场主流是 FA、3A 型产品，代表着当今工业燃气轮机的最高水平，其循环初温为 1300 摄氏度、压比为 15～30，燃气轮机单机最大功率为 250 兆瓦、燃气轮机效率为 36%～38%，联合循环功率为 350 兆瓦、效率为 55%～58%。采用蒸汽冷却技术和定向结晶、单晶叶片等先进工艺，新一代燃气轮机的初温已达到 1430 摄氏度，燃气轮机功率（P_{gt}）大于 292 兆瓦、燃气轮机效率（η_e）大于 39%，联合循环功率（P_{cc}）大于 480 兆瓦、联合循环效率（η_{cc}）大于 60%。2011 年投入使用的日本三菱重工公司的 M501J 型燃气轮机，入口温度达到 1600 摄氏度，为全球顶级水平，透平初温达到 1600 摄氏度，2016 年美国 GE 公司宣布联合循环发电效率达到 62.22%。目前我国还没有生产重型燃气轮机的能力，已启动航空发动机和燃气轮机重大专项，开展重型燃气轮机技术的攻关。

（二）联合循环系统多联产技术

联合循环发电系统是一种清洁、高效的发电技术。随着人们生活水平的提高，能源的需求却呈现多样化，除了电能外还包括冷或热的需求。传统的联合循环发电系统主要以电力为单一产品，因而需要拓展联合循环发电系统的功能，形成多种能源产品的联产技术。以热电联产系统为例，要根据所需热能的品位，在系统相应温度对口的地方提供这部分热输出。热能转换利用时不仅有数量的问题，还有能的品位问题。基于温度对口热能梯级利用原理，从能的

“质”与“量”相结合的角度，设计出高度集成的系统，本质是为了实现系统内动力、中温、低温余热等不同品位的能量的耦合与转换利用。

（三）联合循环发电系统主动调控技术

未来世界能源结构将逐渐向可再生能源转移，可再生能源的比例会不断提高，预计未来50年内化石燃料在能源结构中仍将是主要的能源来源。可再生能源具有不连续、不稳定的特点，时常发生严重的弃风、弃光现象，严重制约可再生能源的发展。此外，能源的需求也是不稳定的，电、热、冷需求随时间发生较为剧烈的变化，需要能源生产主体适应能源需求的变化。联合循环发电系统具有优秀的变工况性能，可根据可再生能源发电量的变化和用户需求的变化，采取主动的调控方法，对提高能源结构中可再生能源比例，提升供能系统安全性，提高化石燃料利用效率都具有重要作用。

（四）煤气化技术

我国是一个多煤少油少气的国家，天然气储量不足以支撑大规模推广和建设联合循环发电电站。将煤通过气化方法转换成清洁的气体燃料，可为我国大规模推广高效联合循环发电技术提供支撑。近年来，我国在大型煤气化技术方面取得很好的进展，存在的主要问题是成本过高，此外，还需要在制氧技术、高温气体净化技术等方面解决大型汽化装置的制造问题。

四、联合循环发电技术未来发展前景

对全球发展而言，未来为了提升能源的利用效率，联合循环发电系统数量将会不断上升。许多地区都会加快联合循环发电站的建设，以此缓解各地区用电紧张的局面，对地区经济发展起到保驾护航的作用。

联合循环的燃气将实现多元化和地区化。根据各个地区不同的实际情况，可用于燃气发电的燃气种类也不同。基于经济成本的考虑，各电厂必定会加强本地燃气的使用，进而促使燃气-蒸汽循环的用气表现出地区性和多元化。

政府的扶持力度将会不断加大。在绿色经济不断深入的背景下，它必定会成为政府的一项重点工作。因此，政府必定会增加对燃气-蒸汽联合循环的政策扶持，制定出台一系列的补贴政策，以便加强燃气-蒸汽发电企业的竞争力。

目前我国并没有掌握大型燃气轮机发电设备制造技术，虽然通过进口可以满足发电生产的需求，但是却会导致企业的经济成本上升。国家已启动了航空发动机和燃气轮机重大专项，未来有望掌握具有自主知识产权的重型燃气轮机设计与制造技术。

参考文献

[1] 吴仲华. 能的梯级利用与燃气轮机总能系统[M]. 北京：机械工业出版社，1988.
[2] 金红光，林汝谋. 能的综合梯级利用与燃气轮机总能系统[M]. 北京：科学出版社，2008.
[3] 林汝谋，金红光. 燃气轮机发电动力装置及应用[M]. 北京：中国电力出版社，2004.

第十一节 燃料电池电动汽车技术展望

侯 明 衣宝廉
（中国科学院大连化学物理研究所）

一、发展燃料电池电动汽车的重要意义

能源的清洁、高效、零排放的利用，是全球能源技术发展的重要方向。交通是能源消费和碳排放的大户，也是推动石油消费增长的关键因素。发展节能环保的新能源汽车不仅可以缓解能源紧张、全球变暖的问题，也可以实现中国汽车行业的转型升级。燃料电池汽车作为新能源汽车的一种，具有动力性能高、续驶里程长、加注时间短等特点，正在得到国内外政府、企业及研究机构的极大重视。

国家主席习近平指出，“发展新能源汽车是我国从汽车大国迈向汽车强国的必由之路”[1]。我国出台了一系列相关政策，如《中华人民共和国国民经济和社会发展第十三个五年规划纲要》、“中国制造 2025”、《能源技术革命创新行动计划（2016—2030 年）》等，意在鼓励包括燃料电池汽车在内的新能源汽车的发展，并适时制定了燃料电池汽车补贴条例，明确了《中国燃料电池汽车发展路线图》，启动了国家重点研发计划新能源汽车专项。这些政策规划极大地激发了地方政府、企业、科研院所对燃料电池汽车的研发热情，中国燃料电池汽车迎

来新的发展机遇[1]。2018 年 2 月 11 日，由国家能源集团作为理事长单位的中国氢能源及燃料电池产业创新战略联盟宣布成立，这将全面助力提升我国氢能和燃料电池技术的市场成熟度和国际竞争力，也预示着中国氢能及燃料电池产业开始进入规范与加速发展的新时期[2]。

二、国内外研究现状

（一）国内现状

在国家政策的鼓励下，目前国内一些汽车公司纷纷推出燃料电池示范样车。其中燃料电池乘用车、商用车、轨道交通车等都有不同程度的进展，而燃料电池客车的发展表现突出。相应地，车用燃料电池技术有所提升，已形成国内技术与国外引进技术两大阵营。燃料电池技术在完善技术链的同时，产业链也逐步开始建立，从燃料电池零部件、系统、整车都有企业投入；另外，资本市场也异常活跃，纷纷寻求新的商机，从侧面对燃料电池技术的发展起到促进作用。

装载新源动力 HyMOD-36 燃料电池模块（图 4-11-1）的大通 V80 燃料电池轻型客车于 2017 年开始批量生产与销售，已有超过 100 辆的订单。这标志着国内燃料电池汽车进入了初期商业化阶段。

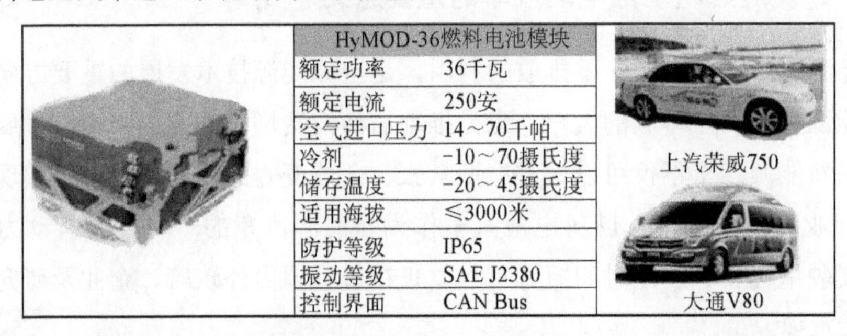

HyMOD-36燃料电池模块	
额定功率	36千瓦
额定电流	250安
空气进口压力	14～70千帕
冷剂	-10～70摄氏度
储存温度	-20～45摄氏度
适用海拔	≤3000米
防护等级	IP65
振动等级	SAE J2380
控制界面	CAN Bus

图 4-11-1　新源动力 HyMOD-36 燃料电池模块、上汽荣威 750、大通 V80 燃料电池汽车

郑州宇通集团有限公司、北汽福田汽车股份有限公司是起步比较早的车企，已经获得生产与销售资质。郑州宇通集团有限公司更是把燃料电池汽车列入未来几年的重要发展方向，在技术方面不断进取，开展了电-电混合动力系统匹配与仿真、整车控制策略开发及验证、整车控制网络开发等工作；面向城市、团体等细分市场，基于成熟的纯电动平台，完成了 12 米公交和 8 米团体燃料电池客车的开发，获得三款燃料电池客车产品公告（表 4-11-1）。此外，广东

国鸿氢能科技有限公司基于从加拿大巴拉德动力系统公司引进的技术，联合重塑能源科技（杭州）有限公司、佛山飞驰汽车制造有限公司等单位，成功研制出 11 米城市燃料电池客车，首批 28 台氢燃料电池 11 米城市客车于 2016 年底在示范线试运营。其他一些车企如申沃客车（上海）、长江汽车（杭州）、东风特汽（十堰）、中通客车等也纷纷推出燃料电池电动汽车，并通过了实质性的公告环节。

表 4-11-1　宇通燃料电池客车

项目	2009 年第一代	2013 年第二代	2016 年第三代	
造型				
外形尺寸（长×宽×高）	11 900 米×2 550 米×3 150 米	12 000 米×2 550 米×3 550 米	12 000 米×2 550 米×3 500 米	8 245 米×2 500 米×3 840 米
整车控制器	自制	KeyPower KPV13	自制	自制
燃料电池系统	额定功率，20 千瓦	额定功率，50 千瓦	额定功率，30 千瓦	额定功率，30 千瓦
氢系统	4 只氢瓶，顶置	8×140 升氢瓶，顶置	8×140 升氢瓶，顶置	4×140 升氢瓶
动力电池	168.9 千瓦・时动力电池系统	607 伏、60 安・时动力电池系统	120 安・时动力电池系统	120 安・时动力电池系统
电机驱动形式	集中驱动	两轮边电机驱动	集中驱动	集中驱动

在燃料电池乘用车方面，上海汽车集团股份有限公司处于引领地位，在荣威 750 燃料电池汽车（图 4-11-1）完成 2014 年创新新征程万里行之后的基础上，进行了荣威 950 燃料电池汽车的开发。荣威 950 燃料电池汽车采用新源动力的 HyMOD-50 电堆产品（图 4-11-2），在黑龙江漠河实地成功地完成−20 摄氏度低温启动，于 2016 年 10 月获得工业和信息化部第 289 批次公告认证，并开始接受订单。此外，中国第一汽车集团有限公司、东风汽车股份有限公司、广州汽车集团股份有限公司、奇瑞汽车股份有限公司、长城汽车股份有限公司等车企也在燃料电池汽车上开发前期技术，从战略上部署燃料电池汽车。

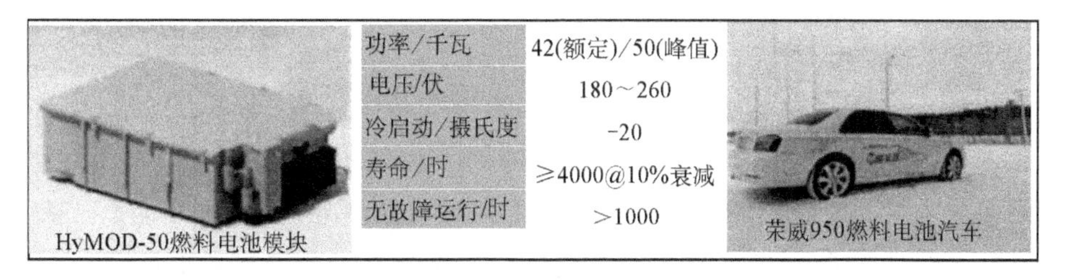

图 4-11-2　新源动力 HyMOD-50 燃料电池模块及上汽荣威 950 燃料电池汽车

在轨道交通车方面，中国中车集团有限公司推出全球首台商用型燃料电池/超级电容混合动力100%低地板现代有轨电车。这列商用型有轨电车采用多套燃料电池、多套储能系统设计，其动力系统冗余度高，启动加速快，安全可靠，一次快速加氢只需15分钟，可持续行驶40公里以上，最高运行时速70公里。

随着研发的深入，我国的燃料电池汽车进行了多次示范运行，至今示范运行都是考验车的性能，并没有过多地关注成本。典型的示范案例（图4-11-3）有：2008年北京奥运会，有23辆车参加示范运行；2009年，16辆燃料电池车到加利福尼亚州进行示范运行；2010年，燃料电池大巴参加新加坡世青赛；2010年上海世博会，有196辆燃料电池车参加示范运行；由联合国开发计划署（The United Nations Development Programme，UNDP）支持的6辆大巴在北京101路进行了示范运行；2014年，上汽荣威750成功了参加创新征程——2014年新能源汽车万里行。其中，万里行分南北两线：北线西藏预热，从上海出发、收官北京；南线从临安出发，收官昆明。历经3个月，行程涵盖全国14个省（自治区、直辖市）25个城市，超越10 000公里。在展示新能源汽车的同时，新能源车队也将接受沿海潮湿、高原极寒、南方湿热、北方干燥的考验，以充分检验新能源汽车在多种气候、路况、海拔等自然环境下的适应性和可靠性。

2008年，北京奥运会示范运行
2009年，美国加利福尼亚州示范运行
2010年，新加坡世青赛示范运行
2010年，上海世博会示范运行
2014年，创新征程——2014年新能源汽车万里行

图4-11-3　我国燃料电池汽车示范运行场景

1. *在示范运行方面*

2017年，全球环境基金（GEF）/联合国开发计划署“促进中国燃料电池汽车商业化发展项目”获得批准，支持在北京、上海、郑州、佛山、盐城等地开展燃料电池汽车规模示范。届时，将有百余辆燃料电池汽车（包括客车、轿车、物流车、邮政车等）商业化示范运行。示范城市将根据自身实际情况，对氢能基础设施进行改造、建设，而且全部采用低碳或可再生能源技

术制氢和加氢。通过车辆和氢站的示范运行，采集分析整车及加氢设施运行数据，以进一步提升燃料电池技术的水平和降低成本。总结不同的商业化运行模式，提出我国燃料电池汽车产业化路线图及鼓励政策。完善相关技术标准和认证体系，营造良好社会氛围和产业化发展环境，以促进燃料电池汽车在中国的大规模发展。

2. *在加氢站方面*

继上海、北京建立加氢站后，郑州、大连、佛山也建成加氢站，如皋、六安等地的加氢站也正在建设中。值得关注的是，能源公司神华集团有限责任公司、中国石油天然气集团有限公司、中国石油化工集团有限公司等都投资参与加氢站的建设。神华集团有限责任公司如皋加氢站项目占地 3.87 亩，加氢能力可达每小时 1100 标准立方米，日加氢能力达到 1000 千克，未来神华集团有限责任公司将构建以点带线的氢走廊，形成东西南北中的产业战略布局[3]。中国石油化工集团有限公司在佛山已开展加油、加氢一体的加油加氢站的建设。

3. *在燃料电池电堆与系统技术方面*

我国燃料电池经过国家“九五”至“十三五”以来科技项目的持续支持，在车用燃料电池的关键材料、核心部件、系统集成等方面取得显著进展[4]。在膜电极（membrane electrode assembly，MEA）产业化方面，武汉理工新能源有限公司膜电极已经形成产品销售，功率密度已达 1.35 瓦/厘米^2，接近国际先进水平的 1.4 瓦/厘米^2，铂用量达到 0.22 克/千瓦，美国某公司的膜电极的使用寿命已超过 1.8 万小时。新源动力公司具有完整的膜电极开发体系和生产能力，目前拥有 3000 米^2/年的膜电极生产能力，已累计生产膜电极产品超过 17 万片，2016 年度约 60 台燃料电池车采用新源动力的膜电极产品。双极板是燃料电池的另一关键部件，通常包含有石墨碳板、复合双极板、金属双极板 3 类材料。车辆由于空间限制（尤其是轿车），要求燃料电池具有较高的功率密度，因此薄金属双极板成为目前的热点技术，几乎各大汽车公司都采用金属双极板技术。其中以非贵金属（如不锈钢、钛）为基材，辅以表面处理技术是研究的热点。中国科学院大连化学物理研究所、新源动力股份有限公司、上海交通大学、武汉理工大学等已成功开发出金属双极板技术，中国科学院大连化学物理研究所研制的基于薄金属双极板电堆功率密度达到 3 千瓦/升（图 4-11-4）。国内燃料电池电堆的比功率得到大幅提升，接近国际先进水平。

项目	单位
额定功率	50 千瓦
额定点	1.5 安/厘米 ^{2}
电堆比功率	3.0 千瓦/升
工作压力	～0.2 兆帕
环境温度	−20～40 摄氏度

图 4-11-4　中国科学院大连化学物理研究所燃料电池电堆

4. *在发动机方面*

新源动力股份有限公司产的燃料电池发动机 HyMOD-36 燃料电池模块、HyMOD-50 燃料电池模块分别装载在荣威 750、大通 V80、荣威 950 等整车产品（图 4-11-2、图 4-11-3）上，已进入产品销售阶段。北京亿华通科技股份有限公司、重塑能源科技（杭州）有限公司等企业的燃料电池发动机也已装在大巴车上进行示范运行。

（二）国际现状

国际上氢燃料电池车的发展分三个阶段。①1990～2005 年。1990 年美国能源署开始制订氢能和燃料电池的研发和示范项目，其他发达国家（地区）纷纷加紧氢能与燃料电池的研发部署。当时对这项技术的攻关难度估计不足，以为燃料电池车可能在 1995 年左右实现产业化，实际运行发现，汽车复杂工况对燃料电池耐久性有很大的影响。②2005～2012 年。用 8 年时间终于解决了燃料电池的工况适应性问题，使燃料电池比功率达到 2 千瓦/升，实现−30 摄氏度也能储存和启动，基本满足车用要求。③2012 年至今。日本丰田公司已成功开发出比功率达到 3.1 千瓦/升的车用燃料电池，并在 2014 年 12 月 15 日宣布“未来”氢燃料车已进入商业推广阶段；其后，日本本田公司与韩国现代汽车有限公司也推出了燃料电池商业化车（图 4-11-5）。因此，从商业化角度，有人把 2015 年誉为燃料电池汽车商业化的元年。

丰田Mirai

本田FCV

现代途胜ix35

图 4-11-5　国际上代表性的燃料电池乘用车

总之，目前燃料电池发动机功率密度得到大幅提升，已达到传统内燃机的水平，从性能、体积上可以实现与传统内燃机的互换。基于70兆帕储氢技术，续驶里程700公里，达到传统燃油车水平；一次加氢小于5分钟，与燃油车效果完全一样；燃料电池寿命已可满足商用要求；低温环境适应性得到提高，可适应−30摄氏度的储存与启停，车辆适用范围达到传统车水平。燃料电池汽车已经从技术开发阶段进入商业化导入期，建立生产线、降低成本和铂用量、加快加氢站建设成为近期的焦点，当下的焦点是降低成本的同时提高电池系统的可靠性和耐久性及建设加氢站。随着企业界的参与，产品工艺的定型，以及批量生产线的建立，燃料电池成本能大幅度降低，电池系统的可靠性与耐久性会大幅度提高。

三、未来待解决的关键技术问题

从全球来看，燃料电池电动汽车的大规模商业化面临两方面的问题：一是加氢基础设施的建设；二是进一步降低成本。

随着燃料电池车的推广与应用，加氢站的建设呈日益增长趋势，目前全球加氢站约有200余座[5]，还满足不了商业化的需求。加氢站的建设可采用与现在的基础设施兼容的模式，建立加油、加气、加氢三站合一及与便利店、充电桩并设的混合加氢站，为燃料电池汽车的普及提供多样化的基础设施的解决方案。成本是全球存在的共性问题。与传统汽车比较，燃料电池汽车的成本有些偏高，需要采取建立批量生产线、开发低成本的关键材料等措施，降低原材料与制造成本，以满足燃料电池汽车的商业化需求。

国内除了以上的共性问题外，还在以下几个方面存在具体问题。

1. 关键材料与部件的产业链的建立

国内的催化剂、复合膜、碳纸等从技术水平上已达到或超过国外商业化的产品，急需产业界建立批量生产线，实现国产化。尽快实现燃料电池关键材料与部件的批量生产，建立健全燃料电池的产业链，是实现商业化的必要条件。

2. 燃料电池的电堆和系统可靠性和耐久性的提高

燃料电池系统的寿命不完全是由电堆决定的，还与系统的配套（包括燃料供给、氧化剂供给、水热管理和电控等）有关。希望研究车用工况下燃料电池衰减机理的科研单位与生产电堆和电池系统的单位真诚合作，开发控制电堆衰减的实用方法，以大幅度提高电堆与电池系统的可靠性与耐久性。此外，采取开发氢侧循环泵、膜电极在线水监测等措施，可有效地改善阳极水管理，提高燃料电池耐久性。

3. 氢的制备、储运和加氢站的建设问题

我国最大的优势是副产氢比较多，如氯碱工业、炼焦工业、甲醇生产和合成氨工业的施放气等含有大量的副产氢。把副产氢简单纯化，可使百公里氢的价格低于燃油的价格，使运营单位获利。此外，利用可再生能源的弃水、弃风、弃光等电解水制氢，也是解决氢源问题的重要方式。

氢的储存包括高压氢瓶、金属储氢和有机化合物储氢等技术。目前车用的主要是高压储氢，已经做到 35 兆帕、70 兆帕，现在处于研制阶段。有机化合物储氢是利用杂环化合物脱氢，在储运方面有一定优势，但技术上还要深入探讨实际应用的可行性。

在加氢站方面，尽管国家有补贴政策，但成本还是比较高。近期，可根据燃料电池商用车或轨道交通车的区域或固定线路运行的特点，建立区域性加氢站，满足示范运行的需求。

4. 进一步提高燃料电池的综合性能

需要开发长寿命的薄金属双极板，大幅度提高燃料电池堆的重量比功率、体积比功率；开发三维流场和有一定憎水能力的有序化的纳米薄层电极，可大幅降低电池的铂用量和提高电池的工作电流密度，进而大幅降低电堆的成本。

5. 重视燃料电池汽车的安全性

氢气在封闭空间的安全性要引起足够重视，要尽快完善燃料电池汽车运行、停放等场所的安全法规标准。氢在封闭空间比汽油车危险，在车库等相对封闭空间需要安装氢气传感器及强制通风装置来保证安全；在开放空间，氢气很轻，扩散很快，安全性比汽油车高得多，比较安全。

四、未来发展前景及我国的发展策略

在政府规划、政策导向、环境需求等各方面因素影响下，燃料电池汽车将得到蓬勃发展。我国适时地制订了“燃料电池汽车发展路线图”（图 4-11-6）[6]，描绘至 2030 年燃料电池的发展目标、技术路线及重点，到 2020 年燃料电池汽车产出规模目标为 5000 辆，2025 年 为 5 万辆，2030 年达百万辆。从现在企业的参与热情来看，达到这个目标非常有把握，甚至会超过这个目标。

图 4-11-6　我国燃料电池汽车发展路线图

针对燃料电池汽车发展的这种良好势头，提出如下建议。

1. 加速完善燃料电池汽车的技术链，推进其产业链的建设

相对其他新能源汽车，燃料电池汽车的技术链、产业链相对较长，技术比较复杂。要分析其中的一些短板（如国产化的燃料电池关键材料、关键部件等），有针对性地进行布局，集中攻关，消除技术瓶颈。从商业化需求的角度，推进燃料电池汽车相关产业的建设，以国家资助为引导、民间资本跟进的方式，建立规模化的量产线，保证燃料电池汽车成本的降低及产品品质的提高，切实可行地推进燃料电池汽车商业化进程。

2. 加强氢的生产、储运及加氢基础设施的建设，促进燃料电池汽车大规模示范运行

规模示范是燃料电池汽车商业化的重要环节，目前其示范规模远远不够，要从政策、运营、基础设施等各个方面助力其示范运营。初期示范运行要选择路线、里程相对固定的大巴车、物流车等对加氢站依赖度较低的车型，逐步扩大规模与范围。在氢源方面，要利用我国副产氢较丰富的特点，大力推进工业副产氢的提纯、储运及相关的加氢站等技术的研发；结合弃风、弃光、弃水等资源，发展电解水工业，从源头上消除燃料电池汽车商业化的障碍。

3. 加强国际合作，学习、消化、吸收国外先进技术

燃料电池汽车商业化的推进是一个国际热点。我国基础工业相对薄弱，燃

料电池汽车技术还处在赶超阶段，需要从技术、产业、制造等多个环节，与国际接轨，以人才互访、学术交流、技术引进等方式，学习、消化、吸收国际领先技术。同时鼓励外资企业与国内企业或地方政府深化合作，以促进本国燃料电池汽车产业的发展。

4. 加强共性基础研究的投入，重视燃料电池汽车技术的储备

本着成熟一代、发展一代、储备一代的原则，在促进现有燃料电池汽车成熟技术产业化的同时，要积极布局储备技术的研发。从燃料电池关键材料、核心部件、系统集成、整车技术、氢源等技术环节，提炼共性基础科学问题，集中攻关，为燃料电池产业提供后续发展的动力。

5. 重视"官、产、学、研"结合，促进燃料电池汽车法规标准的建设

"官、产、学、研"结合，是指燃料电池汽车产业化不单是"产、学、研"的作用，还要有政府的作用。政府一定要发挥以下作用：有目的、有布局地推进燃料电池汽车全产业链的建设；建立与健全燃料电池汽车相关法规与标准，让燃料电池汽车有法可依，不让现有的法规标准禁锢其产业的发展；合理规划燃料电池产业，及时引导，防止因资金投入的无序性而造成的浪费，并结合市场的竞争机制，促进燃料电池汽车产业的良好有序发展。

参考文献

[1] 中国电动汽车百人会. 全国氢能及燃料电池汽车产业调查分析报告 [R]. 中国电动汽车百人会课题报告，2018.

[2] 佚名. 中国氢能源及燃料电池产业创新战略联盟正式成立 [EB/OL]. https://www.dlev.com/news/shichang/62731 [2018-02-12].

[3] 钱贺进. 神华集团正在全国布局氢能产业 [EB/OL]. http://www.sohu.com/a/204686348_99920742 [2017-11-15].

[4] 侯明，衣宝廉. 燃料电池的关键技术 [J]. 科技导报，2016，34 (6)：52-61.

[5] 中国标准化研究院，全国氢能标准化技术委员会. 中国氢能产业基础设施发展蓝皮书 (2016) [M]. 北京：中国质检出版社，中国标准出版社，2016.

[6] 节能与新能源汽车技术路线图战略咨询委员会，中国汽车工程学会. 节能与新能源汽车技术路线图 [M]. 北京：机械工业出版社，2016.

第十二节　燃料电池分布式发电系统技术展望

王树东　袁中山
（中国科学院大连化学物理研究所）

一、发展燃料电池分布式发电系统技术的重要意义

分布式能源系统（distributed energy system，DES）将发电系统（数千瓦至兆瓦级）以小容量、模块化、分散化的方式布置在用户端，可以同时或独立向用户提供电、热、冷三种能量[1-3]，其主要运行模式是热电联供（combined heat and power，CHP）或冷热电三联供系统（combined cooling，heat and power，CCHP）。分布式能源系统不再追求规模效益，而是更加注重资源的合理配置，追求能源利用效率的最大化和效能的最优化，充分利用各种资源，就近供电供热，将中间输送损耗降至最低；小型化和微型化使其便于与终端能源用户的需求进行协同优化。在燃气管网、低压电网、热力管网和冷源管网上，利用信息技术将供需系统有效衔接，并进行多元化的优化整合，可以构成一个多元化的能源网络，使能源供应与实际需求更加匹配。因此，分布式能源系统不仅是一些传统能源技术的集合，还是一种全新的能源综合利用系统。国际热电联产联盟（International Cogeneration Alliance，ICA）认为，分布式能源的实质是推动世界范围内清洁、高效、分散的电力革命，是21世纪电力工业的方向。

燃料电池是一种在等温状态下直接将化学能转变为直流电能的电化学装置；由于不受卡诺循环的限制，它与燃气内燃机、燃气外燃机、微型燃气轮机等常规发电技术相比，发电效率较高、污染排放更低，是发展分布式能源的重要载体。通过对热量输出的利用，燃料电池单机热电效率可超过85%。燃料电池发电中几乎没有燃烧过程，氮氧化物排放量很小。燃料进入燃料电池之前必须经过严格的净化处理，碳氢化合物也必须重整成氢气和一氧化碳，因此，尾气中二氧化硫、碳氢化合物和固态粒子等污染物的含量非常低。与常规燃煤发电机组相比，它的二氧化碳的排放量可减少40%～60%。在目前二氧化碳分离

和封存技术尚不成熟的状况下，通过提高能源转换效率来减少二氧化碳排放是较好的选择。基于燃料电池的分布式能源系统技术的另一个优势是其规模适应性。不同类型的燃料电池可以用于不同规模的分布式能源系统。例如，采用质子交换膜燃料电池（proton exchange membrane fuel cell，PEMFC）可集成出几千瓦至几十千瓦的热电联供系统，供居民单元、办公室、小型社区等场合使用；采用固体氧化物燃料电池（SOFC）、熔融碳酸盐燃料电池（MCFC）或磷酸燃料电池（PAFC）可集成出规模较大的数十至数百千瓦的热电联产系统，供大型楼宇、医院等公共场所使用，也可用于补充电网及电网调峰。

此外，基于燃料电池的分布式能源系统可选择的燃料范围十分广泛。理论上讲，几乎所有含氢物质通过化学重整过程得到的氢均可作为燃料电池的燃料。自然界中除了化石燃料制氢外，可再生能源制氢也成为氢的重要来源；可以在可再生能源发电过程中利用电解水制氢，也可以通过生物质直接制氢，这就为我国可再生能源的利用注入了新活力。我国可再生能源资源丰富、量多面广，然而相对于化石能源而言，具有效率差、密度低、不稳定、资源分布不均衡、难消纳等缺陷；这些缺陷已成为可再生能源利用的主要障碍。利用氢这个能源载体，可解决可再生能源分散且不易储存这一严重阻碍可再生能源利用的难题，有利于我国风电、光伏等新能源的消纳。

二、国内外发展现状

（一）国外发展现状[4-7]

大型电站与分布式能源系统的结合，可以减少在输配电线路上的投资和远距离输电损耗，同时也能提高整个电网的安全性，满足终端用户在电和热上的多种实际需求。基于以上优点，分布式能源系统在世界得到了大力推广应用。作为分布式发电领域的新军，近年来燃料电池分布式发电技术得到快速发展，基于质子交换膜燃料电池、固体氧化物燃料电池、熔融碳酸盐燃料电池和磷酸燃料电池技术的各种主电源、后备电源、发电站和热电联供系统已经在商业化初期崭露头角。2016年全球燃料电池分布式发电系统的出货量高达5.5万台，而2008年该数字仅为3600台左右。从容量上看，2016年出货量突破200兆瓦大关，而2008年仅有33.2兆瓦。由日本松下电器、东芝和爱信精机株式会社生产的微型燃料电池热电联供（micro combined heat and power，Micro CHP）系统仍然是2016年全球燃料电池分布式发电系统出货量增长的主要贡献者。燃料电池微型热电联供技术是未来终端能源利用的一个重要解决方案，被欧盟认为是增强竞争力、实现可持续发展和能源安全供应等能源目标的关键支撑。目前，在全球燃料电池微型热电联供系统开发方面，日本和欧洲走在前列。2009年1月，日本的东京燃气、大阪燃气、东邦燃气、西部燃气、新日本石油及Astomos能源6家公司发表了联合宣言"利用'ENE-FARM'实现环境立国的日本"，宣称将在全球率先普及销售家用燃料电池"ENE-FARM"。截至2016年底，日本已经累计超过19万套系统被安装使用。日本政府计划在2030年前，实现累计销售530万套"ENE-FARM"的目标。近期，随着"ENE-FARM"项目的成功，日本还有向市场推出5～50千瓦级别热电联供系统的计划，包括富士电机公司的20千瓦热电联供系统、日立公司的50千瓦热电联供系统和三浦公司的5千瓦热电联供系统等。

与日本的"ENE-FARM"相呼应，欧盟在2012年投入2600万欧元实施了"Ene-field"项目，在统一标准下对微型燃料电池热电联供设备进行试验分析、生命周期评估和总成本评估。截至2016年底，该项目已经完成750套家用 微型燃料电池热电联供系统的安装。近期，英国Ceres Power公司又加入该计划，将其独特的金属基固体氧化物燃料电池微型燃料电池热电联供系统（SteelCell™）安装在伦敦及东南部的五个家庭住宅中进行试验测试。"Ene-field"项目的后续计划"通往竞争性的欧洲微型燃料电池热电联供市场途径计划"（PACE）于2016年6月开始，将运行到2021年2月，项目经费为9000万欧元，将在欧洲安装2650套1千瓦左右的微型燃料电池热电联供系统并对真实客户进行全面监测。

除上述住宅用微型燃料电池热电联供系统外，更大规模的商用或工业用燃料电池分布式能源系统的出货量近年也在快速增长，越来越多的燃料电池分布式能源系统被用于电信电力的通信基站电源、企业和商业的后备电源、市政应急电源及大型分布式发电。在PEMFC备用电源和远程发电方面，美国Altergy系统公司、Plug Power公司、Intelligent能源公司和加拿大Ballard动力系统公司的技术领先全球并占据大部分的市场份额。大型的固定式燃料电池电站主要采用熔融碳酸盐燃料电池、磷酸燃料电池和固体氧化物燃料电池技术，在该领域韩国后来居上。2016年韩国的固定式燃料电池电站总容量已达177兆瓦，超过美国和日本；韩国成为燃料电池发电的最大市场。

燃料电池分布式能源系统另一个潜在的应用领域是与风能、太阳能等可再生能源联用。通过风电、太阳能电解水制氢（电转气，power to gas，P2G），再依托氢燃料电池发电，建立分布式能源网络，做到终端用户、区域或城市的电力、热能和冷能的联合供应。由此不仅可以解决全球范围内广泛存在的弃风、弃光难题，还可以借助氢储能，建立起以氢燃料电池为核心的高效可再生能源综合利用体系。近几年，以德国为首的欧盟国家正在进行这方面的尝试。截至2016年1月，欧洲地区已经建成50个电转气示范项目。此外，日本东芝公司于2015年3月宣布启动一个基于可再生能源的独立型氢能源供给系统示范运营。

可见，经过近几年的快速发展，燃料电池分布式能源系统的应用几乎涉及传统分布式能源需求的每个方面，成为可以与燃气内燃机、燃气外燃机、微型燃气轮机等常规发电技术相竞争的一种分布式能源技术。

（二）我国的研究开发现状[8, 9]

燃料电池分布式发电及燃料电池热电联供技术在我国也得到相当程度的重视。“十一五”和“十二五”期间，863计划分别部署了“新型制氢及高温质子交换膜燃料电池技术研发与应用示范”及“燃料电池与分布式发电系统关键技术”两个重点项目，以支持燃料电池分布式发电及燃料电池热电联供技术的自主研发。依托863计划及其他多项研究计划和资金的支持，目前国内已经开发成功可直接与天然气重整制氢系统联用的10千瓦级质子交换膜燃料电池发电系统原理性样机并完成了3100小时的寿命测试。从技术准备来看，质子交换膜燃料电池分布式发电及热电联供技术已具备进一步提高集成度及效率，开发工程样机并进行商业化示范的可行性。在高温燃料电池方面，分别开展了大功率平板式及管式固体氧化物燃料电池电堆技术研究，构建了千瓦级平板式固体氧化物燃料电池电堆模块的生产线，阵列式单套固体氧化物燃料电池电堆实测最大输出功率为9.7千瓦，管式固体氧化物燃料电池电堆最大输出功率达15千瓦。已掌握5千瓦独立固体氧化物燃料电池发电系统的核心技术，在关键材料及组件制备、单电池批量化制备、电堆设计制造和测试、外围辅助系统的设计优化与系统集成等关键技术上取得重要突破。

然而，与发达国家已经开始市场化相比，我国在燃料电池分布式发电及燃料电池热电联供系统的开发及商业化推广方面已经全方位落后。令人欣喜的是，“十三五”以来，我国已将燃料电池分布式发电作为发展的重点之一，部署在近期发布的各项政策和措施中。在2016年3月出台的《能源技术革命创新行动计划（2016—2030年）》中，燃料电池分布式发电被列为氢能与燃料电池技术创新的三个战略方向之一。国内已有相关的燃料电池技术公司注意到燃料电池分布式发电在电信电力基站备用电源领域的巨大市场潜力，纷纷试水这一技术领域。目前，国内约有50套的燃料电池备用电源初级产品在示范运行。我国在大型固定式燃料电池电站领域也进行了积极的探索实践。2016年10月，由欧盟《燃料电池与氢能联合技术计划》（FCH-JU）支持的全球首座2兆瓦质子交换膜燃料电池发电站落户辽宁省营口市，使用氯碱工业废氢生产清洁电力。

三、发展前景及我国的发展策略[10, 11]

（一）未来发展前景

美国、日本等发达国家发展分布式能源系统30余年的经验表明，分布式供能系统实现了安全、节能、降耗、减排、增效等综合功效，是传统大电网的有效补充。而开发多种新的能源转换和利用形态，建立多元化的能源供应体系，更是一种趋势和经济社会可持续发展的需求。

燃料电池分布式供能系统具有广泛的应用前景：①可作为分散式供能系统，为城市办公楼宇或居民小区提供电力和热能，并与电网系统互联，起着调峰作用，或为海岛、山区、边远地区供电供热；②可作为备用电源，为通信基站、医院、银行、数据处理中心、政府要害部门、制药和化学材料工业、精密制造工业、商业大楼、娱乐中心等提供高可靠性和高质量的备用电力；③应用于军事基地、指挥中心等特殊领域。采用质子交换膜燃料电池电源系统作为备用电力系统，可大大减小震动、噪声和红外信号，消除烟气排放，提高隐蔽性，适合在未来高科技战争中使用；④应用于农村，为农村居民供电。可见，燃料电池分布式供能系统的建立和推广，对民用供电和国防建设都有极为重大的意义。可以预见，随着燃料电池技术的不断完善，基于燃料电池技术的分布式供能系统将逐渐成为分布式能源系统未来新的发展方向，从而为我国构建多元化的能源生产消费体系、实现能源的可持续供给贡献力量。

（二）我国的发展策略

我国鼓励分布式发电。近年来，支持力度更是从最初的宏观性鼓励发展到现在的实质性支持。预计未来几年分布式能源在我国将迎来重大的发展机遇。

纵观分布式能源系统在我国 20 余年的发展历程，除产业政策和运行机制外，制约我国分布式能源发展的最主要问题是核心技术受制于人，燃料电池分布式发电系统技术也面临着同样的窘境。鉴于燃料电池分布式供能系统在构建未来清洁、高效、分散安全的电力生产与供应体系中的重要作用，我国的发展策略应该是：一方面应该在相关的应用基础研究及集成技术研究方面继续加大投入，以形成自主创新技术体系；另一方面，国内的能源公司和相关企业也应积极地参与到燃料电池分布式供能系统的研发与商业化推广示范当中。应通过有序的部署、持续的努力，不断提高燃料电池分布式供能系统的市场认知度和公众接受程度，否则必将进一步加大与发达国家之间的差距，失去潜在的巨大市场。

从目前到 2035 年左右，是我国燃料电池分布式发电技术赶超国际先进水平的重要发展时期。在应用基础研究及集成技术研究方面，需突破大功率、长寿命燃料电池技术，高效天然气重整技术，低成本电解制氢技术及系统集成技术等关键核心技术，掌握燃料电池发电及热电联供系统一体化设计、热/电输出耦合及运行控制技术，以及燃料电池发电的功率调制与并网技术等，形成自主创新技术体系；在设备国产化方面，开发分布式供能用余热锅炉、压缩式制冷、吸收式制冷、蓄冷蓄热设备及控制系统和设备，力争实现成套技术国产化，形成高新技术产业，以满足市场的不同要求。预计 2035 年左右，有望实现如下发展目标：质子交换膜燃料电池分布式供能系统使用寿命达到 10 000 小时以上，热电综合效率>85%，实现千瓦至百千瓦级质子交换膜燃料电池分布式供能系统在家用热电联供系统、关键要害部门备用电源、通信基站、分散电站及军事等领域的示范运行或推广应用。

参考文献

［1］国家发展和改革委员会. 国家发展改革委关于印发《分布式发电管理暂行办法》的通知［EB/OL］. http://bgt.ndrc.gov.cn/zcfb/201308/t20130813_553449.html［2013-07-18］.

［2］WADE. What is Decentralized Energy（DE）?［EB/OL］. http://www.localpower.org/deb_

what.html [2018-02-26].
[3] Alarcon-Rodriguez A. Multi-objective planning of distributed energy resources：A review of the state-of-the-art [J]. Renewable and Sustainable Energy Reviews，2010，14：1353-1366.
[4] E4tech. The Fuel Cell Industry Review 2016 [EB/OL]. http://www.fuelcellindustryreview.com/archive/TheFuelCellIndustryReview2016.pdf [2018-02-15].
[5] IPHE. 2016 Summary Report：Policy Developments and Initiatives for Fuel Cells and Hydrogen in IPHE Partner Countries and Region [EB/OL]. http://www.iphe.net/docs/2016%20Summary%20of%20Policies%20and%20Initiatives.pdf [2017-09-06].
[6] 廖文俊，倪蕾蕾，季文姣，等. 分布式能源用燃料电池的应用及发展前景 [J]. 装备机械，2017，3：58-64.
[7] 中国储能网. 中国为什么要发展氢能？ [EB/OL]. http://www.escn.com.cn/news/show-373397.html [2016-12-09].
[8] 国家发展和改革委员会，国家能源局. 国家发展改革委　国家能源局关于印发《能源技术革命创新行动计划（2016—2030 年）》的通知 [EB/OL]. http://www.nea.gov.cn/2016-06/01/c_135404377.htm [2016-04-07].
[9] 张允强. 世界首座 2MW PEM 燃料电池发电站交付 [EB/OL]. http://energy. people.com.cn/n1/2016/1017/c71661-28783099.html [2016-10-17].
[10] 宋伟明．我国天然气分布式能源的发展现状及趋势 [J]. 中国能源，2016，38（10）：41-45.
[11] 侯健敏，周德群. 我国分布式能源的政策演变 [EB/OL]. http://news.bjx.com.cn/html/20150708/639112.shtml [2015-07-08].

第十三节　硅太阳电池材料制备及器件技术展望

王文静
（中国科学院电工研究所）

一、发展硅太阳电池材料制备及器件的重要意义

现代人类社会面临两大危机：一是化石能源的不可持续性；二是使用化石能源带来的局部污染和全球气候变化危机。太阳能发电是解决这两个危机的重要手段。

光伏发电所用的太阳电池器件有很多种，主要包括：晶体硅太阳电池、硅薄膜太阳电池、铜铟镓硒（CIGS）薄膜太阳电池、碲化镉（CdTe）薄膜太阳电

池、Ⅲ～Ⅴ族太阳电池、钙钛矿太阳电池、染料敏化太阳电池、其他种类的新型太阳电池（如有机太阳电池、量子点太阳电池等）。这些种类的太阳电池在不断地发展，不断地提高效率（目前最高效率见表 4-13-1），但能真正进入产业的太阳电池并不多，主要有晶体硅太阳电池，碲化镉薄膜太阳电池，铜铟镓硒薄膜太阳电池三种。而硅薄膜太阳电池虽曾有过大规模的量产，但因其效率不高且存在原理性的不稳定性缺陷，已退出大规模量产。

表 4-13-1　各种太阳电池的最高效率纪录

太阳电池器件	最高效率/%	完成单位	索引
晶体硅太阳电池	26.7	Kaneka	[1]
铜铟镓硒薄膜太阳电池	22.9	Solar Frontier	[2]
碲化镉薄膜太阳电池	22.1	第一太阳能	[3]
Ⅲ～Ⅴ族太阳电池	46.5	弗劳恩霍夫太阳能系统研究所	[4]
硅薄膜太阳电池	16.1	联合太阳能公司	[5]
钙钛矿太阳电池	22.7	韩国蔚山国立科学技术研究所（UNIST）	[6]
染料敏化太阳电池	14.08	中国国家纳米科学中心	[5]
有机太阳电池	11.2	加利福尼亚大学洛杉矶分校	[3]

太阳电池的规模化应用有三个必须满足的重要条件：①高效率；②低成本；③长寿命。在未来十年甚至更长时间，我们认为晶体硅太阳电池仍为主流技术。2017 年晶体硅太阳电池组件的产量为 105.5 吉瓦[7]，而各种薄膜太阳电池组件的产量仅为 3.7 吉瓦，只占 3%左右。中国经过近 20 年的发展，已形成完整的晶体硅太阳电池的产业链。

二、国内外发展现状

晶体硅太阳电池的产业链分成太阳能级硅材料的提纯、硅片的制备、太阳电池的制备、太阳电池组件的制备四个环节。这些环节涉及的重要技术有如下三项。

（一）高纯多晶硅制备技术

1. 国际进展

三氯氢硅法进步很快，多晶硅生产副产物回收与综合利用得到进一步完善，冷氢化技术已从基本普及发展到大型化装备的升级，多晶硅还原炉已从 24 对棒升级为36对和48对棒，原生多晶硅质量得到大幅提升。该技术的发展趋势是实现更低的单位能耗、更高质量、更低成本和更高的产率。硅烷法流化床（FBR）技术具有还原电耗低的优势（为德国Siemens公司技术的1/3）。历史悠久的两家硅烷流化床多晶硅企业2017年的变化显著，美国的Sun Edison公司已宣布破产，挪威REC旗下公司REC Silicon则宣布减产并以技术合资的方式在中国陕西建设年产1.8万吨的粒状多晶硅厂。

日本Kazuo Nakajima研究组提出一种新颖的无接触坩埚法来生长大尺寸单晶硅[7]。在传统的多晶铸造炉中运用特殊的热场和籽晶，可以生长出超大尺寸的单晶硅锭。

2. 国内进展

（1）三氯氢硅法制备多晶硅技术。该技术利用还原炉的大型化和沉积工艺的精细设计，可以提升单炉产量，持续降低还原电耗和综合电耗。

我国多晶硅还原电耗已从2012年的80千瓦·时/千克硅降低到目前的行业平均水平47千瓦·时/千克硅以下，最低可达40千瓦·时/千克硅以下；综合电耗从120千瓦·时/千克硅降低到60千瓦·时/千克硅以下，降低幅度达50%以上。随着现有工艺的进一步优化和提升，三氯氢硅法全流程的综合电耗有望降低到55千瓦·时/千克硅以下，综合电耗仍有下降空间[6]。从国内新建的多晶硅企业来看，目前主流的沉积设备——还原炉均已采用更大型设备，棒对数达到36对棒、45对棒、48对棒及少量的72对棒，极大提升了单炉产量（可达7～12吨）。

发展和优化冷氢化技术是一个必然趋势，但先进的冷氢化技术仍被少数国家掌握并垄断。在国内，冷氢化技术已成为多晶硅企业处理副产物四氯化硅的主流技术；目前仍在运行的多晶硅企业已全部淘汰热氢化技术，实施了冷氢化技术的改造；采用冷氢化技术生产三氯氢硅的电耗约为0.5千瓦·时/千克-TCS（三氯氢硅）（约7.5千瓦·时/千克硅），与热氢化电耗2～3千瓦·时/千克-TCS相比，氢化环节节约能耗达70%以上。

在副产物的综合利用方面，国内主要是改良西门子法工艺中的副产物（包括四氯化硅和二氯二氢硅等）。采用冷氢化技术将四氯化硅变成三氯氢硅原料，提纯后再返回系统使用；采用反歧化技术，使二氯二氢硅与四氯化硅在催化剂的作用下，生产出三氯氢硅，提纯后再返回系统使用。采用两项技术，已大幅降低了多晶硅生产过程中的原料消耗，使硅耗从1.5千克/千克降低到1.15千克/千克以下，降幅达 10%以上。

在精馏系统优化与综合节能方面，国内采用高效筛板与填料组合的加压精馏提纯技术和热耦合技术，可以将一个塔的高温原料气体用于加热另一个塔的进料，使塔底蒸汽消耗和塔顶循环水消耗大幅度降低，从而使整体能耗降低 45%～70%。据悉，新建精馏提纯系统首次尝试应用隔板塔对物料进行了提纯，具有节能、分离效率高、产品纯度高等优点。

（2）硅烷法制备多晶硅的技术。在硅烷制备技术方面，国内在建的硅烷生产工艺都以三氯氢硅为原料，采用两步歧化法生产硅烷，并利用冷氢化技术把四氯化硅转变为三氯氢硅再送入反应体系。2014 年以来，国内两家多晶硅企业均采用此法生产硅烷。该硅烷生产工艺成熟、稳定；经过低温精馏提纯，可制得高纯度的硅烷。

硅烷流化床颗粒硅技术是美国 SunEdison 附属公司 MEMC Pasadena 开发的技术。业界普遍看好流化床技术，被认为是最有希望大幅度降低多晶硅及单晶硅成本的新技术。与三氯氢硅法多晶硅生产工艺相比，该技术具有能耗低、可连续化生产、无须破碎、装填密度大等优点。2017 年，美国 SunEdison 公司宣布破产，香港保利协鑫能源控股有限公司收购 SunEdison 硅烷流化床技术专利，业内认为此举意在完善提升香港保利协鑫能源控股有限公司原有的硅烷流化床技术；目前该装置已投入试生产。2014 年，陕西有色金属控股集团有限责任公司与挪威 REC 旗下公司 REC Silicon 签署战略协议，在陕西合资建设年产 1.8 万吨的硅烷流化床颗粒硅生产线，现已基本建成，2017 年底已开始单体设备调试。

（二）硅片加工

1. 国际进展

美国 1366 科技有限公司提出的直接硅片技术（Direct Wafer®）是 Kerfless 硅片的一种。其制造过程无须铸锭、无须切片，直接从硅的熔体中生长硅片。该公司在美国波士顿的展示工厂拥有 3 台全自动的硅片生产设备，目前可实现每 20 秒一片的出片速率；在 2016 年，完成了超过 15 万片硅片的制造，并将其制备成电池和组件，供应日本的一个商业化电站项目。这一直接生产工艺经过 7 年开发，投入研发经费超过 1 亿美元，是 Kerfless 硅片众多尝试中唯一达到可量产的技术。直接硅片法目前生产的是标准 156.75 毫米、180～200 微米厚度的硅片，其尺寸和厚度均可容易地进行调节。在薄片化方面，“薄片加厚边”的 3D 硅片解决方案还有待下游电池组件客户的进一步评估或者工艺匹配。该方案可使硅片厚度降低至 100 微米以下，硅片硅耗降低至 1.5 克/瓦，硅片含税价格有望低至 1.5 元/片（硅料以 100 元/千克计）。同时，对多晶硅材料的节约极大降低了光伏制造产业链中的能源消耗，缩短了能源回收期。在光电转换效率方面，美国 1366 科技有限公司于 2016 年底公布了 19.6%的最高效率。这种电池由韩国韩华集团 Q CELLS 公司采用 PERC 工艺制作。2017 年，两家公司合作，再次刷新了直接硅片技术新的性能纪录，使电池转换效率由 19.6%提升至 20.3%。目前，该结果已经获得德国弗劳恩霍夫太阳能系统研究所光伏校准实验室的确认，且在试产线上采用量产标准流程生产时也达到平均 20.1%的电池转换效率。直接硅片技术可以很容易地改变掺杂体，实现掺杂体在硅片厚度方向上的浓度梯度，并在硅片内部实现漂移电场（drift field）。这一技术为直接硅片效率的提升提供了很大的空间。

2. 国内进展

目前国际上 90%的硅片加工能力在中国。因此，中国的硅片技术完全代表了国际该领域的技术进展。

在单晶炉方面，目前拉晶生产的主流使用 26 英寸[①]热场，新上项目采用 28 英寸热场，研发已达 32 英寸热场。副室加高后，单根 8 英寸直拉单晶棒的长度达 4300 毫米。国内单晶企业通过对单晶炉设备的优化，不但在关键部件上实现了自主研发生产，还通过系统的优化实现了工艺的完善和发展，使拉晶成本持续降低。国内企业开发的长寿命石英坩埚，其连续拉晶时间可达 200 小时以上。

在优化拉晶设备和热场的基础上，直拉单晶（CZ）制造法拉晶工艺技术得到快速提升。大装料、高拉速、多次拉晶等工艺技术的快速突破与推广应用，使企业大幅提高了投料量和单炉产量，显著降低了拉晶成本。在多次加料条件下，直拉硅单晶的 24 英寸热场的投料量可达 400 千克以上，平均为 340～350 千克；26 英寸热场单晶炉的投料量已达 1000 千克以上，每炉可拉 3～5 支晶

---

① 1 英寸=0.0254 米。

棒，单位方棒电耗可控制在 30 千瓦·时/千克左右。为避免 B-O（硼-氧）复合体产生的 P 型的光致衰减，部分企业利用镓（Ga）作为掺杂剂重新投入生产 P 型硅单晶。

控制碳的方法有：通过控制炉内氩气及挥发性气体的定向流动，来减少进入硅熔体的一氧化碳、二氧化碳等气体；采用具有碳化硅涂层的热场部件，以有效阻止坩埚、硅蒸气等与石墨发生反应，进而有效降低单晶中碳的含量。

在单晶效率提升、成本快速下降的双重驱动下，单晶硅制备技术还有很大的发展空间，主要表现在：单炉的装料量、拉棒长度、连续拉棒的数目还可进一步增加，以实现更低成本制备单晶硅。例如，香港保利协鑫能源控股有限公司正在重点开发和推进产业化的新一代连续直拉单晶（CCZ）生长技术，可使产品保证恒定的电阻率，并按客户要求锁定电阻率范围，这对正在成为主流的钝化发射极和背面电池（PERC）技术意义重大，也为将来的 N 型电池或掺镓 P 型电池提供了先进的单晶产品技术。另外，连续拉晶技术使单炉的投料量远超传统多次加料单晶技术的投料量，为降低单晶成本提供了有效的工艺保证。

在多晶铸锭方面，利用小晶粒铸造多晶硅的制备技术可分为半熔法和全熔法两种。比较而言，半熔法更容易控制形核质量和密度，更有效地控制铸锭的质量。多晶硅电池片转换效率要稍高于全熔硅片，为大部分国内企业所采用。2017 年，国内企业对全熔工艺进行技术优化（包括在坩埚底部增加高纯涂层来抑制红区，改进坩埚底部粗糙度和氮化硅涂层来促进形核），使采用铸造多晶硅硅片的电池的效率接近或赶上半熔工艺制备的硅片。全熔法具有工艺时间短、硅料利用率高、电耗低等优点，其市场占有率得到一定的提高，未来全熔法会进一步提高其市场份额[8]。

在半熔法铸锭长晶方面，围绕持续提升晶体质量、降低生产成本的目标，以香港保利协鑫能源控股有限公司为代表的大公司进行了晶体生长工艺的研发。实现的技术突破是：新的形核籽晶首次应用到高效多晶硅铸锭生产中，有效地改善了高效多晶硅的晶体质量。与传统的碎料籽晶对比，该方法在形核初始阶段，使晶粒尺寸更细小，分布更均匀。PL 检测结果表明，沿着晶体生长方向，位错密度显著降低，在硅锭的中上部更为明显。在普通 BSF（全铝背场电池）多晶硅电池生产线上，碎料和新型籽晶硅锭的整锭的平均电池效率分别为 18.77%和 18.89%。

国内近年在硅片切割方面已经逐渐用金刚线切割取代砂浆切割。金刚线切割损耗更低，没有切割液和超细碳化硅磨料，可以降低化学品排放，使出片率增多 10%左右，明显降低了成本。导入金刚线切割后，表面光滑了，腐蚀变得困难。对于单晶硅片，产业界迅速找到了适合碱性腐蚀溶剂的特种添加剂，使金刚线在单晶硅切片中彻底占据了主体市场。但对于多晶硅锭来说，使用酸性腐蚀液，较难找到适合于金刚线切割硅片的添加剂，其制绒的效果较差。其他种类的腐蚀替代方案包括纳米银颗粒的催化制绒剂、干法等离子刻蚀制绒等。

（三）电池方面

1. 国际进展

2017 年是高效太阳电池效率快速突破的一年。国际上效率超过 25%的高效单晶硅太阳电池由四种类型增加为五种，突破 26%的高效太阳电池由一种类型增加到两种。25%以上效率的高效率电池结构分别是钝化发射极和背部局域扩散（PERL）太阳电池[9]、交指式背接触（IBC）太阳电池[10]、异质结（HJT）太阳电池和交指式背接触（IBC）太阳电池结合在一起的异质结背接触（HJBC）太阳电池[11, 12]、钝化接触（TOPCon）太阳电池[13]、背结背接触-多晶硅氧化钝化（BJBC-POLO）太阳电池[14]。表 4-13-2 给出了目前国际上高效晶体硅太阳电池结构的实验室效率参数。日本的 Kaneka 公司刷新了自己保持的 HJBC 太阳电池的效率纪录，由 26.33%提高到 26.7%，德国弗劳恩霍夫太阳能系统研究所将 TOPCon 太阳电池的效率由 25.1%提高到 25.7%。

表 4-13-2　各种新型晶体硅太阳电池的效率值

序号	单位	电池结构	衬底材料	电池面积/厘米^2	开路电压 V_{oc}/毫伏	短路电流密度/（毫伏/厘米^2）	填充因子 FF/%	效率/%
1	日本 Kaneka 公司	HJBC	N-Si	79	738	42.65	4.9	26.7
2	德国哈梅林太阳能所	BJBC-POLO	P-Si	4	726.6	42.62	84.28	26.1
3	德国弗劳恩霍夫太阳能系统研究所	TOPCon	N-Si	4.017	724.9	42.54	83.3	25.7
4	SunPower	IBC	N-Si	153.49	737	41.33	82.71	25.2
5	天合光能	IBC	N-Si	243.18	715.6	42.27	82.81	25.04
6	新南威尔士大学	PERL	P-Si	4	706	42.7	82.8	25
7	松下	HIT	N-Si	100	750	39.5	83.2	24.70

2. 国内进展

电池方面的研发更加直接面向中国大规模的太阳电池生产线，主要仍围绕着提高效率、降低成本、延长寿命三个主题；通过改进技术以提高太阳电池的效率，降低成本，延长寿命。

（1）在提高效率方面。目前主要是进行晶体硅太阳电池的结构和材料特性的改进。常规晶体硅太阳电池的结构是正表面使用氮化硅钝化，背表面使用全铝背场进行电极接触，这种电池称为全铝背场电池，目前其量产的单晶硅太阳电池的平均效率在 20%左右，多晶硅太阳电池在 19%左右。为进一步提高效率可采用背钝化技术，即在太阳电池背表面半导体与金属之间插入一层钝化层，以减少载流子在背表面的复合，提高效率；这层钝化膜通常采用 Al_2O_3/SiN_x 复合膜；这种太阳电池称为 PERC。目前产业化的单晶硅 PERC 的平均效率在 21.5%左右，多晶硅 PERC 的平均效率在 19.6%左右。多晶硅 PERC 的效率因其表面陷光结构不佳而不是很高。已开发出的纳米银催化制绒工艺（黑硅技术），可使表面光反射率进一步降低，进而提高效率；叠加使用黑硅技术和背钝化技术，产业化的黑硅多晶硅 PERC 的平均效率可达 20%左右。目前已经进入量产的 N 型太阳电池有 3 种：一是 N 型双面钝化电池（PERT）；二是非晶硅/晶体硅异质结（HJT）太阳电池；三是交指式背接触（IBC）电池。此外，将 HJT 与 IBC 结合起来的新型电池称为 HBC 电池，即异质结背接触太阳电池。

（2）在降低成本方面。国内产业界也促进了很多技术变革，包括：使用铸锭多晶硅片取代直拉单晶硅片，使用金刚线切割降低硅片的切割损耗，采用新型的电极设计降低银用量。特别是在组件方面，采用诸如半片技术、叠瓦技术、双面发电技术等来提高组件的发电功率，从而降低光伏发电系统的度电成本。

（3）在延长寿命方面。也导入了很多新型技术，包括抑制电池光衰的硅片表面处理技术及新型的背表面封装材料等。

三、未来待解决的技术问题

未来的太阳能光伏发电要占有全球电力市场的 30%～50%，最重要的措施是平价上网，摆脱政府对光伏发电的补贴。这就要求太阳电池组件的成本进一步下降，以达到常规火力发电的成本水平；进一步提高电池的效率，使产线平均效率提高到25%左右；组件使用寿命进一步延长到30年以上。

四、未来太阳电池技术发展趋势

未来10年，晶体硅仍会占据市场的主流，碲化镉太阳电池和铜铟镓硒太阳电池将作为重要的补充占有部分特种应用市场。

在硅材料方面，主要是进一步降低工艺成本。硅烷结合流化床法是节能的一种方法，所制备的颗粒硅更适用于未来的连续拉单晶（CCz）工艺，或许会增加其市场份额，但西门子法的地位仍不会动摇。

单晶硅片的市场份额会进一步上升，尤其是N型单晶硅片的比例会更明显增加。多晶硅太阳电池没有太多的技术手段来提升效率，因此多晶硅片的比例会下降，除非找到提升多晶硅片少子寿命的新技术。铸锭单晶因提效的要求被重新提到研发日程，但其晶粒内缺陷仍有待降低。

在未来2～3年内，金刚线切割硅片将彻底占据市场，砂浆切割片将完全退出。考虑到纳米银催化制绒的环境处理及成本上升等问题，或许寻找新型的更加优异的多晶金刚线切割硅片制绒添加剂才是解决金刚线切割多晶硅片的最优性价比之道。

在提高晶体硅电池的效率方面，近五年内将出现常规单晶硅及多晶硅BSF电池向单晶P型PERC电池的技术转换，晶体硅电池的主流产品将变为单晶PERC电池。此后，将会从单晶硅P型PERC电池向N型双面电池转换，这一过程有可能持续3～5年的时间。N型电池可有两种类型：N型PERT电池，N型HJT电池。这两种电池的双面率都在90%以上，效率高且可双面发电，使发电量增加，再加上衰减率低于P型电池，因此它们将成为市场的主流。其后，随着HBC技术的日渐成熟，其成本将逐渐下降，其产线的平均效率可达25%，将在10年后成为晶体硅太阳电池的主流技术。此外，可双面发电的电池（包括N型PERT电池、N型HJT电池、P型PERC电池等）由于增加了发电功率也会在市场占有一席之地。

尽管目前太阳能光伏发电的度电成本仍高于常规煤电、石油等火力发电的度电成本，但随着光伏发电系统成本的下降，这一差别将最终消失。此外，随着化石能源的逐渐枯竭，可再生能源将成为人类主要的能源。

参 考 文 献

[1] Yoshikawa K，Kawasaki H，Yoshida W，et al. Silicon heterojunction solar cell with interdigitated back contacts for a photoconversion efficiency over 26% [J]. Nature Energy，2017，2（5）：17032.

[2] Solar Frontier K K. Solar frontier achieves world record thin-film solar cell efficiency of 22.9% [DB/OL]. http://www.solar-frontier.com/eng/news/2017/1220_press.html [2018-05-28].

[3] Green M A，Emery K，Hishikawa Y，et al. Solar cell efficiency tables（version 49）[J]. Progress in Photovoltaics：Research and Applications，2017，25：3-13.

[4] Tibbits T N D，Beutel P，Grave M，et al. New efficiency frontiers with wafer-bonded multi-junction solar cells [C]. Proceedings of the 29th European Photovoltaic Solar Energy Conference and Exhibition，2014：1-4.

[5] 中国可再生能源学会光伏专委会. 2018 年中国光伏技术发展报告 [R]. 2018.

[6] Yang W S，Park B W，Jung E H，et al. Iodide management in formamidinium-lead-halide-based perovskite layers for efficient solar cells [J]. Science，2017，356（6345）：1376-1379.

[7] Nakajima K，Murai R，Morishita K，et al. Growth of Si single bulk crystals with low oxygen concentrations by the noncontact crucible method using silica crucibles without Si_3N_4 coating [J]. Journal of Crystal Growth，2013，372：121-128.

[8] 路景刚. 晶硅铸锭技术的前景分析 [R]. 第十三届中国太阳级硅及光伏发电研讨会，2017.

[9] Green M A，Emery K，Hishikawa Y，et al. Solar cell efficiency tables（version 39）[J]. Progress in Photovoltaics：Research and Applications，2009，20（1）：12-20.

[10] Cousins P J，Smith D D，Luan H C，et al. Gen Ⅲ：improved performance at lower cost [C]. 35th IEEE Photovoltaic Specialist Conf，2010：823-826.

[11] 全球电池网. 松下背接触 HIT 太阳能电池推动效率创纪录达 25.6% [EB/OL] . http://www.qqdcw.com/content/wjzx/2014/4/24/32247.shtml [2014-04-24].

[12] Yoshikawa K，Kawasaki H，Yoshida W，et al. Silicon heterojunction solar cell with interdigitated back contacts for a photoconversion efficiency over 26% [J]. Nature Energy，2017，2（5）：17032.

[13] Bivour M，Reusch M，Schröer S，et al. Doped layer optimization for silicon heterojunctions by injection-level-dependent open-circuit voltage measurements [J] . IEEE Journal of Photovoltaics，2014，4（2）：566-574.

[14] Rienäcker M，Merkle A，Römer U，et al. Recombination behavior of photolithography-free back junction back contact solar cells with carrier-selective polysilicon on oxide junctions for both polarities [J]. Energy Procedia，2016，92：412-418.

第十四节　大容量太阳能储能系统技术展望

宋记锋　侯红娟
（华北电力大学）

一、背景

1996 年，美国能源局开始建设 Solar Two 太阳能热电站，该电站在 Solar One 的基础上进行技术升级，主要升级的技术采用了储热技术[1]。Solar Two 太阳能热电站也因此向全世界展示了太阳能热技术的优越性，即可以高效和经济地将热量进行储存，电站在没有阳光的条件下仍然可以正常发电，这也使得太阳能热发电技术的商业化成为可能。

近年来，由于光伏发电、风力发电装机容量的不断增加，电网的负担日益加剧，弃风、弃光的现象频发，有关新能源能否取代传统能源的悲观情绪也在蔓延。在此背景下，太阳能储能系统技术是现在解决可再生能源的不稳定性，以及使新能源发电作为基础电力实现接近 24 小时连续供电的关键技术。

化学电池储能虽然拥有高效率，但成本相当高。南加利福尼亚州爱迪生电力公司（South California Edison，SCE）的 8 兆瓦锂电池储能示范项目 Tecachapi，储能时长 4 小时，成本为 5000 万美元，储能量仅 32 兆瓦·时，存储成本约 1500 美元/（千瓦·时）[2]。电池储能不管从成本还是寿命上来说，暂时都无法满足大容量太阳能储能系统的要求。

传统抽水蓄能系统需要特殊的地理条件来建造两个水库和水坝，具有选址困难，初期投资巨大，建设周期长达 5～15 年，甚至会破坏生态环境等劣势；而且因利用淡水作为运行工质，对淡水资源的依赖较大[3]。太阳能电站一般建造在光资源好的西北地区，这样的地区水资源缺少，难以采用抽水蓄能的方式。

储热目前是太阳能大规模储能系统的首选方案。美国 Solar Reserve 公司曾以 110 兆瓦的配 10 小时熔盐储热系统 Crescent Dunes 光热电站为例估算，该项目的总存储能量为 1100 兆瓦·时，成本大约为 8000 万美元，合 72.7 美元/（千瓦·时）。

熔盐储热材料具有黏度低，流动性能好，系统压力小，比热容高，蓄热能力强，成本较低等诸多优点，已成为太阳能高温传热蓄热介质的良好选择[4]。

双罐熔盐储热系统常用于光热电站的能量储存，一般由一个高温罐和一个低温罐组成。当电站储存能量时，低温罐中的冷熔盐获得热量温度升高，并储存在高温罐中；当电站需要能量时，高温罐中的高温熔盐与水换热产生的蒸汽推动汽轮机发电，熔盐温度降低并回到低温罐中储存[5]。目前，高温双罐熔盐储热系统是光热电站中的主流储热系统。

二、国内外现状

熔盐储热渐成主流。已经在多个实际电站项目中有应用的传统熔盐一般由60%的硝酸钠和40%的硝酸钾混合而成[6]，美国和西班牙的多个聚光太阳能发电（CSP）电站都采用这种熔盐。实践证明，配置储热系统可以使光热发电与不稳定的光伏和风电相抗衡。这样的配置使CSP电站能够实现24小时持续供电和具有输出功率高度可调节的特性，可与传统的煤电、燃气发电、核电的电力生产方式相媲美，具备作为基础支撑电源与传统火电厂竞争的潜力。

熔盐储热系统由于所用熔盐在低温会发生凝固，从而在系统启动、停机等工况下易发生冻堵并导致系统运行失败。所以需要从设备选型、系统设计、工艺流程等多方面着手，利用高低温罐、熔盐换热器、阀门及管路等的优化设计，以防止系统冻堵的发生，确保系统在工作范围内正常运行。一直以来，更多的可应用于光热发电的储热介质也在持续研究和开发中，但目前还没有一种可与熔盐相媲美。

历史已经证明熔盐在光热电站中的应用价值。国际上先后有CSP电站使用熔盐储热系统：1983年，法国的THEMIS电站投运，其装机容量为2.5兆瓦；1996年，美国的Solar Two电站投运，其装机容量为10兆瓦[1, 7, 8]；2004年，西班牙的Solar Tres电站投运，其装机容量为15兆瓦；2006年，西班牙在Granada省内建造了50兆瓦的槽式聚光太阳能热发电系统Andasol-1，以及后期建成并投入使用的Andasol-2和Andasol-3，三者均采用Solar Salt熔盐作为蓄热介质[9]；2010年，意大利阿基米德4.9兆瓦槽式CSP电站运行[10-13]；2011年7月，西班牙Torresol能源公司19.9兆瓦的塔式光热电站（SGS）Gemasolar在全球范围内首次成功实现24小时持续发电；2013年，美国的SGS电站投运，其装机容量为280兆瓦[14]。

全球拟配置的熔盐储热系统的光热发电装机容量超过 1.5 吉瓦，熔盐需求量超过 100 万吨。伴随熔盐储热技术的日渐成熟，越来越多的 CSP 电站开始使用熔盐技术。确定将采用熔盐技术的还有：中国甘肃和青海的两个 50 兆瓦的槽式光热电站项目（中国广核集团德令哈 50 兆瓦，中国华电工程集团甘肃金塔 50 兆瓦）；美国 Bright Source 公司规划建设的 Siberia 电站和 Sonoran West 电站项目；陕西省延安市的中投亿星新能源投资有限公司的熔盐储能项目，主要利用太阳能和夜间价格低廉的谷电加热熔盐来实现供热，具有全程零排放、零污染的优点，是熔盐储能的应用模式之一；位于甘肃省敦煌市的敦煌熔盐塔式 10 万千瓦光热发电示范项目；位于青海省海西蒙古族藏族自治州（简称海西州）的鲁能海西州 50 兆瓦塔式熔盐光热电站 EPC 项目，建成后将与该多能互补示范基地的 200 兆瓦光伏发电项目、400 兆瓦风电项目和 50 兆瓦蓄电池储能电站一起，形成风、光、热、储多种能源的优化组合；位于甘肃省玉门市的玉门鑫能 50 兆瓦熔盐塔式光热示范项目，设置一套双罐二元熔盐储热系统（储热容量满足汽轮发电机组满负荷 9 小时的运行需要）；位于甘肃省阿克塞哈萨克族自治县的金钒能源 50 兆瓦高温槽式熔盐光热发电项目；位于内蒙古的马可波罗梦幻城绿色熔盐供热制冷项目，分管网、热源、冷热交换、自动控制等六大系统，其核心技术就是熔融盐，建成后，夏天可以制冷，冬天可以供暖；位于内蒙古察哈尔右翼中旗科布尔镇的国内首个大型混合储能碟式光热发电项目[15]。可见，熔盐储热技术的应用已渐成常态化。

另外，熔盐作为一种性能较好的传热介质日渐兴起，其工作温度可达 560 摄氏度，是传统的碳氢化合物和导热油等传热介质无法相比的。总的来说，熔融盐是一种成本低、寿命长、换热性能好的高温（大于 500 摄氏度）、高热通量（大于 105 瓦/米 ^{2}）和低压（<2 巴）的传热介质。液态金属虽然流动性好、传热能力强、使用温度高且温度范围广，但具有价格贵、使用寿命短（3～5 年）、使用温度低、泄漏易着火且有污染、压力高（10 巴左右）等劣势。此外，还有一些常用的传热介质，具体对比见表 4-14-1。

表 4-14-1　多种传热介质优缺点对比[16-18]

传热工质	优点	缺点
水	经济方便，可直接带动汽轮机，系统压力大（10 兆帕以上），省去了中间换热环节	系统压力大（10 兆帕以上），蒸汽传热能力差，容易发生烧毁事故

续表

传热工质	优点	缺点
导热油	流动性好、凝固点低，传热性能较好	价格贵、使用寿命短（3～5 年）、使用温度低、泄漏易着火有污染，压力高（10 巴左右）
液态金属	流动性好、传热能力强、使用温度高且温度范围广	价格昂贵、腐蚀性强，易泄漏、易着火甚至爆炸、安全性能差
热空气	经济方便可直接带动空气轮机，使用温度可达千摄氏度以上	传热能力差，热容小，散热造成温度快速下降、高温难以维持
熔盐	传热无相变，传热均匀稳定，传热性能好、系统压力小、使用温度较高、价格低、安全可靠	容易凝固冻堵管路

熔盐作为传热介质与导热油作为传热介质的 CSP 电站原理图（图 4-14-1）：

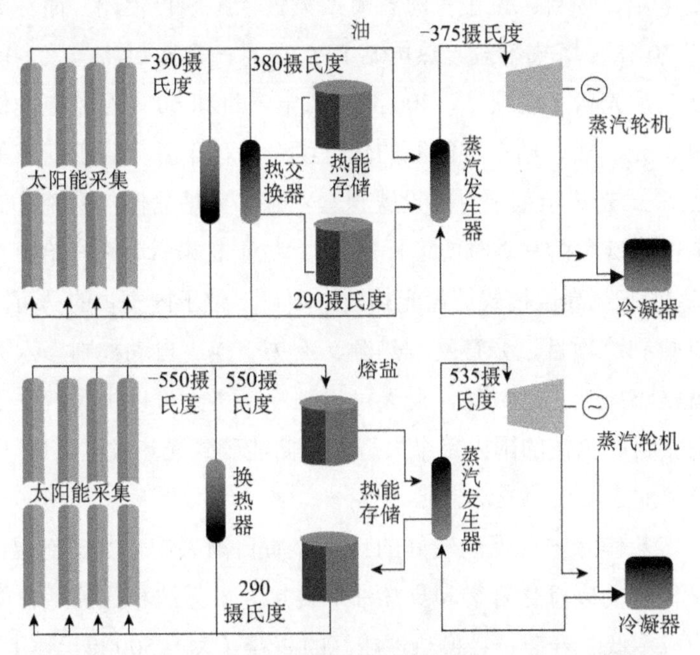

图 4-14-1　熔盐和导热油分别作为传热介质的 CSP 电站原理图

从图中可以看出，使用熔盐作为传热和储热介质，可省去一道热交换工序。高温熔盐直接进入熔盐罐后输出加热水，产生过热蒸汽来发电。而使用导热油作传热介质，熔盐作储热介质，则需要导热油与熔盐进行一次换热，增加了工序的复杂度。用熔盐作传热介质将节省约 30%的储热系统建设成本，同时提高整体换热性能。

与传统的传热介质导热油相比，熔盐的工作温度更高，而且不易燃，无污染，对环境较友好。

不仅储热系统采用熔盐，伴随熔盐作为传热介质的研发和应用，多个 CSP 电站也将采用熔盐直接作为传热工质。表 4-14-2 列出了使用熔盐作传热介质的 CSP 电站项目。

表 4-14-2　待完成的使用熔盐作传热介质的 CSP 电站项目列表

电站	装机/兆瓦	开发商	技术路线	国别
Cresent Dunes	110	Solar Reserve，Cobra	塔式	美国
Crossroads Solar Energy	150	Solar Reserve	塔式	美国
Quartzsite Solar Energy	100	Solar Reserve	塔式	美国
Rice Solar Energy	150	Solar Reserve	塔式	美国
Saguache Solar Energy	200	Solar Reserve	塔式	美国
Upington	100	Eskom	塔式	南非
Humansrus	100	Solar Reserve	塔式	南非
Alcazar	50	Preneal，Solar Reserve	塔式	西班牙

熔盐的缺点在表 4-14-1 中已列出，其最大的属性缺陷是较高的凝固点，易造成集热管管路堵塞。西班牙能源与环境技术中心的 Jesus Fernández-Reche 表示，在储热罐中，熔盐的凝固不会引起太大问题；在西班牙已运行电站的熔盐储热系统中，熔盐罐的温度每天仅下降约 1 摄氏度。而在传热系统中，熔盐的冻结会造成较大风险，严重的可导致槽式电站集热管的断裂等。

为克服上述缺点，全球多家单位都在研制低熔点熔盐。挪威 Yara 国际公司、中国北京工业大学等机构都宣称已开发出低熔点熔盐，但都尚待实际电站的运行检验。

在经济方面，熔盐的成本一直不太稳定，这是由于熔盐的主要组成与化肥的成分相似，其价格较易受到农业生产的影响而波动。另外，化肥及其他一些产业需要的盐的纯度与 CSP 的熔盐需要不相符，这意味着需要采用特殊的生产工序来满足 CSP 的应用需求。这些因素的相互作用导致熔盐的价格波动很大，波动范围从 1 美元/千克到 10 美元/千克不等。因此，熔盐储热系统的成本较难预测。CSP 电站的建设运营方和熔盐供应商都在努力得到一个稳定的熔盐价格，以便更清晰地掌控电站的建设运营风险。

三、技术展望

熔盐储热技术虽然已在多个商业化电站中验证了可行性，但最近美国 110 兆瓦新月沙丘光热电站因熔盐罐熔盐泄漏事故成为瞩目的焦点，熔盐储热系统的安全性、可靠性再次受到关注。该电站 2016 年 2 月份正式并网发电，实现商业化运转，成为全球装机最大的塔式熔盐光热电站。此次熔盐罐熔盐泄漏事故造成的维修成本及售电收入损失不容小觑，给整个光热发电行业敲响了警钟。

熔盐储热系统作为光热发电的能源岛，使光热发电比其他可再生能源发电技术可以为电网提供更稳定的电力供应。2016 年 9 月国家能源局发布的首批 20 个光热示范项目中，有 18 个项目采用熔盐储热技术；熔盐储热不可轻视。

在熔盐储热系统中，反复的高温工质的提取和存储，易造成热罐内部受热不均从而导致破损和泄漏。现在国内一些原材料达不到光热电站熔盐级的要求，材料的不达标可能会产生点蚀、喘振、堵塞、爆管、泄漏等一系列问题。要想满足这些组分、性能的需求，必须采取以下措施：工艺生产路线的技术改造、优化，进行技术创新，实施全面质量管理，以及建立企业、行业、国家光热发电熔盐级的相关标准。目前熔盐储热技术缺乏相关标准，材料的生产、设备的制造及储热系统还存在没有建立标准或上下游标准不完善的问题。设备材料、焊接质量、罐体底部处理、温变应力、检测质控等环境不能严格把关。综合以上各种因素，电站投运五年内会有一定比例的熔盐储热系统出现事故。为此，需要在核心储热材料、关键储热设备、储能系统控制及设计、施工、运维等各个储能相关环节做到高标准、严要求，以确保储能系统从材料、设备到系统控制、设计、施工、运维等各个环节都有良好的设计及操作规范，提供品质过关、安全可靠、综合性价比高的产品及服务。

尽管熔融盐储热在实施过程中发生过一些工程问题，但这些工程问题不是难以逾越的难关，都在可以解决的范围内。考虑到其寿命、成本的绝对优势，高温熔融盐储热仍然是首选的储能方案。熔融盐储能是太阳能热发电的关键技术，也是实现能源多样化、多能互补综合应用的核心技术。实现大规模储热，可将不可控的能量输入转化为可控的能量输出，改善风能、太阳能等可再生能源的不连续、不稳定性，以实现安全、稳定供电、供能。因此，在光热发电进入商业化示范的关键时期，需要求光热电站的工程承包商、材料供应商、技术研发等各个部门严格把关输出的产品、技术、工程，对光热发电行业、对新能源的未来发展负责，以形成光热发电稳健发展的新常态。

参考文献

[1] Reilly H E，Kolb G J. An Evaluation of Molten-Salt Power Towers Including Results of the Solar Two Project [R]. Office of Scientific & Technical Information Technical Reports，2001.

[2] CSPPLAZA. 熔盐储热技术在储电市场具有竞争力吗？ [EB/OL]. http://www.cspplaza.com/article-5276-1.html [2015-06-08].

[3] 谭雅倩，周学志，徐玉杰，等. 海水抽水蓄能技术发展现状及应用前景 [J]. 储能科学与技术，2017，6（1）：35-42.

[4] 王霞，王利恩. 熔融盐储热技术在新能源行业中的应用进展 [J]. 电气工程学报，2013，（10）：74-78.

[5] 杜中玲. 太阳能中高温热利用及其储热技术的应用研究 [D]. 南京：东南大学，2015.

[6] 魏高升，邢丽婧，杜小泽，等.太阳能热发电系统相变储热材料选择及研发现状 [J]. 中国电机工程学报，2014，34（3）：325-335.

[7] Litwin R Z. Receiver System：Lessons Learned from Solar Two [R]. Office of Scientific & Technical Information Technical Reports，2002，3.

[8] Zavoico A B. Solar Power Tower Design Basis Document，Revision 0 [R]. Office of Scientific & Technical Information Technical Reports，2001.

[9] 王立娟，闫全英. 熔融盐在太阳能热发电中的应用及性能研究现状 [J]. Material Sciences，2015，05：72-78.

[10] Gasanaliev A M，Gamataeva B Y. Heat-accumulating properties of melts [J]. Russian Chemical Reviews，2000，69（2）：179-186.

[11] Herrmann U，Kearney D W. Survey of thermal energy storage for parabolic trough power plants [J]. Journal of Solar Energy Engineering，2002，124（1）：145-152.

[12] 吴玉庭，张丽娜，马重芳. 太阳能热发电高温蓄热技术 [J]. 太阳能，2007，（3）：23-25.

[13] 杨小平，杨晓西，丁静，等. 太阳能高温热发电蓄热技术研究进展 [J]. 热能动力工程，2011，26（1）：1-6.

[14] 邹琴梅. 塔式太阳能熔盐吸热器的传热特性研究与设计 [D].杭州：浙江大学，2014.

[15] 刘文琦. 我国熔盐储热应用市场已趋明朗 [EB/OL]. http://cnste.org/html/jiaodian/2017/1205/2339. html [2017-12-05].

[16] 沈向阳，丁静，彭强，等. 高温熔盐在太阳能热发电中的应用 [J]. 广东化工，2007，34（11）：49-52.

[17] 沈向阳，彭强，杨建平，等. 聚光式太阳能热发电中传热工质的研究现状 [J]. 广东化工，2011，38（8）：84-85.

[18] 杨敏林，杨晓西，左远志. 塔式太阳能热发电吸热器技术研究进展 [J]. 科学技术与工程，2008，8（10）：2632-2640.

第十五节　高效新型太阳电池材料及电池制备关键技术展望

姚建曦[1]　孔凡太[2]
（1 华北电力大学；2 中国科学院合肥物质科学研究院）

一、重要意义

半导体太阳电池于 1954 年问世。经过半个多世纪的努力，太阳能光伏技术得到快速发展。在太阳电池发展历程中，提高光电转换效率和降低成本始终是两个最核心的问题。目前，商用太阳电池主要为硅基电池，其单结电池光电转换效率已达到 26%。然而，与常规发电相比，体硅电池的发电成本仍较高，因此发展更高效率、更低成本、更加环保的新型太阳电池，是太阳能发电获得广泛应用和服务于国民经济发展的必然选择。

新型太阳电池主要包括钙钛矿太阳电池、染料敏化太阳电池、有机太阳电池、铜锌锡硫太阳电池和量子点太阳电池等，具有高效率、低成本及环境友好等优点。新型太阳电池在前期的研究中均表现出优异的性能和潜力，经过多年在概念、机理、材料、器件等方面的研究积累，已经发展到从实验室走向中试示范的关键阶段。目前，钙钛矿太阳电池认证效率达到 24.2%，量子点太阳电池的认证效率也达到 16.6%，染料敏化太阳电池认证效率为 11.9%，均展现出良好的发展前景。新型太阳电池因材料来源丰富，且制备过程对环境影响很小，具有良好的可持续性，未来极有可能取代体硅太阳电池成为太阳能应用的主力。纵观太阳电池发展的历史可以看出，各种电池之间存在优势互补，不同的应用场合需要不同种类的电池。新型太阳电池虽然当前还未得到大规模的应用，但随着光电转换效率的进一步提升，经济成本的不断下降，未来必将在太阳能应用中占据一席之地，对我国能源结构的调整起到关键性作用。

二、新型太阳电池发展现状

按照目前发展状况，下面分别按照钙钛矿太阳电池、染料敏化太阳电池、有机太阳电池、铜锌锡硫太阳电池、量子点太阳电池五个方面进行介绍。

（一）钙钛矿太阳电池

2009年，日本Kojima等首次将铅卤化物杂化钙钛矿作为代替染料分子的光吸收材料，并结合二氧化硅纳晶薄膜和碘电解质，制备出功率转换效率达3.8%的太阳电池[1]。随后，韩国的Park小组制备出转换效率达6.5%的钙钛矿量子点敏化太阳电池[2]。但是两者制备的器件稳定性都非常差。为了提高器件的稳定性，瑞士的Grätzel小组利用spiro-OMeTAD作为空穴输运材料来代替液体电解质，将钙钛矿太阳电池的功率转换效率提高到9.7%[3]；同时明显改善了器件的稳定性，使器件在没有封装的条件下可稳定工作500小时。Grätzel小组随后发展出两步顺序沉积法，通过调控钙钛矿$CH_3NH_3PbI_3$材料在介孔二氧化硅表面的结晶形态，制备出15%的高效固体器件，器件效率经Newport公司认证为14.1%[4]。Snaith课题组通过双源蒸发获得极其平整的$CH_3NH_3PbI_{3-x}Cl_x$薄膜，使制备的平面异质结器件效率达15%，远高于相同材料基于溶液处理方法获得的器件效率[5]。2017年韩国的Seok课题组将微量三碘离子（I_3^-）引入制备钙钛矿的有机阳离子溶液中，采用两步沉积法制备出高质量的混合型有机-无机杂化钙钛矿薄膜，有效降低了钙钛矿薄膜的深能级缺陷态浓度；他们不仅制备出认证效率高达22.1%的小面积钙钛矿电池和认证效率为19.7%的大面积电池（1平方厘米），而后在此基础上还制备出认证效率达22.7%的钙钛矿太阳电池[6, 7]。

在大面积钙钛矿太阳电池研究方面，2017年12月，中国杭州纤纳光电科技有限公司在空气环境中制备出高质量的大面积钙钛矿薄膜与钙钛矿小组件，刷新了钙钛矿电池小组件认证效率的世界纪录，达到17.4%（17.8平方厘米）。

目前，该类电池尽管实验室效率很高，但在光照、高温、有水环境下的不稳定性问题始终是其走向实用化的最大障碍。中国华中科技大学韩宏伟等利用丝网印刷方法制备出相对稳定的无空穴传输材料的介孔P-N异质结构钙钛矿太阳电池，使其效率达到12.8%，在空气中阳光照射下可稳定超过1000小时。美国的Yang团队获得的电池的初始效率为14.8%，在标准测试条件下，经1440小时，效率衰减了 10%[7]。韩国 Seok 团队报道了采用掺镧的 $BaSnO_3$ 作为电子传输层的电池，其效率为 21.2%，在 1000 小时后仍保留 93%的初始性能。瑞士 Grätzel 小组在电池结构上取得突破，通过引入硫氰酸亚铜，成功提升了钙钛矿电池的运行稳定性；其电池的初始效率达到 20%，1000 小时后，效率下降不到 5%。

（二）染料敏化太阳电池

瑞士洛桑高等工业学院 Grätzel 教授领导的小组在 1991 年以纳米多孔电极代替平板电极，制作出染料敏化太阳电池。染料敏化太阳电池在光电转换效率取得 7.1%的突破性进展后，得到了国际上广泛的关注和重视。其廉价的生产成本，易于工业化生产的工艺技术及广阔的应用前景，吸引了众多科学家进行研究和开发。染料敏化太阳电池在产业化和应用研究上取得了较大的进展，澳大利亚 Dyesol 公司在大面积电池制作技术、欧盟在单片大面积电池的光电转换效率上都取得了先进的研究成果。美国 STI 公司建立了世界上首条染料敏化太阳电池中试线，并与中国科学院等离子体物理研究所合作，采用染料敏化太阳电池在 2003 年完成了 200 平方米的显示屋顶建设，体现了未来工业化应用的前景。

通过近十年的发展，目前染料敏化太阳电池已成为十分活跃的研究领域，染料敏化太阳电池的实验室光电转换效率已非常接近非晶硅太阳电池。除低成本、高效率及未来可能产生巨大潜力的市场的原因之外，相对比较低的门槛也使工业界易于介入。但在产业化研究和攻关中遇到的最大难度主要集中在电池寿命和效率上。在产业化研究上，英国 G24 Innovations Ltd（G24i）利用辊对辊薄膜印刷技术，在 2007 年 10 月开始规模化生产柔性衬底电池，其生产线在 3 小时内可生产长 800 米的电池；这种电池可广泛应用于便携式和移动式充电系统（如手机、笔记本电脑或其他领域）。

我国在染料敏化太阳电池的基础研究和产业化研究上都与世界水平相接近。中国科学院于 2004 年底成功完成 500 瓦的示范系统建设，并保持运行至今；于 2011 年底完成 0.5 兆瓦电池的中试生产线建设，并建立 5 千瓦示范系统；为 DSC 下一步的推广应用打下了坚实的基础。

（三）有机太阳电池

有机太阳电池目前认证的最高效率已达 11.5%，美国 Polyera 公司已做到

9.1%的效率，日本三菱化学和东京大学联合研究小组、日本住友电气工业株式会社和美国加利福尼亚大学洛杉矶分校都已研究出光电转换效率超过 10%的叠层太阳电池（tandem cell）。未来有望达到 15%的光电转换效率。

目前，有机太阳电池的光电转换效率已达到 11%，其应用前景初步呈现。但是，与现有成熟的硅基太阳电池相比，目前使用的共轭聚合物存在太阳光利用效率低和电荷载流子迁移率低等问题，也使器件常常存在电荷传输、收集效率低及填充因子小等缺点。近年来的研究热点都集中在解决以上问题。此外，常用的给体材料早期以聚苯乙烯撑衍生物为主，但它的吸收光谱和空穴迁移率都不及结构规整的聚（3-己基噻吩）（P3HT）。最近几年的研究热点集中于聚噻吩衍生物和 D-A-D 结构窄带隙聚合物。降低给体聚合物材料带隙的最广泛而有效的方法就是：通过共聚具有 HOMO 能级的给体与 LUMO 能级的受体，形成 D-A 型结构。在电池结构方面，目前国内外制作的有机太阳电池一般结构为 ITO/PEDOT：PSS/P3HT：PCBM/LiF/Al。由于活性层是给体和受体两种材料的混合，当混合层与电极接触时就有可能发生给体材料与阴极接触、受体材料与阳极接触，这将导致接触阻抗的增加。通常在电极与有机层之间插入一薄层界面层来实现减少阻抗、降低串联电阻的目的，界面层常采用 LiF；也有文献报道在活性层和铝电极之间加入 TiO_x 缓冲层，可以起到电子的传输层和空穴阻挡层的作用。叠层结构是提高器件光电转换效率的一个有效途径，即将具有不同带隙的两个或更多单个电池在垂直于衬底的方向上叠加起来，中间采用透明导电的电极并以并联或串联的方式连接。叠层结构太阳电池能够增加对太阳光的吸收，更加有效地利用光能，同时也可以解决热损失效应的问题。

中国国家纳米科学中心的丁黎明研发出一类新型碳氧桥梯形稠环单元。与传统的碳桥梯形稠环单元如吲哒省类分子（IDT，IDTT）相比，它具有更强的给电子能力和更大分子平面；用它构筑的 D-A 共聚物给体分子或 A-D-A 非富勒烯受体分子，具备更窄带隙，更强吸光能力，以及更强载流子传输能力，可使太阳电池获得更高短路电流密度（J_{sc}）、填充因子（FF）和能量转换效率（PCE）。在此基础上，他们设计合成出基于八环碳氧桥梯形稠环单元的非富勒烯受体分子 COi8DFIC，其光学带隙仅为 1.26 电子伏特，在 600～1000 纳米范围内具有强吸光能力；利用 COi8DFIC 与给体 PTB7-Th 共混制备出的体异质结太阳电池，获得了 12.16%的 PCE 和 26.12 毫安/厘米^2 的 J_{sc}；将富勒烯受体

PC71BM 引入 COi8DFIC 和 PTB7-Th 二元体系，再经过系统优化，使电池获得了 14.08%的 PCE。

（四）铜锌锡硫太阳电池

Cu_2ZnSn（S_x，Se_{1-x}）$_4$（CZTSSe）薄膜，是由Ⅰ-Ⅱ-Ⅳ-Ⅵ元素组成的锌黄锡矿结构（kesterite），包括铜锌锡硫（Cu_2ZnSnS_4，简称 CZTS）、铜锌锡硒（$Cu_2ZnSnSe_4$，简称 CZTSe）薄膜。铜锌锡硫和铜锌锡硒为 P 型直接带隙半导体材料，其电学特性是由元素微量失配带来的结构缺陷决定，其光吸收系数达到 10^4/厘米以上；可通过调整硫与硒的比例来调节导带和价带位置，使 CZTSSe 的带隙在 1.0～1.5 电子伏特的范围内可调，以实现与太阳光谱的良好匹配。作为铜铟镓硒薄膜太阳吸收层的替代材料，铜锌锡硫和铜锌锡硒与太阳辐射的匹配性好，其理论极限效率高达 31%～32%，且稳定性好。相比于铜铟镓硒和碲化镉等高效薄膜太阳电池，CZTSSe 电池的原料具有地表丰度高、价格便宜、无毒等优点，属于低成本、绿色环保、高效多晶薄膜太阳电池，将在未来不断增长的清洁能源需求中发挥巨大作用。2013 年 9 月，美国 IBM 沃森研究中心采用涂覆法，制备出效率为 12.6%的 CZTSSe 电池，使之成为光伏电池中的研究热点。

CZTSSe 薄膜的制备方法与铜铟镓硒薄膜大体相同。真空法包括共蒸发一步法和溅射预制层后再硒化/硫化的两步法，非真空法为金属预制层涂覆或电沉积后再热处理的两步法。CZTSSe 由于成相区域较小，合成机理及反应路径复杂，在合成过程中容易产生 Zn（S，Se）、Sn（S，Se）$_2$ 和 Cu_2（S，Se）等二元相，也容易产生气态 Sn（S，Se），从而造成 Sn 元素流失带来的材料的结构缺陷。在非真空法制备 CZTSSe 薄膜太阳电池的过程中，先用肼溶液制备出铜锌锡硒墨水涂覆前驱体薄膜，再经高温硒化热处理后，得到的薄膜结晶质量好，且没有残留物，可使电池效率达到 12.6%；这个效率是目前 CZTSSe 薄膜太阳电池的世界纪录。该方法简单、薄膜成分可控，但肼溶液有毒，制备过程中需要注意安全性。铜锌锡硒太阳电池目前比较突出的问题是开路电压偏低，尚未实现吸收层内的能带梯度调控；另外，在制备过程中，Mo 电极与吸收层 CZTSSe 容易生成过厚的 Mo（S，Se）$_2$，这会导致电池串联电阻增加和器件性能恶化，这方面很多工作尚处在基础研究中。

（五）量子点太阳电池

量子点太阳电池存在一个光子同时激发产生多个激子及利用载流子的可能性，其外量子效率有望超过100%，理论转换效率有望突破Shockley-Queisser的上限（32%）。在最近5年内，量子点太阳电池报道的最高光电转换效率由当初不到3%提高到目前的8.55%，这预示着其光明的发展前景。通过开发配体交换自组装沉积技术，液态量子点敏化太阳电池已取得6.76%的效率纪录。

造成目前量子点太阳电池效率低于晶硅太阳电池和薄膜太阳电池的原因是多方面的，主要包括：低的量子点负载量、吸光范围窄、低的电子注入效率及高的电荷复合。今后需要大力发展材料带隙调控及宏量制备技术、量子点表面钝化技术。

三、新型太阳电池未来发展展望

综合两次调查问卷调查结果及目前新型太阳电池发展现状，我们认为目前我国新型太阳电池领域应该重点发展的技术如下。

1. 高效钙钛矿太阳电池

预计未来15年左右，通过优化太阳电池的结构及材料，并结合适当的电池封装技术，高效率稳定的大面积钙钛矿太阳电池的效率可超过20%，无机非铅钙钛矿光伏器件的光电转换效率可达到20%以上，实现效率达30%以上且达到产业化要求的大面积（>100平方厘米）的性能稳定的钙钛矿/晶体硅叠层太阳电池。

2. 染料敏化太阳电池

固态电解质染料敏化太阳电池效率可望达到10%以上，长效稳定性（模拟室外条件）达到1万小时。新型受体的聚合物电池效率可望达到12%。

3. 有机太阳电池

通过发展新型光活性材料（聚合物或有机共轭小分子给体材料及富勒烯或非富勒烯受体材料）和高稳定性的界面材料，优化器件制备和封装工艺，可以实现效率达到15%以上，尺寸与单晶硅太阳电池板的标准尺寸相当，且长寿命（10年以上）的大面积柔性有机太阳电池的产业化。

4. 铜锌锡硫太阳电池

小面积 CZTSSe 纳米晶薄膜太阳电池的光电转换效率可达到 20%以上，大面积器件效率达到 15%以上。

5. 量子点太阳电池

设计制备出兼有宽光谱吸收和高电子注入效率的复合结构量子点，使电池效率大于 10%。通过新型无毒低成本化合物太阳电池（如硒化锑、硫化铋等二元简单无毒化合物电池）的基础研究和设备开发，可使这类电池的效率达到 10%。

参 考 文 献

[1] Kojima A, Teshima K, Shirai Y, et al. Organometal halide perovskites as visible-light sensitizers for photovoltaic cells [J]. Journal of the American Chemical Society, 2009, 131 (17): 6050-6051.

[2] Im J H, Lee C R, Lee J W, et al. 6.5% efficient perovskite quantum-dot-sensitized solar cell [J]. Nanoscale, 2011, 3: 4088-4093.

[3] Kim H S, Lee C R, Im J H. Lead iodide perovskite sensitized all-solid-state submicron thin film mesoscopic solar cell with efficiency exceeding 9% [J]. Scientific Reports, 2012, 2: 591.

[4] Lee M M, Teuscher J, Miyasaka T, et al. Efficient hybrid solar cells based on meso-superstructured organometal halide perovskites [J]. Science, 2012, 338 (6107): 643-647.

[5] Liu M Z, Johnston M B, Snaith H J. Efficient planar heterojunction perovskite solar cells by vapour deposition [J]. Nature, 2013, 501 (7467): 395-398.

[6] NREL. Best research-cell efficiency chart.https://www.nrel.gov/pv/cell-efficiency.html [2018-4-20].

[7] Yang W S, Park B-W, Jung E H, et al. Iodide management in formamidinium-lead-halide-based perovskite layers for efficient solar cells [J]. Science, 2017, 356 (6345): 1376-1379.

第十六节　电压等级达±500 千伏及以上的柔性直流输电技术展望

韦统振[1,2]　宁圃奇[1,2]

（1 中国科学院电工研究所；2 中国科学院大学）

随着全控型半导体器件性能的不断提高，柔性直流输电技术作为一种新型直流输电技术得到了广泛的应用。本节将详细阐述发展柔性直流输电技术的重要意义，总结目前柔性直流输电技术的主要应用场合；简要回顾国内外柔性直流输电技术的相关研究进展，分析未来待解决的关键技术问题，并对柔性直流输电技术发展前景进行展望。

一、发展柔性直流输电技术的重要意义

随着电力电子技术的发展，全控型半导体器件的容量不断增大。基于全控型半导体器件的电压源型高压直流输电（VSC-HVDC）技术成为学术界及工业界研究和关注的焦点。瑞士 ABB 公司将这种新型的直流输电技术命名为 HVDC-Light；德国 Siemens 公司将其命名为 HVDC-Plus；我国通常称之为柔性直流输电。相比于传统高压直流输电，柔性直流输电具有有功无功独立解耦控制、不存在换相失败、可以更加方便地进行潮流翻转、输出谐波含量少、对滤波器要求低、可向无源网络供电等诸多优势[1, 2]。

柔性直流输电技术在解决可再生能源发电并网、城市电网增容改造、无源网络供电及弱化我国电网交直流耦合等方面均具有显著优势及广阔的应用前景[3-5]，主要应用于如下几个场合。

1. 可再生能源发电并网

为了贯彻可持续发展战略，我国正在大力推进风能、太阳能等可再生能源的发电并网。风能、太阳能等可再生能源多为间歇性能源，发电功率波动大，直接并网会对电网带来冲击；采用柔性直流输电技术，可以合理控制换流器输出的有功、无功功率，有效缓解这些可再生能源并网时产生的功率波动及相应的电能质量问题。

2. 构筑城市直流输电网

城市中心往往是负荷中心，电能需求大且用地紧张。原来的交流架空线路较难实施增容改造，采用柔性直流输电技术可比交流线路输送更多的功率并且占用更小的空间。同时柔性直流输电还可以快速灵活地独立控制有功、无功功率，以提高城市供电的可靠性及供电质量。

3. 无源网络供电

海上孤岛、石油钻井平台等具有负荷轻、波动大等特点，通常采用天然气、柴油发电机等实现自供电，这样做成本高且供电可靠性难以保证。柔性直

流输电可以实现无源网络或者弱交流系统的灵活可靠供电，且不受输送距离的限制。从技术及经济角度考虑，采用柔性直流输电为该类负荷供电是一种较为理想的选择。

4. 弱化我国电网交直流耦合

传统高压直流输电系统与交流输电系统之间存在很强的耦合关系。交流系统发生故障时，极易引起并列运行的传统高压直流输电系统发生换相失败，从而导致系统故障的进一步扩大。多条传统高压直流输电工程落点在同一个位置时，更易引起故障连锁反应，导致多个逆变站发生换相失败，引起更为严重的电网事故。而柔性直流输电实现了有功无功独立解耦控制，不依赖交流系统换相，为弱化电网交直流耦合提供了解决方案[6]。

二、国内外相关研究进展

柔性直流输电技术的发展始于 20 世纪 90 年代。目前世界上投入运行的柔性直流输电工程基本都采用两电平和模块化多电平换流器拓扑结构。德国慕尼黑联邦国防军大学的 R.Marquart 和 A.Lesnicar 于 2002 年提出模块化多电平变换器（modular multilevel converter，MMC）。这种变换器可利用电压等级较低的半导体功率器件和电容，并利用模块级联形成高电压等级的交直流变换器。与两电平电压源型换流器（voltage source converter，VSC）相比，它无需通过低压功率器件，可直接串联来提高电压等级。与二极管箝位型和飞跨电容型多电平变换器相比，它可以解决输出电平数增多时所需钳位二极管和电容急剧增加的问题。与级联 H 桥多电平变换器相比，它在传输有功功率时无需在每个子模块（sub-module，SM）上安装独立的直流电源，可使装置具有较小的体积[7]。2010 年，世界上首个基于 MMC 的直流输电工程——美国的 Trans Bay Cable 工程投入商业运行，此后新建的柔性直流输电工程大多采用 MMC 技术。目前国外已经建成或正在建设的柔性直流输电工程已达数十个。其中额定电压最高的为挪威和英国之间的 North Sea Link 工程，额定电压±525 千伏，额定容量 1400 兆瓦，将于 2021 年投运[8]。

近年来，国内在直流输电和直流电网技术方面发展迅速，已经走在世界前列。目前已经建设完成的 5 条柔性直流输电工程是：①上海南汇柔性直流输电工程。该工程额定电压±30千伏，额定容量 18 兆瓦，为我国首条柔性直流输电工程。②广东南澳±160 千伏多端柔性直流输电示范工程。该工程 2013 年投运，额定容量 200 兆瓦，具有塑城站、青澳站、金牛站三个换流站，可将南澳岛上风电场的清洁能源通过金牛换流站和青澳换流站输送到汕头澄海区的塑城换流站。它是世界首条多端柔性直流输电工程，在多端柔性直流输电系统的拓扑结构、系统参数设计、系统控制和保护等方面具有重要的借鉴意义。③浙江舟山±200 千伏五端柔性直流科技示范工程。该工程额定容量 300 兆瓦，具有舟定、舟岱、舟衢、舟泗、舟洋 5 座换流站，实现了舟山北部地区多个岛屿间电能的灵活转换与相互调配，于 2014 年投运，为世界上首个五端柔性直流输电工程。④厦门±320 千伏柔性直流输电科技示范工程。该工程额定容量 1000 兆瓦，于 2015 年投运，为点对点两端柔性直流工程，是世界上首个采用真双极接线方案的柔性直流输电工程，也是当时世界上电压等级最高、输送容量最大的柔性直流输电工程。⑤鲁西背靠背直流工程。该工程额定电压±350 千伏，额定容量 1000 兆瓦，于 2016 年投运，是目前世界上首次采用大容量柔直与常规直流组合模式的背靠背直流工程。它实现了云南电网主网与南方电网主网的异步联网，可有效化解交直流功率转移引起的电网安全稳定问题，简化复杂故障下电网安全稳定控制策略，避免大面积停电风险，大幅度提高南方电网主网架的安全供电可靠性。

国家电网公司于 2018 年 2 月开工建设张北可再生能源柔性直流电网试验示范工程。该工程是世界首个柔性直流电网工程，也是世界上电压等级最高、输送容量最大的柔性直流工程[9]。张北可再生能源柔性直流电网为 O 形电网，4 个直流换流站分别接入北京延庆、张北、康保和丰宁，其中张北和康保均为新能源馈入站，丰宁为抽水蓄能站，延庆站为接收端。该工程在促进河北新能源外送消纳、服务北京低碳绿色冬奥会等方面具有重要意义。

三、未来待解决的关键技术问题

（一）新型电网电子器件应用

基于碳化硅和氮化镓等宽禁带材料的新型电网电子器件，具有耐压水平高、结温高、开关频率高、损耗小等突出优点，已成为国内外电力电子领域的研发热点。其中，1200 伏以下的碳化硅开关器件和肖特基势垒二极管（SBD），以及 650 伏以下氮化镓开关器件，已基本实现商业化批量生产，10 千伏以上的碳化硅电力电子器件也已研制出样片。10 千伏以上的碳化硅等宽禁带电力电子器件应用于电力系统，可简化现有电力系统用硅基电力电子装置的电路拓扑，并提高其运行可靠性、运行效率和功率密度。预计到 2020 年，采用碳化硅/氮化镓宽禁带电力电子器件的电力电子装置将会在光伏逆变器和储能系统中得到应用；2030 年左右，在关键技术取得进一步突破的基础上，10 千伏以上碳化硅电力电子器件可望在柔性直流输电、直流断路器等领域得到一定规模的应用。

（二）±500 千伏及以上柔性直流工程技术

柔性直流输电技术已在世界范围内取得广泛的应用。张北可再生能源柔性直流电网的开工建设，标志着我国已经具备开展±500 千伏及以下柔性直流输电工程的能力。目前，南方电网公司、许继集团等已经成功研制出±800 千伏特高压等级柔性直流换流阀，预计经过 3～5 年的技术攻关，2022 年前可以开展一定数量的±800 千伏柔性直流工程的建设。

（三）直流电网技术

直流电网是由大量直流端以直流形式互联组成的能量传输系统，一般采用柔性直流输电系统来构造直流电网。直流电网由于不存在同步稳定问题，传输距离基本不受限制，能够实现大范围的电力潮流调节和控制，对大规模高比例可再生能源发电并网具有显著的支撑和功率波动平抑作用。欧美发达国家和地区已提出多个直流电网规划，以实现其能源结构转型和碳减排的目标。我国规划了张北可再生能源柔性直流电网工程，以实现张北地区高比例可再生能源的并网和送出。随着未来我国西部和北部等地区及远海可再生能源的大规模开发，以及±500 千伏及以上电压等级的电压源换流器、±500 千伏及以上电压等级的直流断路器等技术的日益成熟，直流电网在输电和配电等方面将越来越受到关注和青睐，将成为未来智能电网发展的重要方向。预计到 2030 年，全球范围内将出现多个区域性直流电网，电压等级可达±500 千伏及以上。

四、柔性直流输电技术发展前景

我国西部地区能源多负荷少，全国 90%水电集中在西部地区；东部地区能源少负荷多，仅东部7省的电力消费就占到全国的40%以上。能源资源和电力负荷分布的严重不均衡，决定了大容量、远距离输电的必要性。常规直流输电对接入电网的短路容量有一定的要求，而且需要大量的无功补偿设备。随着越来越多的直流线路接入电网，许多常规直流输电固有的问题越来越难处理，新的问题也开始显现，如换相失败问题、多条直流溃入同一交流电网的相互影响问题等。

柔性直流输电技术理论上不存在这些常规直流输电的固有问题，对接入的交流电网没有特殊要求，可以方便地进行各种形式的交直流联网。目前柔性直流的输送容量主要受到电压源型换流器的器件容量、直流电缆耐受电压及子模块串联数量的限制。

柔性直流输电未来向大容量长距离方向发展必须突破的技术障碍包括：①电压源型换流器器件的本质改变，如利用碳化硅取代硅作为半导体器件的核心元件，相应的其封装材料的耐热和绝缘也需大幅改进，进而突破器件的容量限制。②大电流直流断路器的开发和应用。目前直流断路器还处于研究阶段，有不同的技术路线，其中一种是正常运行时电流流经机械开关，产生故障时利用电力电子器件对电流进行分流转移，并利用避雷器吸收能量。其结构和体积与一个相同容量的换流阀相当。在可以预见的将来，一旦这些技术障碍得以突破，柔性直流输电将能够替代传统直流承担起大容量、远距离送电的任务。

建设柔性直流环形电网，一是可靠性高，可实现故障后的潮流转移；二是灵活性好，可实现多种能源灵活交互，提升利用效率；三是扩展性好，易于在送受端扩展新落点。通过构建柔性直流环形电网，可以实现大规模光伏、风能的昼夜互补，以及新能源与储能电源的灵活能量交互，形成稳定可控的电源输送到受端电网，解决大规模新能源接入后的系统调峰问题，减小间歇性能源对受端交流电网的扰动冲击，实现新能源的“友好接入”。

参考文献

[1] 梁海峰. 柔性直流输电系统控制策略研究及其实验系统的实现[D]. 北京：华北电力大学，2009.

[2] 汤广福，贺之渊. 2008年国际大电网会议系列报道：高压直流输电和电力电子技术最新进展[J]. 电力系统自动化，2008，32(22)：1-5.

[3] 赵成勇. 柔性直流输电建模与仿真技术 [M]. 北京：中国电力出版社，2014.
[4] Guo C，Zhao C. Supply of an entirely passive AC network through a double-infeed HVDC system [J]. IEEE Transactions on Power Electronics，2010，25 (11)：2835-2841.
[5] Guo C，Zhang Y，Gole A M，et al. Analysis of double-infeed HVDC with LCC-HVDC and VSC-HVDC [J]. IEEE Transactions on Power Delivery，2012，27 (3)：1529-1537.
[6] 王金玉. 基于 MMC 的柔性直流输电稳态分析方法及控制策略研究 [D]. 济南：山东大学，2017.
[7] 廖武. 模块化多电平变换器（MMC）运行与控制若干关键技术研究 [D]. 长沙：湖南大学，2016.
[8] Elahidoost Atousa，Tedeschi E. Expansion of offshore HVDC grids：An overview of contributions，status，challenges and perspectives [C]. 2017 IEEE 58th International Scientific Conference on Power and Electrical Engineering of Riga Technical University (RTUCON)，2017：1-7.
[9] 孙栩，陈绍君，黄霆，等. ±500 kV 架空线柔性直流电网操作过电压研究 [J]. 电网技术，2017，41 (5)：1498-1502.

第十七节　大型可再生能源多能互补系统技术展望

赵栋利[1]　许洪华[1]　胡书举[2]
（1 北京科诺伟业科技股份有限公司；2 中国科学院电工所）

一、国内外发展现状

（一）国外新型能源系统技术发展现状

当前新型能源系统技术正朝着因地制宜、多能互补、冷热电联供及进一步提高可再生能源渗透率和增强系统性能等方向发展，综合利用比利用单一可再生能源更智能、更经济、供能更可靠。丹麦、德国等国家的风电、光伏等可再生能源的发电量占比已超过 30%[1]，欧洲电网成功应对 2015 年 3 月 20 日的日全食危机，风电和光伏等可再生能源系统的并网控制、功率预测等先进技术，以及大电网协调控制、常规火电厂调节性能改造等技术在其中发挥了重要作用。

发达国家或地区已提出未来以可再生能源为主构建新型能源体系的发展战略，开始进行高比例可再生能源技术的研究及区域性示范。欧盟提出 2050 年可再生能源占全部能源消费的55%以上[2]，美国提出2050年可再生能源可满足80%的电力需求，日本确立2020年可再生能源满足20%的电力需求的目标。

1. 在区域以可再生能源为主的能源系统方面

国外多个城市（如法兰克福、哥本哈根）提出未来100%可再生能源的发展目标，围绕城市典型场景冷热电用能需求的技术解决方案已开展应用示范；利用可再生能源多能互补提高城市供能系统中可再生能源的比例，提高能源系统综合效率，降低开发利用成本是未来的发展方向。丹麦博恩霍姆岛、日本宫古岛、美国夏威夷岛等数十个地点建立了可再生能源发电装机规模10兆瓦以上、渗透率超过60%的可再生能源耦合与系统集成技术示范系统，西班牙在耶罗岛建立了风能/抽水蓄能/太阳能互补发电系统，法国在以科西嘉岛、瓜德罗普岛等为代表的一系列岛屿积极开发适合岛屿供电的可再生能源微能源系统。南极地区的比利时新伊丽莎白公主站、西班牙JuanCarlos站、瑞典Wasa站、美国McMurdo站等科考站均用光伏发电来替代柴油发电，美国可再生能源实验室（NREL）、丹麦Riso国家实验室、德国Fraunhofer IWES研究中心等机构建立了多能互补技术试验的示范系统；以可再生能源为主的能源系统集成设计及关键设备研制是其发展重点。国际上非常重视基于可再生能源提供清洁能源的解决方案来支撑重大事件，2014年巴西世界杯多个场馆均使用太阳能发电系统，其中巴西国家体育馆的太阳能总装机容量达2.5兆瓦。2016年在里约奥运会的绿色主题下，可再生能源扮演了重要角色，作为开闭幕式会场的马拉卡纳体育场安装有一个400千瓦的光伏发电系统，太阳能还被用于奥林匹克公园和组委会总部的热水系统中。日本2020年奥运会已提出除积极使用氢能源外，将扩大多种可再生能源的应用。

2. 在可再生能源与化石能源融合方面

丹麦、德国等可再生能源发展较快的国家已经实现了可再生能源与化石能源较好的融合发展，在规模化可再生能源与化石能源融合系统的设计和运行管理方面拥有成功经验。德国已经成功应对日全食等突发天气状况下规模化光伏电站功率变化对整个电力系统的冲击。目前丹麦和德国的燃煤火电机组在调峰能力、爬坡速度、启停时间等火电机组灵活性方面具有较好性能；以调峰能力为例，丹麦供热供电机组冬季供热期最小出力可低至15%～20%[3]，德国可低至40%，能够较好地支撑可再生能源与化石能源的融合。

（二）国内新型能源系统技术发展现状

我国正在积极推进高比例可再生能源互补和综合利用。2015 年国务院批准设立张家口可再生能源示范区，在多种可再生能源利用的体制机制、技术创新、关键环节先行先试。2016 年《国家发展改革委　国家能源局关于推进多能互补集成优化示范工程建设的实施意见》明确了多能互补集成优化示范工程的建设任务。青海省自“十三五”起，将全面创建绿色能源示范省，并重点规划建设海西、海南两个千万千瓦级的新能源基地。

1. *在区域以可再生能源为主的能源系统方面*

在 863 计划、国家科技支撑计划支持下，我国重点在边远地区、沿海岛屿建立了一批示范系统，其中多能互补独立微能源系统的示范规模世界领先；建成世界第一个、海拔最高的青海玉树 10 兆瓦级水/光/柴/储互补微能源系统示范工程，建立了浙江东福山岛、鹿西岛、南麂岛等兆瓦级风/光/柴/储互补微能源系统，浙江摘箬山岛风/光/海流能/储微能源系统，广东珠海兆瓦级风/光/波浪/柴/储互补微电网，山东即墨大管岛波浪能/风/光互补发电系统等示范工程；建成了青海兔尔干兆瓦级可再生能源冷热电联供新型农村社区微能源系统。我国在南极地区中山站正在开展风/光互补供电的探索和尝试。微能源系统变流器、控制器等设备技术水平与世界同步。我国率先研制成功 200 千伏安电压源型逆变器、150 千瓦光伏-储能充电控制器、能量管理系统等关键设备。2008 年北京奥运会的国家体育场、国家体育馆和奥运村的建设，均采用太阳能利用技术进行电力和热水供应，有力支撑了绿色奥运的举办。张家口市可再生能源装机总量位居全国前列，截至 2016 年底，风电装机 805 万千瓦、并网 784 万千瓦，光伏发电装机 251 万千瓦、并网 122 万千瓦，生物质发电装机 2.5 万千瓦；预计 2020 年，可再生能源发电装机规模将达到 2000 万千瓦，年发电量达到 400 亿千瓦 · 时以上，为京津冀协同发展提供清洁能源[4]。

我国在区域、城市以可再生能源为主的综合供能系统的整体规划和解决方案方面还是空白，对不同地域、气候、应用模式的单元模块化技术缺乏研究，系统设计工具和设计水平差距较大，专用技术和装备还处在研发阶段，缺少典型应用场景（城市社区、工业园区、商业建筑、政府、大学等公共机构、城镇及海岛、极地、边远地区等）的应用示范。目前在支撑张家口可再生能源示范区、冬奥会、雄安新区等重大事件的绿色、高效、安全的可再生能源耦合与系统集成技术的解决方案方面，尚有待开发、验证及示范。

2. 在可再生能源与化石能源融合方面

在这方面，我国尚处于起步阶段，可再生能源在能源结构中的占比仍然较低，与德国等国家相比存在较大差距。我国规模化可再生能源外送需要配套的调峰火电机组容量较大，目前我国大型风电基地中风电与火电打捆外送的比例一般为1∶1.5～1∶2.2[5]，即安装100兆瓦的风电需要配套150～200兆瓦的火电用于调峰。我国在火电机组等常规机组灵活性方面与国际领先技术相比差距较大；目前我国供暖期热电机组按照“以热定电”运行，冬季最小出力一般在60%～70%。

我国在以下几个方面还存在不足：火电富裕地区的规模化可再生能源电站与化石能源电站的深度融合方面缺乏研究；可再生能源电站与化石能源电站的相互影响机理尚待明确；规模化可再生能源与火电机组联合运行系统的模拟仿真模型尚需建立；可减少配套化石能源机组的可再生能源电站功率快速控制技术，以及化石能源机组的宽范围运行改造技术方面差距较大；在规模化可再生能源电站与化石能源电站耦合运行系统的协同控制平台方面尚有待研究与开发。

二、未来发展展望

考虑到我国可再生能源的发展目标，当前可再生能源系统的现状及国际上可再生能源系统的发展动向，我国未来大型可再生能源多能互补系统的技术需要在系统的规划设计、仿真、能源优化调度及运行评价等方面取得突破。

1. 大型可再生能源多能互补系统的规划设计技术

未来需要做好多种形式的大型可再生能源多能互补系统的规划设计，开发规划设计工具，切实提高系统的综合性能，有效促进可再生能源的消纳。

2. 大型可再生能源多能互补系统的仿真技术

急需建立国家级大型可再生能源多能互补系统仿真模型，对由多种灵活的可再生能源构成的综合系统的典型、极端运行工况进行仿真研究，指导出台应对措施，提高大型可再生能源多能互补系统的运行安全和可靠性。

3. 大型可再生能源多能互补系统的能源优化调度技术

研发通用性的能源管理系统，实现大型可再生能源多能互补系统的科学管理，有效提高系统的能效和运行的经济性，切实提高此类系统的竞争力。

4. 大型可再生能源多能互补系统的运行评价技术

出台大型可再生能源多能互补系统的运行评价规则及相应的奖惩措施，提高此类系统的规范性和标准化。

三、未来应重点发展的技术

从我国可再生能源利用现状及发展目标出发，新型能源领域除需要在以上四个基础技术方面取得发展外，还需要重点在以下三个典型系统方面取得突破，包括可再生能源与化石能源的深度融合及协调运行技术，区域性以可再生能源为主的能源系统关键技术及大型风光水火储多能互补系统的关键技术。

1. 实现可再生能源与化石能源的深度融合及协调运行

可再生能源未来必将取代化石能源，但目前尚处于和化石能源共存的阶段。在此阶段需要实现可再生能源与化石能源的深度融合及协调运行。在技术方面，一是需要提高可再生能源发电系统的性能，如电站级功率快速控制技术等，逐步降低其在调峰等方面对化石能源机组，尤其是火电机组的依赖；二是需要对现有的火力发电技术进行优化改造，提高其对可再生能源发电系统的支撑能力，减少可再生能源电力外送需要配套的火电机组容量；三是需要加强可再生能源与化石能源的协同控制技术研究。

2. 大型风光水火储多能互补系统获得实际应用

在青海、甘肃、宁夏、内蒙古、四川、云南、贵州等省份，利用大型综合能源基地风能、太阳能、水能、煤炭、天然气等资源组合优势，充分发挥流域梯级水电站和具有灵活调节性能火电机组的调峰能力，开展风光水火储多能互补系统的一体化运行，提高电力输出功率的稳定性，提升电力系统消纳风电、光伏发电等间歇性可再生能源的能力和综合效益。

3. 区域性以可再生能源为主能源系统获得实际应用

需要分析不同地域、气候及应用场景的资源禀赋与用能需求，对西部区域、城市社区、工业园区、商业建筑、政府、大学等公共机构、乡镇等典型应用区域进行可再生能源供能系统的模块化技术的研发，掌握典型场景的供电、供冷、供热技术；针对海岛、西部边远地区多能互补示范电站的可靠性及通用性差、极区供电系统的可靠性及便携性问题，开展独立运行的微能源系统技术的研究；因地制宜地利用本地资源条件，研制从技术、经济上可推广、可复制的供能系统并应用示范。结合张家口可再生能源示范区建设及雄安新区、杭州亚运会等对清洁供能方案的需求，研究支撑此类重大事件的可再生能源综合的解决方案，支撑高比例可再生能源在张家口等地的高效、安全运行，支撑冬奥、亚运场馆的绿色用能。

参 考 文 献

[1] 能源研究俱乐部. 德国四大电力巨头发展战略分析 [EB/OL]. http://www.idsmpc.org/jx/xwzx/20170711/4598.html [2017-07-11].

[2] European Commission. Energy Roadmap 2050 [R]. Brussels：European Commission，2011.

[3] 清洁高效燃煤发电　上海成套院. 火电灵活性改造趋势下燃煤机组深度调峰技术探讨 [EB/OL]. http://huanbao.bjx.com.cn/Tech/20170307/155620-2.shtml [2017-03-07].

[4] 中国电力企业管理. 张家口市发改委刘峰：2030 年全市风电装机达 2000 万千瓦　80%电力消费来自可再生能源 [EB/OL]. https:// newenergy. in-en. com/html/newenergy-2304885.shtml [2017-10-13].

[5] 黄怡，王智冬，刘建琴，等. 特高压直流输送风电的经济性分析 [J]. 2011，32 (5)：100-103.

第十八节　分布式可再生能源冷热电集成供能系统技术展望

王一波[1]　许洪华[2]

(1 中国科学院电工研究所；2 北京科诺伟业科技股份有限公司)

一、分布式可再生能源概况和国家需求

全球新一轮能源结构转型以提高可再生能源占比为主要特征，其中分布式可再生能源发挥了重要支撑作用。分布式可再生能源是一次能源以可再生能源为主、二次能源包括冷/热/电能的分布式能源系统，可将电力、热力、制冷与蓄能技术结合，直接满足用户多种需求[1-3]。

我国西部和东部的众多城镇为分布式可再生能源冷热电集成供能技术的应用提供了广阔的市场空间。政府批准建设 400 余个国家级特色小镇。我国有 480 余个有人居住的海岛亟待供电或改善供电条件。2017 年 4 月，中央决定设立的雄安新区也需要这方面的技术。而传统化石能源难以满足城镇化过程中的能源需求，因此必须大力发展分布式可再生能源冷热电集成供能技术。

二、国内外分布式可再生能源技术发展趋势

（一）国外发展现状和趋势

分布式可再生能源的单项技术已逐步成熟[4, 5]。在分布式光伏方面，从住宅屋顶向规模化、多样化应用发展，涌现出工商业屋顶光伏、水面光伏、农业光伏等新型应用模式，出现了高分辨率地图辅助设计工具、光伏阵列自清洁装置、无人机巡检装置、智慧运维云平台等一批新技术，对光伏系统的设计、建设、运维、退役全流程技术进行了优化，部分国家已实现光伏平价上网。在太阳能热利用方面，太阳能热水、太阳能供热采暖等太阳能中低温热利用技术比较成熟，真空管型太阳能集热器和平板型太阳能集热器在各类低温太阳能热利用系统得到广泛应用，太阳中低温热利用产业比较完善，产品市场化程度高。在分布式生物质能方面，主要利用模式是发电和供热，生物质成型燃料、生物质气化、沼气、生物质采暖供热利用等技术已基本成熟；发达国家以商业化利用为主，如瑞典、奥地利约 15%的电力来自生物质发电，50%以上采暖供热来源于生物质能。在分布式风电方面，水平轴风力发电机占据中小型风电机组市场的绝大部分份额，垂直轴技术主要是近十年才发展起来的。在分布式地热能方面，地源热泵系统成为可再生能源建筑应用的最重要形式之一，北欧国家逐步倾向于采用地源热泵系统进行供热；中低温地热能冷热电三联供系统在工业、商业或科技园区等较大区域或特定建筑已开始推广利用[6]。

分布式可再生能源多能互补利用在提高城市供能系统中可再生能源比例、提高能源系统综合效率、降低开发利用成本上具有巨大潜力，是未来的发展方向[7-10]。可再生能源冷热电联产联供技术和微电网、微能源网技术正成为研究热点，分布式光伏发电与热泵集成利用技术、太阳能与地热能互补利用技术、太阳能与生物质能互补利用技术等已开始重点攻关和示范。

国际上，分布式发电参与电力交易、跟踪实时电价变化等模式已经比较成熟。这种方式可以降低用户的电费成本，宏观上也能起到减缓电网设施投资的重要作用。

（二）国内发展现状和趋势

我国分布式可再生能源技术与国际基本同步发展，已攻克区域性分布式光伏系统并网的设计集成、控制、保护和仿真成套技术，在浙江海宁建立了光伏总装机 20 兆瓦的示范工程。太阳能热利用产业从 20 世纪 90 年代后期进入迅速发展期，太阳能集热器的总安装使用量由 1998 年的 1500 万平方米增长到 2013 年的 3.1 亿平方米，真空管集热器和平板集热器在我国有较好的基础，密封技术和吸热涂料的性能不断提高。生物质成型燃料、生物燃气技术已经基本成熟；生物质气化发电技术已开发出以木屑、稻壳、秸秆等为原料的固定床和流化床气化炉，研制出 10 兆瓦级气化发电装置。中小型风力发电机系统的开发比较早，小型风电使用领域也逐渐扩大，从偏远地区逐步扩展到海岛、湖区和哨所，我国生产的家庭用户用电侧小型风电装备大部分出口到欧洲和北美洲。浅层地热能利用是我国地热能开发应用的主要方式，总体上已形成以西藏羊八井为代表的地热发电，以天津、西安、北京为代表的地热供暖，以重庆为代表的地表水源热泵供热制冷，以大连为代表的海水源热泵供热制冷。此外，增强型地热系统日益得到重视。

我国分布式可再生能源冷热电集成供能技术刚刚起步，多能互补独立微能源系统的示范规模世界领先。我国重点在边远地区、沿海岛屿布局建立了一批示范系统，包括世界第一个、海拔最高的青海玉树 10 兆瓦级水/光/柴/储互补微能源系统的示范工程等独立微电网示范工程，正在建设青海兔尔干兆瓦级可再生能源冷热电联供新型农村社区微能源系统；电压源型逆变器、光伏-储能充电控制器、能量管理系统等关键技术与国际同步。

三、未来分布式可再生能源技术的发展展望

欧洲、美国、日本等发达地区或国家 80%～90%的光伏装机容量来自分布式光伏发电。我国分布式光伏市场的份额将从目前不到 30%提高到 2020 年的 50%。在世界范围内，分布式可再生能源将日益发挥重要的作用。结合互联网/

大数据等信息技术及多种分布式可再生能源耦合与系统集成技术，分布式可再生能源系统的整体效率和经济性将得到显著提升；同时，随着技术的成熟、政策的完善及商业模式的创新，分布式可再生能源的多能互补将成为未来重要的绿色低碳能源利用方式之一。在我国，中小型风电机组、太阳能中低温供热、生物质热电联产等技术已开始应用，分布式可再生能源相关的产业链已初步形成[4, 5]。然而，我国区域、城镇分布式可再生能源供能系统的整体规划和解决方案还是空白，对不同地域、气候、应用模式的单元模块化技术缺乏研究，系统设计工具和设计水平差距较大，专用技术和装备还处在研发阶段，缺少城镇社区、工业园区、大型建筑、海岛等典型气候环境下的应用示范。这些制约了我国分布式可再生能源技术的发展和推广应用。分布式可再生能源技术的进步和推广应用，必将深化发展可再生能源产业，进一步带动新材料、绿色建筑、新产品、新系统、能源服务等相关新兴产业的发展，促进我国产业结构的调整和发展方式的转变，培育新兴经济增长点。

与上述关键问题相关的需要进一步发展的技术包括：①可再生能源发电/供热/制氢耦合系统关键技术。结合城市社区、特色小镇、农村牧区的可再生能源资源和能源需求特点，开展以可再生能源为主乃至100%可再生能源冷热电联供系统集成技术、能量管理技术及定制化电力电子装备技术的研究，凝练通用共性的方法和技术。②独立运行的微型可再生能源系统关键技术。针对极区高寒和极昼/夜、海岛高盐雾高湿度、西部边远地区高海拔等气候环境特点，掌握独立微能源系统集成和能效管理关键技术，研制高耐候性的电力电子变换器、控制器等关键设备，为极区科考站、我国沿海岛礁、边远地区等提供以可再生能源为主的独立微能源系统的整体解决方案。

此外，我国可再生能源与大型工商业、北方地区采暖供热、电动汽车充电等负荷的结合，极有可能促进商业模式的创新和发展[6]。

参考文献

[1] 路甬祥. 大力发展分布式可再生能源应用和智能微网 [J]. 中国科学院院刊，2016，(2): 157-164.

[2] 张涛，朱彤，高乃平，等. 分布式冷热电能源系统优化设计及多指标综合评价方法的研究 [J]. 中国电机工程学报，2015，35 (14): 3706-3713.

[3] 董福贵，张也，尚美美. 分布式能源系统多指标综合评价研究 [J]. 中国电机工程学报，2016，36（12）：3214-3222.
[4] 国家发展和改革委员会能源研究所. 中国风电发展路线图 2050（2014 版）. [EB/OL]. http://www.cnrec.org.cn/cbw/fn/2014-12-29-459.html [2014-12-29].
[5]《世界能源中国展望》课题组. 世界能源中国展望（2013—2014）[M]. 北京：社会科学文献出版社，2014.
[6] 曾鸣，刘宏志，薛松. 分布式能源商业投资模式及实现路径研究 [J]. 华东电力，2012，（3）：344-348.
[7] 张继红，李华，杨培宏，等. 分布式多能互补微电网协调控制策略 [J]. 可再生能源，2015，33（1）：1-11.
[8] 曾鸣，彭丽霖，孙静惠，等. 兼容需求侧可调控资源的分布式能源系统经济优化运行及其求解算法 [J]. 电网技术，2016，40（6）：1650-1656.
[9] 柳逸月. 中国能源系统转型及可再生能源消纳路径研究 [D]. 兰州：兰州大学，2017.
[10] 姜子卿，郝然，艾芊. 基于冷热电多能互补的工业园区互动机制研究 [J]. 电力自动化设备，2017，37（6）：260-267.

第十九节 生物质高品质液体燃料技术展望

孙永明
（中国科学院广州能源研究所）

液体燃料是现代社会经济发展和人民生活不可或缺的能源产品。随着全球能源短缺问题的加剧，液体燃料市场供需矛盾日益突出。同时，石油的过度使用导致的环境污染（尤其是城市雾霾）日益加重。生物质液体燃料是指以生物质资源为原料，通过物理、化学和生物等技术手段转化产生的液体燃料，包括燃料乙醇、生物柴油、生物质热解油和合成燃料等。生物质液体燃料的使用在一定程度上替代化石能源，实现了碳、氢、氧的循环利用，减少了污染物的排放。因此，发展清洁的生物质液体燃料，对优化能源结构、缓解能源需求、改善生态环境有非常积极的意义。

一、国内外发展现状

生物质液体燃料制备和转化技术复杂多样，其发展阶段存在着不平衡性；

不同的技术领域，国内外发展进程差异巨大。

（一）国外生物质液体燃料产业技术发展现状

1. 燃料乙醇

2017 年，全世界的生物质燃料乙醇产量约为 9776 万吨[1]，我国燃料乙醇产量在全球占比仅为 3%，位列第三；位于世界前两位的是美国和巴西，两国产量之和超过全球总产量的 80%[2]。美国燃料乙醇的主要原料是玉米，以其为原料的工厂超过 200 家，其他原料为小麦淀粉、高粱、甘蔗、木质纤维素等。巴西燃料乙醇厂超过 400 家，原料以甘蔗为主，1 加仑①燃料乙醇的成本为 0.76 美元，不到美国（1.78 美元/加仑）的一半[3]。欧盟燃料乙醇原料以谷物为主，其中小麦约占 1/3，2017 年欧盟生物燃料乙醇产量为 423 万吨[4]，主要分布在法国、德国和波兰。将燃料乙醇添加到汽油里，增加碳氧化合物，减少 $PM_{2.5}$ 产生，是国际通用措施；添加 10%燃料乙醇的汽油，在无需对发动机做改动情况下，可使汽车尾气中的碳氧化合物和碳氢化合物的排放量分别下降约 38.9%～45.5%和 15.7%～34.9%[5]。

2. 生物柴油

根据全球可再生能源网公布的统计数据，全球生物柴油产量从 2000 年的 70.40 万吨增长到 2015 年的 2648.80 万吨，年均复合增长率为 27.36%[6]；2017 年全球生物柴油的产量增长 4%，整体规模达到 3223.2 万吨[1]。全球生物柴油生产的主要国家和地区有美国、巴西、印度尼西亚、阿根廷和欧盟。其中，欧盟是生物柴油生产最集中的地区，产量占世界总产量的 39%以上，其生产和使用已进入商业化稳步发展阶段，并建立了欧盟生物柴油标准 EN_14214—2008[7]。在国外，大豆（美国）和油菜籽（德国、意大利、法国等）等食用植物油被用来生产生物柴油，其成本高达 34～59 美分/千克。为降低成本，很多国家采用废弃的食用油和专门的木本油料植物为原料，使生产成本分别下降到 20 美分/千克和 41 美分/千克左右[8]。

3. 生物质热解油

从热解装置到生物油提质及应用均未达到完全产业化的程度。在热解装置方面，国内外差距不大，均处于产业化示范或产业化前期。例如，荷兰 BTG 公

---

① 1 加仑（美制）≈3.8 升。

司建立了处理能力为2吨/时的旋转锥热解装置；德国Pytec公司正在建立一台处理量为2吨/时的烧蚀反应器；加拿大Ensyn公司和Dynamotive公司分别建立了日处理量为75吨和200吨的流化床热解示范工厂。

4. 生物质合成液体燃料

经由合成气平台的生物质气化合成液体燃料技术的研发时间较长，目前仍处于产业化前期示范阶段，如美国的Hynol Process示范工程、瑞典的BAL-Fuels and BioMeet Project示范项目、德国CHOREN公司和瑞典Chemrec公司的生物质气化合成液体燃料示范工程等；气化合成技术的大规模产业化需进一步依靠技术创新降低生产成本。合成的液体燃料品种正在由醇醚柴油等车用燃油向航空燃油方向发展。生物质经由糖平台的水相催化合成技术是近年来竞相开发的新技术，具有转化效率高、流程短、全糖利用等特点，生产的生物汽油和航油与传统油品组成类似，可以任意比例掺混，适用于现有的车辆及航空发动机。该技术的发展有望显著降低合成燃料成本。目前美国Virent公司与Shell公司合作建立了中试系统，并通过了车辆道路行车试验，验证了其应用的可行性。

（二）国内生物质液体燃料产业技术发展现状

1. 燃料乙醇

我国燃料乙醇生产早期主要以消纳陈化粮，特别是玉米为目的。经过10多年的发展，其转化生产技术已基本成熟。国内现有玉米燃料乙醇装置的设计主要沿袭食用乙醇装置，在集成化、工艺设备管理的先进性等方面与国外先进装备存在差距，主要体现在综合能耗、水耗、成熟发酵醪乙醇浓度等技术指标上。

在非粮乙醇方面，经过多年的技术攻关，甜高粱、木薯等原料的乙醇转化技术已较成熟，但仍处于工业应用示范阶段，要实现商业化应用和大规模生产，还需要解决原料生产的季节性和分散性与加工业的连续性和集中性之间的矛盾问题，并建立与“三农”和现代林业和谐发展的产业运作模式。非粮燃料乙醇方面最具代表性的是广西中粮生物质能源有限公司的20万吨/年的木薯乙醇生产线。作为我国第一套非粮燃料乙醇项目，它的建成具有里程碑式的意义。其采用的是具有自主知识产权的木薯燃料乙醇成套技术，建立了木薯燃料乙醇全流程数学模型，开发出木薯浓醪除沙技术、高温喷射与低能阶换热集成完全液化工艺、木薯同步糖化发酵及浓醪发酵技术、三效热耦合精馏技术、与精馏过程耦合的分子筛变压吸附脱水工艺、大型侧入式搅拌发酵罐放大方法、高润湿性填料及抗堵型塔板设计及制造技术。

鉴于农林废弃物等木质纤维素类原料巨大的资源量和较低的成本，目前大多数石油进口国家都把目光投向了第二代燃料乙醇——纤维素乙醇。我国纤维素乙醇基本上还处于研究阶段，虽然部分关键技术已取得突破并进行了中试验证，但与国外相比仍存在一定差距；目前每吨纤维素乙醇的原料消耗在 5.5 吨以上[9]，生产成本保守估计都在 8000 元/吨以上，还不适合工业化推广应用。要实现产业化，需要针对不同的生产原料、装置规模和生产工艺路线，不断完善和优化相应的系统集成技术，尤其是成套技术软件包的开发。

2. 生物柴油

我国生产生物柴油的原料是以地沟油为主的废弃油脂，而废弃油脂成分复杂、酸值高，对生物柴油生产技术要求更高。我国生物柴油生产能力已超过 300 万吨/年，但实际产量不到 80 万吨[10]，其主要原因是国外引进的生产工艺无法适应国内原材料特性，使企业处于部分或完全停产状态，目前仍在继续生产并良性发展的企业都掌握了针对地沟油等高酸价废油脂的拥有自主知识产权的生产工艺。

根据催化剂的使用情况，我国生物柴油生产工艺可分为均相催化法、非均相催化法、生物催化法和超临界酯交换法。

均相催化法就是以液体酸、液体碱为催化剂，在反应温度 55～70 摄氏度、醇油体积比 6∶1 的条件下制备生物柴油。对于酸化油和地沟油等酸值较高的油脂，普遍采用物理精炼或液体酸酯化等方法进行预处理，使预处理后油脂中的游离酸含量小于 1%[11]，然后采用液体碱进行酯交换来制备生物柴油。目前国内绝大部分企业采用这种催化工艺。

非均相催化法是国内生物柴油企业的研发重点和发展方向。部分小型生物柴油企业已经利用固体酸催化剂完成高酸价废油脂的连续预酯化，利用活塞流反应器和连续分相装置实现了废油脂生物柴油的连续生产。由于国内原料的特殊性，耐受地沟油废油脂的固体碱催化剂还在试制研究中，需要经过长时间的实验检验才能应用于规模化生产。

生物酶法合成生物柴油具有反应条件温和、醇用量小和无污染物排放等优点，日益受到重视。清华大学与湖南海纳百川生物工程有限公司合作，建成了全球第一套 2 万吨/年的生物柴油装置。该技术具有原料适应性广、反应条件温和、甘油浓度高等优点，但存在催化剂昂贵、酶易中毒失活及成本高等问题。

超临界法是指甲醇处于超临界状态下发生的酯交换反应。中国海洋石油总公司利用石油化工科学研究院开发的技术，在海南投资兴建 6 万吨/年的生物柴油示范装置，其生产能耗和生产成本还需要进一步评估。

国内生物柴油是基于反应器的连续化生产，在工艺原料适应性、反应过程强化、反应及分离过程耦合及反应过程绿色化等方面取得了成就。由于酯交换反应的非均相性、可逆性的特点，间歇往往采用较高的醇酯比，由此带来反应设备庞大，反应速率不快，产物分离负荷较大等问题，造成产品质量不稳定、生产成本及能耗高[12]；龙岩卓越新能源股份有限公司则采用连续精馏的生产工艺，降低了能耗，保证了产品质量。

3. 生物质热解油

在生物质热解油方面，国内流化床热解装置的加工能力达 5000 吨/年；独创的陶瓷球热载体循环加热下降管热解系统基本实现定向热解，加工能力达 2000 吨/年；开发的移动床热解装置达到中试水平。生物油的应用研究大多处于实验室阶段。相关生物油提质研究，一方面是通过降酸提质来提高其燃料特性，如催化加氢、裂化和酯化；另一方面是利用生物油催化重整合成、萃取分离来制备高品质液体燃料或化学品。在生物油的直接应用研究方面，一是通过乳化技术实现生物油的直接发动机燃用，生物油与柴油制备的乳化燃料在发动机上的动力性能和排放性能与纯柴油接近，但乳化燃料对发动机本身的影响尚不清楚，适合产业化生产的乳化装备处于研发之中；二是生物油直接燃烧技术已通过雾化方式在燃烧炉上实现了稳定燃烧。

4. 生物质合成液体燃料

在生物质基合成液体燃料方面，国内近十年来发展了生物质气化合成醇醚燃料技术，先后建立了百吨级和千吨级合成二甲醚中试装置；生产的二甲醚燃料替代液化石油气，开展应用验证，既作为户用生活燃气，也用于工业加热。千吨级合成低碳混合醇系统正在建设中，生物合成气催化合成航空燃油技术还处于技术开发阶段。国内除科研机构外，大型企业也开始投入气化合成液体燃料技术的工业示范。在原油价格不断上涨的形势下，通过技术创新进一步降低成本，气化合成燃料的生产效益显现出良好的态势。

近年来，国内与国际同步发展了基于生物质糖平台的水相催化合成烃燃料技术，生产的生物汽油/生物航空燃油可与传统汽油/航油以任意比例掺混，应用于现有的车辆及航空发动机。该技术有望显著提高能源转化效率和降低合成燃料的生产成本，显示出广阔的发展前景。国内研究机构已完成百吨级水相催化合成生物汽油/生物航空燃油技术的研发，打通工艺流程，研发出水相催化合成的催化剂体系，生产的燃油经检查证明了发动机应用的可行性。目前正在建设千吨级生产示范装置，拟开展生物汽油的车辆道路行车和生物航空燃油的发动机应用验证。

二、发展展望

(一) 燃料乙醇

燃料乙醇的产业化趋势为：稳步发展基于木薯、甜高粱第 1.5 代燃料乙醇生产技术，积极推进以木质纤维素为原料的第二代燃料乙醇生产技术。与美国、巴西相比，我国燃料乙醇的规模仍偏小，2016 年产量仅为 260 万吨，占工业消费比例仅为 8%，在全球占比仅为 3%[2]；调和汽油约 2600 万吨，仅占 2016 年全国汽油总消费量的 20%[13]。从中期来看，国家能源局于 2016 年 12 月印发《生物质能发展“十三五”规划》，提出到 2020 年我国燃料乙醇产量达 400 万吨，比 2015 年有 54%的增长空间[14]。从长期来看，我国 2016 年汽油表观消费量为 11 983 万吨，如按照 10%的添加比例测算，燃料乙醇使用量将达到 1198 万吨，比 2016 年有近 940 万吨的需求缺口。随着转化技术瓶颈的突破、生产成本的降低及相关政策的推动，有望按期实现规划目标，产值超过 1000 亿元。

2017 年 9 月，国家发改委、国家能源局、财政部等十五部委联合下发《关于扩大生物燃料乙醇生产和推广使用车用乙醇汽油的实施方案》，要求国内 2020 年乙醇汽油使用基本覆盖全国；同时大力发展纤维素乙醇，到 2020 年实现 5 万吨/年纤维素乙醇装置实现示范运行，到 2025 年力争纤维素乙醇实现规模化生产，达到国际先进水平。如果我国的原料资源获得充分利用，以纤维素原料为例，每年秸秆产量 7 亿吨，按 30%利用计，可生产燃料乙醇 3000 万吨，对于替代交通运输用石油将起到可观的作用。

(二) 生物柴油

生物柴油技术的产业化趋势为：积极拓展生产原料，构建生物柴油原料保障体系，建立清洁、高效、连续的催化转化技术体系，实现传统产品的提质及高值产品的联产转化。

2015 年，《GB 25199—2015 生物柴油调合燃料（B5）》（以下称《B5 标准》）颁布实施。假定使用 5%生物柴油（BD100）与 95%石油柴油调合成 B5 普通柴油，则每年应配套生产生物柴油 2×10^6～9×10^6 吨。国家林业局提出到 2020 年定向培育能源林 1333 万公顷[15]，满足年产 600 万吨生物柴油的原料供应。此外，我国每年有 500 万吨左右的废弃油脂资源可用于生物柴油生产。如将上述油脂资源全部用于生物柴油生产，预计到 2020 年，我国生物柴油年产量可超过 1000 万吨。我国《国家中长期科学和技术发展规划纲要（2006—2020 年）》明确指出，到 2020 年生物柴油年利用量将达到 200 万吨的目标是完全可以实现的。

生物柴油技术指标方面，国家能源局 2014 年 11 月印发的《生物柴油产业发展政策》（国能科技［2014］511 号）要求，生物柴油产品收率（以可转化物计）达 90%以上，吨生物柴油产品耗甲醇不高于 125 千克、新鲜水不高于 0.35 立方米、综合能耗不高于 150 千克标准煤；副产物甘油须回收、分离与纯化；“三废”达标排放。两年内仍达不到要求的生物柴油生产装置应淘汰。

（三）生物质热解油

生物质裂解液化技术的产业化趋势为：分散定向液化，集中提质处理，最终进入常规消费渠道。到 2020 年，在乡一级，最多县一级建设生物质裂解液化站，收集 10 万～20 万吨生物质液化，制取约 5 万～10 万吨生物油原油。通过物流运输系统集中到大型百万吨级提质工厂，以完成生物油品质的提升。采用包括分相加氢提质、气化重整制备合成气然后 F-T 合成液化、高效分离并结合化学转化等方法，制取化学品；最终利用普通销售渠道实现生物燃油、化学品的应用。

（四）生物质合成液体燃料

生物质合成液体燃料技术的产业化趋势为：建立合成气平台与糖醇平台技术并重的合成液体燃料转化技术体系，注重传统工艺的改造升级，开发生物质全组分高效利用及联产转化的整套技术体系。

根据南非 Sasol 公司等几家大型煤化工企业的扩产报告，到 2020 年，这些以煤或天然气为原料的合成燃料的产量将达到 0.15 亿升/天，可部分替代石油炼制产品。随着生物质化工技术的不断创新和发展，生物质基合成液体燃料在化石燃料的替代和缓解环境污染方面必将起到更加重要的作用。

以航空燃料为例，全球航空运输业每年消耗 15 亿～17 亿桶航空煤油。航空业已经承诺在 2020 年停止碳排放增长（即每年使用 53 万立方米生物燃料替代航空业 6%的煤油使用量），到 2050 年，碳排放量在 2005 年的基础上减半[16]；生物燃料被认为是完成这一目标的关键之一。国际航空运输协会预计，2020 年全球生物燃料市场将达到 110 亿～190 亿美元，2030 年达到 570 亿美元[17]。预计 10 年内，作为生物航空燃料生产原料的生物质实际可利用资源量将达到 1.5 亿吨规模，生物航空燃料的生产规模达到 1200 万吨，可替代 30%的中国航煤需求。2030 年，作为生物航空燃料生产原料的生物质实际可利用资源量将达到 4 亿吨规模，生物航空燃料的生产规模达到 2300 万吨，可替代 50%的中国航煤需求。

三、发展重点

针对制约我国生物质液体燃料产业发展的瓶颈问题，需要依托产学研创新，重点突破原料预处理、木质纤维类梯级转化利用、非粮燃料乙醇/丁醇、生物燃料油制备及生物质汽柴油合成等关键技术，形成生物质液体燃料技术体系。具体包括：推动木质纤维生物质全成分转化，实现液体燃料与平台化合物多元联产，培育纤维素燃料乙醇规模化应用；推动非粮淀粉、糖类原料的燃料乙醇产业化发展，加强副产物的高值化利用；发展非食用油脂高值化利用，建立生物质燃料油和生物质合成燃料工业示范，初步形成规模化生产能力。

1. 木质纤维类生物质梯级转化与多元炼制

以来源丰富的木质纤维类农林废弃物及能源植物为原料，通过定向预处理解构技术开发，生化转化菌剂与工艺构建，高效催化转化技术攻关和热解提纯技术的集成创新，建立针对纤维素、半纤维素、木质素三组分的梯级转化制取高品位燃料联产化学品的技术体系。

2. 非粮淀粉及糖类原料高值化利用

需要开发能源作物培育与边际土地（水域）种植技术，集成优化非粮淀粉及糖类资源生产液体燃料（醇类）关键技术与工艺，以及开发生物质全利用及副产物综合利用技术与装备。通过建立能源作物培育、生物质资源主动获取、高品质燃料生产、副产品精制、高值成分提取技术的产业链条，升级非粮淀粉及糖类原料制备醇类燃料的产业模式。

3. 非食用油脂资源的高值利用

以天然非食用油脂、废弃油脂等为原料，优化酶法生物柴油工艺，攻克催化剂制备、甘油精深加工、生物油重整等关键技术和装备瓶颈，以实现生物柴油、生物航油、多元醇、表面活性剂、生物基增塑剂等重大产品的产业化，形成规模化生产能力，并构建油脂资源多元炼制与精深加工为一体的产业链和技术体系。

参考文献

[1] 前瞻产业研究院. 2019—2024年中国生物质能源行业市场前瞻与投资规划深度分析报告[R]. 深圳：前瞻产业研究院，2018.

[2] 中国经济网. 我国生物燃料乙醇产量全球占比仅3%　不及美国十分之一[EB/OL]. http://www.ce.cn/xwzx/gnsz/gdxw/201803/23/t20180323_28580913.shtml [2018-03-23].

[3] 庞广廉，姜军阳. 燃料乙醇——美国发展经验分享与启示[M]. 北京：化学工业出版社，2018.

[4] 中国农业网. 乙醇汽油与中国农业[EB/OL]. http://zt.agronet.com.cn/201810ycqy/index.html [2018-10-30].

[5] 刘钺，杜风光. 燃料乙醇在我国油品升级中的替代研究[J]. 酿酒科技, 2016(10)：37-39.

[6] 中国报告网. 2018年全球生物柴油行业产量及市场需求现状分析[EB/OL]. http://market.chinabaogao.com/shiyou/04932U4R018.html [2018-04-09].

[7] 中国报告网. 2018年全球生物柴油行业产量及市场需求现状分析[EB/OL]. http://market.chinabaogao.com/shiyou/04932U4R018.html [2018-04-09].

[8] 可再生能源发展中心.中国非粮生物液体燃料试点示范技术选择与评价[R]. 北京：国家发展和改革委员会能源研究所，2008.

[9] 杨娟. 纤维素乙醇的工艺流程模拟及技术经济分析[D]. 大连理工大学硕士学位论文，2014.

[10] 覃彪，朱彬，刘光越，等. 我国地沟油回收处理过程中存在的问题[J]. 遵义师范学院学报，2016, 18(2)：112-114.

[11] 赵光辉，佟华芳，李建忠，等. 生物柴油产业开发现状及应用前景[J]. 当代化工研究，2013(2)：6-10.

[12] 邱云海，刘细本. 生物柴油连续化生产技术研究进展[J]. 山东化工，2013, 42(2)：48-50.

[13] 中国产业经济信息网. 全球乙醇汽油推广百花齐放　目前已占汽油总消费量六成[EB/OL]. http://www.cinic.org.cn/xw/hwcj/413704.html [2017-09-29].

[14] 国家能源局.生物质能发展“十三五”规划[EB/OL]. http://www.gov.cn/xinwen/2016-

12/06/content_5143612.htm [2016-12-06].
[15] 吴伟光，李怒云. 我国林业生物柴油的发展目标、现状及面临的挑战 [J]. 林业科学，2009, 45(11)：141-147.
[16] 张达. 国际航协承诺到 2050 年碳排放减半. http://finance.jrj.com.cn/people/2009/12/1005346613082. shtml [2009-12-10].
[17] 王庆. 生物燃料向航空应用更进一步 [EB/OL]. http://news.sciencenet.cn/sbhtmlnews/2011/11/251365.shtm [2011-11-28].

第二十节　深远海海洋能源综合利用技术展望

彭　雯　盛松伟
（中国科学院广州能源研究所）

一、重要意义

海洋面积占地球总面积约 71%，蕴藏着丰富的能量，是可再生能源的重要组成部分，为人类生产生活提供了取之不尽的能量。加快开发利用海洋能已成为世界沿海国家和地区的普遍共识与一致行动。海洋能被誉为继风能、太阳能等绿色能源之后的“蓝色能源”，包括潮汐能、潮流能、波浪能、温差能、盐差能和海流能。我国海洋能资源丰富，岛屿众多，而大多数偏远岛屿的开发及海上资源开发活动受到能源供应的制约。因此，大力发展海洋能尤其是深远海海洋能源的综合利用技术，既是优化能源结构、拓展蓝色经济空间的战略需要，也是开发利用海洋和海岛、维护海洋权益、建设生态文明的重要选择[1]。根据各类海洋能的特征和分布，深远海海洋能源利用技术主要包括潮流能、波浪能、温差能、海流能的利用。其中海流能发电原理与潮流能发电原理类似，潮流能涡轮机阵列已经近商业化部署，波浪能发电技术正向商业化示范阶段推进，海洋温差发电已进入示范运行阶段[2]。

二、国内外相关研究现状

（一）国外近年来的研究动向

研究潮流能发电的国家有美国、加拿大、日本、韩国及欧洲国家等。潮流能产业在2016年取得显著成果。英国Nova Innovation公司和比利时ELSA公司合作，在苏格兰设得兰省的布卢默尔（Bluemull）海峡部署了世界首个潮流能阵列，由两台100千瓦M100直驱式涡轮机组成，第三台涡轮机于2017年初安装[2]。英国MeyGen项目在2016年底取得阶段性成果，由挪威Andritz Hydro Hammerfest公司设计制造的坐底式水平轴HS-1500潮流能发电装置正式并网[3]。2017年2月，英国Atlantis公司首台1.5兆瓦AR1500潮流能发电机成功布放并发电，布放时采用专利湿插拔技术且耗时不到60分钟，证明了潮流能发电装置快速安装与拆除工程的可能性[3]。MeyGen项目1期工程四台机组共6兆瓦并网，未来该项目装机容量将达400兆瓦，可满足17.5万户家庭的电力供应[2]。英国Scotrenewables潮流能公司在欧洲海洋能源中心（Europe and Marine Energy Centre，EMEC）首次部署其2兆瓦SR 2000涡轮机。SR 2000是全球最新的潮流能发电装置，采用系泊系统，能够预测系泊点的潮流流向，从而维持机体与潮流一致，使发电效率最大化[3]。荷兰Tocardo潮流能公司启动在欧洲海洋能源中心的InToTidal项目[3]。法国Sabella SAS公司在Fromveur Strait完成1兆瓦D10潮流能涡轮机并网测试，为Ushant岛供电[2]。由加拿大Emera公司和法国OpenHydro公司成立的跨国合资公司Cape Sharp Tidal，于2016年11月在加拿大FORCE试验场布放北美最大的潮流能机组——2兆瓦的桩柱式水平轴Open Centre型潮流能发电装置，布放耗时2小时，24小时后并网发电，此装置也被日本环境部选中，于2018年运抵日本并在纳鲁海峡进行布放[3]。

欧盟委员会发起的世界上最大的低碳（CCS）和可再生能源（RES）示范项目投资计划NER300，支持开发生物能源、太阳能、地热、风能、海洋能源、智能电网及碳捕捉与储存等技术。该资金第一批投资的海洋能项目——英国Stroma潮流能发电机组阵列项目，投资1680万欧元，将在英国彭特兰湾内湾建造8兆瓦潮流能发电机组阵列，项目于2017年12月开工，预计5年内完成建造安装等工作。“Horizon 2020”是欧盟目前支持创新研发活动的框架计划，在其2016年支持的9个项目中，有6个是关于波浪能和潮流能技术的[2]。

美国海洋动力科技公司（Ocean Power Technology，OPT）研发的PowerBuoy（PB）波浪发电装置，是比较典型的振荡浮子式波浪发电装置，主要有PB3和PB15两种型号。PB3最大输出功率3千瓦，已达到商业化应用；PB15最大输出功率15千瓦，尚在研发中[4]。

（二）国内的研究发展现状

“十二五”时期，我国海洋能发展迅速，整体水平显著提升，已进入从装备开发到应用示范的发展阶段。我国自主研发了 50 余项海洋能新技术、新装置；多种装置进行了实海况验证，正向装备化、实用化方向发展，部分技术达到国际先进水平，使我国成为世界上为数不多的掌握规模化开发利用海洋能技术的国家之一；一批企业进军海洋能行业，产、学、研紧密结合的海洋能开发队伍初步形成[1]。

自 2002 年，中国许多高校和研究机构参与到潮流发电技术的研究中。哈尔滨工程大学、中国海洋大学、浙江大学及东北师范大学都有样机问世[5]。其中，浙江大学研发的 60 千瓦半直驱式水平轴潮流能发电装置的工程样机于 2014 年 5 月在摘箬山岛海域进行海试[6]。2017 年初，研制我国首台兆瓦级潮流能发电机组的“LHD-L-1000 林东模块化大型海洋潮流能发电机组项目（一期）”，于浙江舟山顺利通过技术验收，一期首套 1 兆瓦的发电机组于 2016 年 7 月在舟山海域下海发电，8 月并入国家电网运行[2]。

中国的波浪发电研究始于 20 世纪 70 年代，最开始研究岸式振荡水柱波浪发电装置，现在以研发漂浮式波浪发电装置为主（包括漂浮式振荡浮子波浪发电装置和漂浮式振荡水柱波浪发电装置）。到 2001 年，中国科学院广州能源研究所已开发出装机容量分别为 10 瓦、60 瓦、100 瓦的振荡水柱波浪发电装置。其中，10 瓦装置用于为航标灯供电，已商业化运行，销售超 800 台。该研究所研发的 10 千瓦、100 千瓦、260 千瓦鹰式波浪能装置均已实现在实海况条件下的稳定运行，其中 100 千瓦鹰式波浪能发电装置在 2015 年 11 月成功投放，并在实海况持续稳定运行，整机转换效率在 20%以上，最高转换效率达到 37.7%，最高发电功率为 128.32 千瓦；260 千瓦漂浮式波-光-储互补平台首次实现了海上波浪能发电装置为海岛居民供电。鹰式波浪能发电技术已获中国、美国、英国和澳大利亚四国发明专利，装置设计图纸获得法国船级社认证，这标志着我国已经跨入世界先进波浪能发电技术国家之列。

2013 年，由国家海洋局第一海洋研究所承担的“15 千瓦温差能发电装置研究及试验”项目通过验收。该项目建立了我国第一个实用温差能发电装置，研制了运行平稳、噪声低、效率高的新型氨透平，使我国继美国和日本之后成为第三个独立掌握海洋温差能发电技术的国家。与美国、日本两国相比，该项目设计的热力循环方式的发电效率更高[7]。

目前，我国海洋能技术发展仍然面临工程示范规模偏小、技术成熟度不高、创新能力不强、公共平台服务能力不足、产业链尚未形成、政策环境有待完善等问题[1]。

三、国内外未来发展前景

（一）国外未来发展展望

2016年，欧盟发布“欧洲海洋能源战略路线图”，为欧洲海洋能领域的未来发展指出了方向[8]。海洋能的发展将：吸引更多的投资和增加就业机会，以拉动经济；减少欧洲对化石能源的过度依赖；在向低碳经济转变及气候变化的对抗中扮演重要角色；利用协同效应和知识传递充分整合蓝色经济附加值；解决偏远海岛高额电价问题[8]。由欧盟“Intereg2 Seas计划”提供资金支持的“MET-certified项目”正在组织一系列海洋能技术的认证研讨会，旨在通过加快国际标准和认证体系的制定，推动更多海洋能项目的产业化发展[9]。据估计，到2020年海洋能源部署的累计容量将达到850兆瓦[8]。

（二）国内未来发展前景

《海洋可再生能源发展“十三五”规划》提出海洋能开发利用的主要目标：到2020年，……核心技术装备实现稳定发电，形成一批高效、稳定、可靠的技术装备产品，工程化应用初具规模，……产业链条基本形成，标准体系初步建立，……全国海洋能总装机规模超过50 000千瓦，建设5个以上海岛海洋能与风能、太阳能等可再生能源多能互补的独立电力系统，……扩大各类海洋能装置生产规模，海洋能开发利用水平步入国际先进行列[1]。其中重点任务如下。

1. 推进海洋能工程化应用

开发高效、稳定、可靠的海洋能技术装备，开展一批海洋能示范工程建设，提高稳定发电能力，推动在海岛供电、海水养殖、海洋仪器供电等领域的实际应用，提升海洋能工程化应用水平；优化潮流能机组整机、叶片、高可靠传动、水下密封、安装基础等技术，重点开发300～1000千瓦模块化、系列化潮流能装备；优化波浪能装备整机、能量捕获、动力输出、锚泊系统等技术，重点开发 50～100 千瓦模块化、系列化波浪能装备；推进潮流能、波浪能示范工程建设；针对海洋观测仪器能源供给需求，开展小型化、模块化海洋能发电装置研制，为海洋观测仪器提供长期、稳定能源供给；围绕深海网箱养殖、海洋牧场建设等需求，开发定制化海洋能发电系统；针对南海开发及其资源环境特点，开展波浪能供电及温差能发电、制冷、制淡等综合利用平台的研发。

2. 积极利用海岛可再生能源

加强成熟海洋能技术在海岛地区的推广应用，结合海岛特殊的自然环境，开发百千瓦级模块化波浪能、潮流能、风能和太阳能发电装备，为海岛居民生活生产、海岛资源保护和海洋权益维护提供能源供给；结合“生态岛礁”工程，优选 5 个以上海岛，开展海岛可再生能源开发利用示范工作，建设多能互补示范电站。

3. 实施海洋能科技创新发展

发展大功率潮流能发电技术，研发单机 500 千瓦潮流能机组，使总体转换效率不低于 41%；开展新一代波浪能发电技术研究，研制单机 100 千瓦波浪能发电装置，使总体转换效率不低于 25%；突破 50 千瓦温差能发电及综合利用关键技术，使热力循环效率在温差 20 摄氏度时达到 3.3%，涡轮机效率达 85%，为南海温差能开发利用奠定基础。

4. 实现由近及远发展战略

持续夯实我国海洋能基础理论研究，突破能量转换关键技术，形成多种型号的集成系统与装备，不断通过实海况应用淬炼装备的可靠性和稳定性；由中国近海向中国远海推进，为我国远海岛屿与装备提供清洁能源，支撑海洋强国战略发展；由中国海域逐步向欧洲波浪能资源丰富的地区与国家推广应用，实现我国的海洋能技术与装备的对外输出。

5. 由单纯发电向综合利用发展

海洋装备易于大型化，海洋能发电装备应由单纯发电向综合利用（即用于科考、旅游、通信、探测、补给等）的方向发展，利用自身结构拓展应用空间，搭载仪器设备，形成海上综合平台，提升海洋能装备经济性，发挥其就地获能、就近利用的优越性。

四、我国的发展策略

2016 年 3 月发布的《中华人民共和国国民经济和社会发展第十三个五年规划纲要》指出，坚持创新发展、协调发展、绿色发展、开放发展、共享发展，是关系我国发展全局的一场深刻变革。创新、协调、绿色、开放、共享的新发展理念是具有内在联系的集合体，是“十三五”乃至更长时期我国发展思路、发展方向、发展着力点的集中体现，必须贯穿于“十三五”经济社会发展的各领域各环节[10]。规划提出建设现代能源体系：优化能源供给结构，提高能源利用效率，建设清洁低碳、安全高效的现代能源体系，维护国家能源安全。在海洋方面，规划提出，“发展海洋经济，科学开发海洋资源，保护海洋生态环境，维护海洋权益，建设海洋强国”。“优化海洋产业结构，发展远洋渔业，推动海水淡化规模化应用，扶持海洋生物医药、海洋装备制造等产业发展，加快发展海洋服务业。发展海洋科学技术，重点在深水、绿色、安全的海洋高技术领域取得突破”。“支持海南利用南海资源优势发展特色海洋经济”。“推进‘一带一路’建设”。“积极推进‘21 世纪海上丝绸之路’战略支点建设”，“畅通海上贸易通道”。

2016 年 11 月发布的《“十三五”国家战略性新兴产业发展规划》指出：战略性新兴产业代表新一轮科技革命和产业变革的方向，是培育发展新动能、获取未来竞争新优势的关键领域[11]。“十三五”时期是战略新兴产业大有可为的战略机遇期，应把战略性新兴产业摆在经济社会发展更加突出的位置。规划将海洋能作为重要支持方向，提出超前布局空天海洋等战略性产业；积极推动多种形式的新能源的综合利用，突破风光互补、先进燃料电池、高效储能与海洋能发电等新能源电力的技术瓶颈，选择适宜区域开展分布式光电、分散式风电、生物质能供气供热、地热能、海洋能等多能互补的新能源的综合开发。

参 考 文 献

[1] 杜燕飞，王静.《可再生能源发展“十三五”规划》全文 [EB/OL]. http://energy.people.com.cn/n1/2016/1219/c71661-28959415.html [2017-01-12].

[2] None. Renewables 2017 global status report [EB/OL]. http://www.ren21.net/gsr-2017/ [2017-06-07].

[3] 佚名. 英国 MeyGen 计划 1 期工程四台机组并网 [J]. 国际海洋能进展快报，2017，7: 1-4.

[4] None. PowerBuoy Product [EB/OL] . http://oceanpowertechnologies.com/product [2019-10-01].

[5]《中国电力百科全书》编辑委员会,《中国电力百科全书》编辑部. 中国电力百科全书新能源发电卷 [M]. 3 版. 北京：中国电力出版社，2014.

[6] 白杨，杜敏，周庆伟，等. 潮流能发电装置现状分析 [J]. 海洋开发与管理，2016，33 (03): 57-63.

[7] 继美日之后我国成第三个独立掌握温差能发电技术国家 [J]. 中国科技信息，2013 (3): 16.

[8] None. Ocean energy strategic roadmap building ocean energy for Europe [EB/OL] . https://webagate.ec.europa.eu/maritimeforum/sites/maritimeforum/files/OceanEnergyForum Roadmap Online Version_08Nov2016.pdf [2016-11-08].

[9] 张多. “MET-certified 项目” 组织召开海洋能技术认证研讨会 [EB/OL]. https://mp.weixin.qq.com/s?__biz=MzIzMzQ5NTY1OA%3D%3D&idx=1&mid=2247483942&sn=2d2ca9fd327e9fb5e027cd90eeb970f1 [2017-08-05].

[10] 佚名. 中华人民共和国国民经济和社会发展第十三个五年规划纲要 [EB/OL]. http://www.npc. gov.cn/wxzl/gongbao/2016-07/08/content_1993756.htm [2016-03-16].

[11] 国务院. 国务院关于印发 “十三五” 国家战略性新兴产业发展规划的通知 [EB/OL]. http://www.gov.cn/zhengce/content/2016-12/19/content_5150090.htm [2016-12-19].

附录 1　德尔菲调查问卷

No.

“支撑创新驱动转型关键领域技术预见与发展战略研究”

先进能源领域

“第二轮德尔菲调查”问卷

（仅需将此问卷寄回，可复印）

中国未来 20 年技术预见研究组
中国先进能源技术预见研究组

二〇一七年十月

邀请函

尊敬的专家：

您好！

感谢您参与了中国科学院组织的先进能源领域的第一轮德尔菲调查工作，也感谢您提出的宝贵、细致的意见，专家组对您的意见都进行了认真的学习与讨论。第一轮德尔菲调查问卷专家选择的统计结果，请见邮件的附件，供您在本轮（第二轮，即最后一轮）填写问卷时参考。

得益于各位的大力支持，第一轮德尔菲调查取得了很好的效果，问卷回收率创了新高，非常感谢您的支持。希望您能再次抽出宝贵的时间参与本次（第二轮）德尔菲调查，在您的支持下将进一步提升预见的效果。第一轮调查中没来得及填写问卷的专家学者，也希望您支持我们的第二轮调查。我们将把调查的结果反馈给您，并在最后的公开报告中对参与调查的专家学者进行公开致谢。

本技术预见项目由现任中国科学院科技战略咨询研究院（原中国科学院科技政策与管理科学研究所）书记穆荣平研究员担任研究组组长，由中国科学院广州能源研究所能源专家陈勇院士担任专家组组长，邀请国内著名专家担任领域专家组成员。拟通过两轮德尔菲调查（技术预见通常为两轮），遴选出先进能源领域 2030 年前重要技术领域和关键技术，并绘制出关键技术发展路线图。该项目研究成果将提供给国家发展和改革委员会、科学技术部、中国科学院、国家自然科学基金委员会等部门参考，并将通过研究报告、媒体报道等方式向社会公开发布。

期望您收到后两周内填写问卷并反馈。您的个人问卷信息保密，问卷仅对技术预见课题研究组成员和课题专家组成员可见。联系方式：×××。

感谢您的参与！

中国未来 20 年技术预见研究组
中国先进能源技术预见研究组
研究组组长：穆荣平研究员 （中国科学院科技战略咨询研究院）
专家组组长：陈勇院士 （中国科学院广州能源研究所）

2017 年 10 月

背景资料

1. 为什么要开展技术预见工作：限于知识结构和研究领域所限，个人很难准确把握未来技术发展趋势，预测其社会经济的影响，进而对国家制定科技发展战略和政策提供系统而全面的建议。技术预见（technology foresight）就是通过集体智慧最大限度地克服这种局限性，运用科学的方法选择出未来优先发展的技术领域和技术课题，为科技和创新决策提供支撑。开展国家技术预见行动计划已经成为各国遴选优先发展技术领域和技术课题的重要活动。日本继 1971 年完成第一次大规模技术预见活动之后，每五年组织一次，至今已经完成十次大型德尔菲调查，并将预见结果和科技发展战略与政策的制定紧密结合起来。荷兰率先在欧洲实施国家技术预见行动计划，其后德国于 1993 年效仿日本组织了第一次技术预见活动，英国、西班牙、法国、瑞典、爱尔兰等国继之而动。此外，澳大利亚、新西兰、韩国、印度、新加坡、泰国、土耳其及南非等大洋洲、亚洲和非洲国家也纷纷开展技术预见活动。

2. 中国科学院第一次技术预见活动：中国科学院 2003 年启动了第一次技术预见活动，全国 2000 余位专家对技术课题的重要性、可行性、实现时间、制约因素等进行了独立判断。该技术预见项目在深入分析全面建设小康社会的重大科技需求的基础上，针对“信息、通信与电子技术”“先进制造技术”“生物技术与药物技术”“能源技术”“化学与化工技术”“资源与环境技术”“空间科学与技术”“材料科学与技术”8 个技术领域，邀请国内 70 余位著名技术专家组成了 8 个领域专家组，400 余位专家组成了 63 个技术子领域专家组，遴选出 737 项重要技术课题并进行了两轮德尔菲调查。调查结果在国内外产生了广泛的影响，出版了《中国未来 20 年技术预见》、《中国未来 20 年技术预见（续）》、《技术预见报告 2005》和《技术预见报告 2008》等学术著作，为科学技术发展政策的制定提供了有力的参考。

一、专家信息调查

请在问卷调查回函时留下您的联系方式，以便我们与您联系。另外请填写您的基本信息，以便我们了解问卷作答人的特征。该信息保密。

专家姓名							性别		所属部门				研究方向	
年龄段	20～30 岁	31～40 岁	41～50 岁	51～60 岁	61～70 岁	71 岁以上	男	女	高校	政府部门	企业	其他	电　话	
请选择“√”													E-mail	
通信地址							邮　编						传　真	

二、技术子领域调查

请您分别判断各子领域在 2017～2020 年和 2021～2030 年对中国*的重要性，并在“对促进经济增长的重要程度”“对提高生活质量的重要程度”“对保障国家安全的重要程度”三栏内，请根据您的判断，选择填写 A、B、C、D 四种答案：A. 很重要；B. 重要；C. 较重要；D. 不重要。

重要程度 \ 技术子领域		化石能源	太阳能	风能	生物质能、海洋能及地热能	核能与安全	氢能与燃料电池	新型电网	节能与储能	新型能源系统
2017～2020 年	对促进经济增长的重要程度									
	对提高生活质量的重要程度									
	对保障国家安全的重要程度									
2021～2030 年	对促进经济增长的重要程度									
	对提高生活质量的重要程度									
	对保障国家安全的重要程度									

* 此处不含香港、澳门和台湾情况。

填表须知：（1）在“对促进经济增长的重要程度”“对提高生活质量的重要程度”“对保障国家安全的重要程度”三栏内，请根据您的判断，选择填写 A、B、C、D 四种答案：A. 很重要；B. 重要；C. 较重要；D. 不重要。

（2）除上述三栏外，请在各栏目相应的空格内划“√”或做具体说明。

三、技术课题调查

本次调查涉及的技术课题的描述请见“先进能源领域技术预见技术课题描述”，请对您了解的及感兴趣的技术课题作答，无需全部作答。

（1）在“对促进经济增长的重要程度”“对提高生活质量的重要程度”“对保障国家安全的重要程度”三栏内，请根据您的判断，选择填写A、B、C、D四种答案：A. 很重要；B. 重要；C. 较重要；D. 不重要。

（2）除上述三栏外，请在各栏目相应的空格内划“√”（可复制粘贴，也可以选择用阿拉伯数字“1”代替“√”）或做具体说明。

范例：

技术子领域	技术课题编号	技术课题	您对该课题的熟悉程度（仅选择一项）				在中国*预计实现时间（仅选择一项）					对促进经济增长的重要程度	对提高生活质量的重要程度	对保障国家安全的重要程度	当前中国*的研究开发水平（仅选择一项）			技术水平领先国家（地区）（可做多项选择）					当前制约该技术课题发展的因素（可做多项选择）					
			很熟悉	熟悉	一般	不熟悉	2020年前	2021～2025年	2026～2030年	2030年以后	无法预见				国际领先	接近国际水平	落后国际水平	美国	日本	欧盟	俄罗斯	其他（请填写）	技术可能性	商业可行性	法规、政策和标准	人力资源	研究开发投入	基础设施
				√								C	C	A			√	√								√	√	

* 此处不含香港、澳门和台湾情况。

填表须知：（1）在“对促进经济增长的重要程度”“对提高生活质量的重要程度”“对保障国家安全的重要程度”三栏内，请根据您的判断，选择填写 A、B、C、D 四种答案：A. 很重要；B. 重要；C. 较重要；D. 不重要。

（2）除上述三栏外，请在各栏目相应的空格内划“√”或做具体说明。

德尔菲调查问卷正文：

技术子领域	技术课题编号	技术课题	您对该课题的熟悉程度（仅选择一项）				在中国*预计实现时间（仅选择一项）					对促进经济增长的重要程度	对提高生活质量的重要程度	对保障国家安全的重要程度	当前中国*的研究开发水平（仅选择一项）			技术水平领先国家（地区）（可做多项选择）					当前制约该技术课题发展的因素（可做多项选择）					
			很熟悉	熟悉	一般	不熟悉	2020年前	2021～2025年	2026～2030年	2030年以后	无法预见				国际领先	接近国际水平	落后国际水平	美国	日本	欧盟	俄罗斯	其他（请填写）	技术可能性	商业可行性	法规、政策和标准	人力资源	研究开发投入	基础设施
化石能源	Ⅱ-1	开发出低阶煤分级液化与费托合成耦合技术																										
	Ⅱ-2	天然气水合物安全、高效开采技术得到商业应用																										
	Ⅱ-3	单炉 1000 吨级/天规模的加压流化床煤催化加氢气化制甲烷技术获得实际应用																										
	Ⅱ-4	单炉 2000 吨级/天规模的多喷嘴对置式粉煤加压气化技术获得实际应用																										
	Ⅱ-5	百万吨级的富氧燃烧碳捕集发电技术获得实际应用																										
	Ⅱ-6	10 万吨级的煤经甲醇/二甲醚制清洁柴油添加剂技术获得实际应用																										
	Ⅱ-7	煤制丙烯关键技术获得实际应用																										

续表

技术子领域	技术课题编号	技术课题	您对该课题的熟悉程度（仅选择一项）				在中国*预计实现时间（仅选择一项）					对促进经济增长的重要程度	对提高生活质量的重要程度	对保障国家安全的重要程度	当前中国*的研究开发水平（仅选择一项）			技术水平领先国家（地区）（可做多项选择）					当前制约该技术课题发展的因素（可做多项选择）					
			很熟悉	熟悉	一般	不熟悉	2020年前	2021～2025年	2026～2030年	2030年以后	无法预见				国际领先	接近国际水平	落后国际水平	美国	日本	欧盟	俄罗斯	其他（请填写）	技术可能性	商业可行性	法规、政策和标准	人力资源	研究开发投入	基础设施
化石能源	Ⅱ-8	十万吨级的煤基甲醇制高附加值芳烃技术获得实际应用																										
	Ⅱ-9	煤基氧热法电石生产技术获得实际应用																										
	Ⅱ-10	适应复杂赋存条件煤层气的开采技术实现工业应用																										
	Ⅱ-11	开发出使用 750 摄氏度蒸汽、热效率超过 50%的超超临界蒸汽发电机组																										
太阳能	Ⅱ-12	高效新型太阳电池材料以及电池制备的关键技术取得突破																										
	Ⅱ-13	高效薄膜电池材料以及器件工艺技术取得突破																										
	Ⅱ-14	高效叠层太阳电池以及制备技术取得突破																										

续表

技术子领域	技术课题编号	技术课题	您对该课题的熟悉程度（仅选择一项）				在中国*预计实现时间（仅选择一项）					对促进经济增长的重要程度	对提高生活质量的重要程度	对保障国家安全的重要程度	当前中国*的研究开发水平（仅选择一项）			技术水平领先国家（地区）（可做多项选择）					当前制约该技术课题发展的因素（可做多项选择）					
			很熟悉	熟悉	一般	不熟悉	2020年前	2021～2025年	2026～2030年	2030年以后	无法预见				国际领先	接近国际水平	落后国际水平	美国	日本	欧盟	俄罗斯	其他（请填写）	技术可能性	商业可行性	法规、政策和标准	人力资源	研究开发投入	基础设施
太阳能	Ⅱ-15	硅电池材料制备及器件效率取得重大突破																										
	Ⅱ-16	标准条件下太阳能晶硅电池转换效率超过 60%的技术获得突破																										
	Ⅱ-17	建成我国 7 个典型气候区的光伏系统实证性研究的测试基地																										
	Ⅱ-18	深度节水型太阳能热发电得到应用																										
	Ⅱ-19	大容量太阳能储能系统得到实际应用																										
	Ⅱ-20	热色智能节能玻璃获得实际应用和大规模推广																										

续表

技术子领域	技术课题编号	技术课题	您对该课题的熟悉程度（仅选择一项）				在中国*预计实现时间（仅选择一项）					对促进经济增长的重要程度	对提高生活质量的重要程度	对保障国家安全的重要程度	当前中国*的研究开发水平（仅选择一项）			技术水平领先国家（地区）（可做多项选择）					当前制约该技术课题发展的因素（可做多项选择）					
			很熟悉	熟悉	一般	不熟悉	2020年前	2021～2025年	2026～2030年	2030年以后	无法预见				国际领先	接近国际水平	落后国际水平	美国	日本	欧盟	俄罗斯	其他（请填写）	技术可能性	商业可行性	法规、政策和标准	人力资源	研究开发投入	基础设施
风能	Ⅱ-21	建立我国不同区域、地形下的典型风能资源数据库及共享服务系统																											
	Ⅱ-22	建立适合我国环境、气候特点的风电机组设计体系并研制设备																											
	Ⅱ-23	实现 10～20 兆瓦大型风电机组的产业化																											
	Ⅱ-24	研制出可测试 10～20 兆瓦大型海上风电机组及其关键部件的试验测试装置																											
	Ⅱ-25	电网友好且可与其他电源协同运行的智能化风电场技术得到广泛应用																											
	Ⅱ-26	开发出大型海上风电场成套关键技术																											

续表

技术子领域	技术课题编号	技术课题	您对该课题的熟悉程度（仅选择一项）				在中国*预计实现时间（仅选择一项）					对促进经济增长的重要程度	对提高生活质量的重要程度	对保障国家安全的重要程度	当前中国*的研究开发水平（仅选择一项）			技术水平领先国家（地区）（可做多项选择）					当前制约该技术课题发展的因素（可做多项选择）					
			很熟悉	熟悉	一般	不熟悉	2020年前	2021～2025年	2026～2030年	2030年以后	无法预见				国际领先	接近国际水平	落后国际水平	美国	日本	欧盟	俄罗斯	其他（请填写）	技术可能性	商业可行性	法规、政策和标准	人力资源	研究开发投入	基础设施
生物质能、海洋能及地热能	Ⅱ-27	掌握风电设备回收处理及循环再利用技术并开展应用示范																										
	Ⅱ-28	万吨级生物航空煤油获得产业化突破																										
	Ⅱ-29	高品质、高效制备的生物燃气获得广泛应用																										
	Ⅱ-30	高效制备的非粮燃料乙醇实现示范应用																										
	Ⅱ-31	低值废弃油脂炼制的生物柴油得到广泛应用																										
	Ⅱ-32	利用生物质规模化合成先进生物燃料的技术获得实际应用																										
	Ⅱ-33	固体成型燃料制备关键技术与装备获得广泛应用																										

续表

技术子领域	技术课题编号	技术课题	您对该课题的熟悉程度（仅选择一项）				在中国*预计实现时间（仅选择一项）					对促进经济增长的重要程度	对提高生活质量的重要程度	对保障国家安全的重要程度	当前中国*的研究开发水平（仅选择一项）			技术水平领先国家（地区）（可做多项选择）					当前制约该技术课题发展的因素（可做多项选择）					
			很熟悉	熟悉	一般	不熟悉	2020年前	2021～2025年	2026～2030年	2030年以后	无法预见				国际领先	接近国际水平	落后国际水平	美国	日本	欧盟	俄罗斯	其他（请填写）	技术可能性	商业可行性	法规、政策和标准	人力资源	研究开发投入	基础设施
生物质能、海洋能及地热能	Ⅱ-34	生物基材料制造及其化学品生产的关键技术获得实际应用																										
	Ⅱ-35	高燃烧效率、少炉膛结渣的生物质发电得到广泛商业应用																										
	Ⅱ-36	高生物量能源植物资源培育与规模化种植得到实际应用																										
	Ⅱ-37	波浪能发电获得突破性实际应用																										
	Ⅱ-38	温差能发电获得技术突破																										
	Ⅱ-39	地热能高效梯级利用技术得到广泛应用																										
	Ⅱ-40	中高温地热井井下防垢技术得到广泛应用																										
	Ⅱ-41	深层地热技术获得技术突破																										

续表

技术子领域	技术课题编号	技术课题	您对该课题的熟悉程度（仅选择一项）				在中国*预计实现时间（仅选择一项）					对促进经济增长的重要程度	对提高生活质量的重要程度	对保障国家安全的重要程度	当前中国*的研究开发水平（仅选择一项）			技术水平领先国家（地区）（可做多项选择）					当前制约该技术课题发展的因素（可做多项选择）					
			很熟悉	熟悉	一般	不熟悉	2020年前	2021～2025年	2026～2030年	2030年以后	无法预见				国际领先	接近国际水平	落后国际水平	美国	日本	欧盟	俄罗斯	其他（请填写）	技术可能性	商业可行性	法规、政策和标准	人力资源	研究开发投入	基础设施
核能与安全	Ⅱ-42	紧凑型和一体化小型压水堆获得实际应用																										
	Ⅱ-43	模块化高温气冷堆得到广泛应用																										
	Ⅱ-44	钠冷快堆电站获得商业化应用																										
	Ⅱ-45	百兆瓦级的铅基快堆获得实际应用																										
	Ⅱ-46	百兆瓦级的加速器驱动先进核能系统获得实际应用																										
	Ⅱ-47	核燃料后处理技术获得实际应用																										
	Ⅱ-48	百兆瓦级钍基熔盐堆核能系统获得实际应用																										
	Ⅱ-49	聚变堆取得示范性应用成果																										

续表

技术子领域	技术课题编号	技术课题	您对该课题的熟悉程度（仅选择一项）				在中国*预计实现时间（仅选择一项）					对促进经济增长的重要程度	对提高生活质量的重要程度	对保障国家安全的重要程度	当前中国*的研究开发水平（仅选择一项）			技术水平领先国家（地区）（可做多项选择）					当前制约该技术课题发展的因素（可做多项选择）					
			很熟悉	熟悉	一般	不熟悉	2020年前	2021～2025年	2026～2030年	2030年以后	无法预见				国际领先	接近国际水平	落后国际水平	美国	日本	欧盟	俄罗斯	其他（请填写）	技术可能性	商业可行性	法规、政策和标准	人力资源	研究开发投入	基础设施
氢能与燃料电池	Ⅱ-50	国产化的质子交换膜燃料电池关键材料与部件获得实际应用																										
	Ⅱ-51	100 千瓦级全功率、寿命达 5000 小时以上的车用燃料电池获得实际应用																										
	Ⅱ-52	千瓦至百千瓦级质子交换膜燃料电池分布式供能系统得到实际应用																										
	Ⅱ-53	开发出阴阳极贵金属用量<1 毫克/厘米^2、系统能量密度>400 瓦·时/千克、系统运行寿命>3000 小时的直接甲醇燃料电池技术																										
	Ⅱ-54	非贵金属燃料电池不间断电源技术得到实际应用																										
	Ⅱ-55	基于固体氧化物燃料电池技术的分布式供能站得到实际应用																										

续表

技术子领域	技术课题编号	技术课题	您对该课题的熟悉程度（仅选择一项）				在中国*预计实现时间（仅选择一项）					对促进经济增长的重要程度	对提高生活质量的重要程度	对保障国家安全的重要程度	当前中国*的研究开发水平（仅选择一项）			技术水平领先国家（地区）（可做多项选择）					当前制约该技术课题发展的因素（可做多项选择）					
			很熟悉	熟悉	一般	不熟悉	2020年前	2021～2025年	2026～2030年	2030年以后	无法预见				国际领先	接近国际水平	落后国际水平	美国	日本	欧盟	俄罗斯	其他（请填写）	技术可能性	商业可行性	法规、政策和标准	人力资源	研究开发投入	基础设施
氢能与燃料电池	Ⅱ-56	百千瓦级固体氧化物燃料电池发电系统获得实际应用																										
	Ⅱ-57	开发分散电站工况条件下的分布式化石燃料重整制氢技术并进行示范推广应用																										
	Ⅱ-58	小型化石燃料重整制氢形成标准化的加氢站现场制氢模式并进行示范应用																										
	Ⅱ-59	基于可再生能源的电解水制氢技术获得实际应用																										
	Ⅱ-60	转换效率达 20%以上的太阳能光解水制氢技术获得突破																										
	Ⅱ-61	100 兆瓦级大规模“电转气”综合应用体系得以建立																										
	Ⅱ-62	开发出以储氢材料为介质的车载储氢技术																										
	Ⅱ-63	开发出兆瓦级固体氧化物燃料电池和燃气轮机联合循环发电系统																										

续表

技术子领域	技术课题编号	技术课题	您对该课题的熟悉程度（仅选择一项）				在中国*预计实现时间（仅选择一项）					对促进经济增长的重要程度	对提高生活质量的重要程度	对保障国家安全的重要程度	当前中国*的研究开发水平（仅选择一项）			技术水平领先国家（地区）（可做多项选择）					当前制约该技术课题发展的因素（可做多项选择）					
			很熟悉	熟悉	一般	不熟悉	2020年前	2021～2025年	2026～2030年	2030年以后	无法预见				国际领先	接近国际水平	落后国际水平	美国	日本	欧盟	俄罗斯	其他（请填写）	技术可能性	商业可行性	法规、政策和标准	人力资源	研究开发投入	基础设施
新型电网	Ⅱ-64	电压等级达±500 千伏及以上的柔性直流输电系统得到实际应用																											
	Ⅱ-65	超导直流输电技术将实现示范																											
	Ⅱ-66	10～20 千伏的交直流混合配电网技术得到广泛应用																											
	Ⅱ-67	基于可再生能源的 1～10 兆瓦级的冷热电联供分布式智慧能源系统得到应用																											
	Ⅱ-68	微电网集群的统一运行控制技术得到一定规模的应用																											
	Ⅱ-69	电网与信息融合的信息物理系统关键技术在电网中得到应用																											
	Ⅱ-70	高精度（95%以上）可再生能源发电功率预测预报技术得到广泛应用																											

续表

技术子领域	技术课题编号	技术课题	您对该课题的熟悉程度（仅选择一项）				在中国*预计实现时间（仅选择一项）					对促进经济增长的重要程度	对提高生活质量的重要程度	对保障国家安全的重要程度	当前中国*的研究开发水平（仅选择一项）			技术水平领先国家（地区）（可做多项选择）					当前制约该技术课题发展的因素（可做多项选择）					
			很熟悉	熟悉	一般	不熟悉	2020年前	2021～2025年	2026～2030年	2030年以后	无法预见				国际领先	接近国际水平	落后国际水平	美国	日本	欧盟	俄罗斯	其他（请填写）	技术可能性	商业可行性	法规、政策和标准	人力资源	研究开发投入	基础设施
新型电网	Ⅱ-71	微型电力传感器及其自供能技术达到实用化水平																										
	Ⅱ-72	宽禁带电力电子器件将在电力电子装备中得到一定规模的应用																										
	Ⅱ-73	新型电介质材料与磁性材料在电力设备中得到实际应用																										
节能与储能	Ⅱ-74	以 CO_2 为工质的高效热泵及余热回收技术将得到广泛应用																										
	Ⅱ-75	开发出制冷能效 COP>10、热泵能效 COP>6 的高效民用空调技术																										
	Ⅱ-76	基于大数据的建筑、工厂及园区能源管理的技术（EMS）将得到大规模应用																										
	Ⅱ-77	开发出整体效率达到250流/瓦的更高效 LED 灯具																										

续表

技术子领域	技术课题编号	技术课题	您对该课题的熟悉程度（仅选择一项）				在中国*预计实现时间（仅选择一项）					对促进经济增长的重要程度	对提高生活质量的重要程度	对保障国家安全的重要程度	当前中国*的研究开发水平（仅选择一项）			技术水平领先国家（地区）（可做多项选择）					当前制约该技术课题发展的因素（可做多项选择）					
			很熟悉	熟悉	一般	不熟悉	2020年前	2021～2025年	2026～2030年	2030年以后	无法预见				国际领先	接近国际水平	落后国际水平	美国	日本	欧盟	俄罗斯	其他（请填写）	技术可能性	商业可行性	法规、政策和标准	人力资源	研究开发投入	基础设施
节能与储能	Ⅱ-78	开发出热效率超过 50%的车用汽油发动机和柴油发动机																										
	Ⅱ-79	开发出综合热效率达到60%以上的燃气轮机热电联合循环技术																										
	Ⅱ-80	开发出热电比可在 0～2.0 范围内自由调节的 1～2 兆瓦内燃机热电冷联合循环技术																										
	Ⅱ-81	能量密度达到 600 瓦·时/千克、循环次数超过 10 000 次的全固态锂电池将得到大规模应用																										
	Ⅱ-82	开发出成本低、循环寿命长、能量密度高、安全性好、易回收的新型锂离子电池																										
	Ⅱ-83	开发出循环寿命超过 10 000 次、充放电速度快、成本低的大规模储能电池并得到广泛应用																										

续表

技术子领域	技术课题编号	技术课题	您对该课题的熟悉程度（仅选择一项）				在中国*预计实现时间（仅选择一项）					对促进经济增长的重要程度	对提高生活质量的重要程度	对保障国家安全的重要程度	当前中国*的研究开发水平（仅选择一项）			技术水平领先国家（地区）（可做多项选择）					当前制约该技术课题发展的因素（可做多项选择）					
			很熟悉	熟悉	一般	不熟悉	2020年前	2021～2025年	2026～2030年	2030年以后	无法预见				国际领先	接近国际水平	落后国际水平	美国	日本	欧盟	俄罗斯	其他（请填写）	技术可能性	商业可行性	法规、政策和标准	人力资源	研究开发投入	基础设施
节能与储能	Ⅱ-84	开发出能量密度高、充放电速度快、成本低的超级电容器并得到广泛应用																										
	Ⅱ-85	开发出成本低、效率高、相应速度快的机械储能及相变储能技术并得到实际应用																										
新型能源系统	Ⅱ-86	实现可再生能源与化石能源的深度融合及协调运行																										
	Ⅱ-87	分布式微能源网获得广泛应用																										
	Ⅱ-88	直流发电、直流用电及直流输电成套技术获得实际应用																										
	Ⅱ-89	终端一体化多能互补集成供能系统获得广泛应用																										
	Ⅱ-90	大型风光水火储多能互补系统获得实际应用																										
	Ⅱ-91	区域性以可再生能源为主能源系统获得实际应用																										

* 此处不含香港、澳门和台湾情况。

填表须知：（1）在“对促进经济增长的重要程度”“对提高生活质量的重要程度”“对保障国家安全的重要程度”三栏内，请根据您的判断，选择填写 A、B、C、D 四种答案：A. 很重要；B. 重要；C. 较重要；D. 不重要。

（2）除上述三栏外，请在各栏目相应的空格内划“√”或做具体说明。

尊敬的专家：

感谢您回答“支撑创新驱动转型关键领域技术预见与发展战略研究”先进能源领域第二轮德尔菲调查问卷。

如果您对本研究部分内容的撰写与设计有何建议或意见，请不吝赐教！再次向您表示衷心的感谢！

您的建议和意见（包括对技术课题的建议和对本次德尔菲调查的建议）：

附录 2　德尔菲调查问卷回函专家名单

丁立健　卜广全　万宝年　万跃鹏　上官文峰　马万里　马小兵　马文会　马伟斌　马重芳　马晓茜　马紫峰

王　欣　王　胜　王　巍　王卫权　王为民　王正伟　王议峰　王成山　王伟胜　王如竹　王志光　王志峰　王秀江

王纬胜　王鸣魁　王建平　王建国　王绍荣　王树杰　王树荣　王贵玲　王保国　王海涛　王辅臣　王银顺　王斯永

王斯成　王景甫　王勤辉　王蔚国　王霁雪　韦统振　车得福　毛　庆　毛宗强　公茂琼　方贵银　计建炳　孔文俊

邓文安　邓占锋　艾　欣　艾新平　石　磊　石文星　石书田　石定环　龙　斌　占肖卫　卢琛钰　叶轩立　叶杭冶

叶活动　田长青　史　琳　史永谦　史宏达　白　进　白宗庆　白博峰　冯开明　冯自平　冯志强　邢　巍　邢丹敏

毕继诚　吕　喆　朱文良　朱立新　朱庆福　朱松强　朱明远　朱俊生　朱家玲　朱锡峰　乔光辉　任国峰　庄岳兴

刘　永　刘　兵　刘　春　刘　洋　刘　琦　刘　蕾　刘　臻　刘久荣　刘丰珍　刘中民　刘长鹏　刘正新　刘永生

刘永康　刘伟军　刘延俊　刘向鑫　刘志宏　刘青松　刘忠文　刘金平　刘建国　刘荣厚　刘振宇　刘振武　刘晓风

刘晓晶　刘继平　刘敏胜　刘瑞卿　齐志刚　闫　晓　闫　巍　闫常峰　汤　浩　汤　涌　汤广福　安恩利　安恩科

许　敏　许　颖　许天福　许洪华　阮殿波　孙　云　孙　鸣　孙　凯　孙　铭　孙大林　孙予罕　孙永明　孙吉良

孙茂林　孙树敏　孙彦铮　孙铁囤　孙韵琳　严大洲　严志坚　苏建徽　李　文　李　伟　李　政　李　莉　李　斌

李　富　李　鹏　李文华　李文哲　李书升　李成榕　李伟善　李庆民　李亦伦　李怀林　李国滨　李昌珠　李春启

李保庆　李俊峰　李海东　李海光　李新刚　李霞林　李耀华　杨　承　杨　珏　杨　辉　杨　磊　杨　震　杨上峰

杨仕超　杨立友　杨勇平　杨敏林　杨鲁伟　杨德仁　来小康　肖旭东　肖泽军　肖湘宁　时振刚　吴卫泽　吴玉庭

吴创之　吴国光　吴爱民　吴浩宇　吴越峰　何　焱　何　源　何国庆　何晋伟　何桂雄　邹占武　邹新京　闵　勇

沙济通　沈文忠　沈德昌　怀　平　宋　强　宋小明　宋文萍　宋玉江　宋记锋　宋传江　宋树芹　宋琛修　宋登元

迟永宁　张　平　张　亮　张　理　张　磊　张　臻　张大雷　张开华　张文忠　张正国　张东辉　张生栋　张立芳

张永发　张存满　张全国　张秀芝　张灵志　张若谷　张国民　张明明　张征明　张宝全　张建树　张建胜　张香平

张剑波　张雪明　张雪荧　张智伟　张献中　张静全　陆道纲　陈　军　陈　勇　陈　垒　陈　萍　陈　堃　陈　淳
陈　颖　陈义学　陈凤云　陈永翀　陈红丽　陈红征　陈国海　陈树明　陈党慧　陈海生　陈雪松　陈鸿雁　陈维江
陈琳琳　邵双全　苗　强　茆美琴　苑丁丁　林　红　林　原　林　琦　林安中　林继铭　国德防　明平文　易维明
罗二仓　季　杰　岳光溪　金永成　周　浪　周二军　周云龙　周安宁　周红军　周志伟　周劲松　周惠琼　冼海珍
郑文华　郑泽东　郑津洋　房倚天　孟庆波　赵　为　赵　兵　赵　海　赵　斌　赵　楠　赵大平　赵玉文　赵立欣
赵永椿　赵争鸣　赵春江　赵新生　郝　勇　胡　达　胡书举　胡正国　胡林华　胡浩权　查永进　查鲲鹏　相宏伟
柳志成　钟新华　段天英　段世慈　侯　明　侯立军　侯永平　侯剑辉　施正伦　姜培学　姜鲁华　洪瑞江　姚　洪
姚元根　姚兴佳　姚陶生　贺艳兵　贺德馨　骆仲泱　骆兆军　秦　芝　秦世耀　秦张峰　秦海岩　袁　伟　袁中山
夏长荣　夏超英　夏登文　顾　龙　顾汉洋　徐　征　徐石明　徐进良　徐保民　徐恒泳　徐维林　徐瑚珊　徐德录
高士秋　高文飞　高学农　郭　强　郭文勇　郭经红　郭炳庆　唐　江　唐　骏　唐永卫　陶以彬　陶诗涌　陶树旺
黄　伟　黄　金　黄戒介　黄劲松　黄国华　黄学杰　黄绵延　梅生伟　曹仁贤　曹欣荣　曹景沛　龚成明　常华健
崔　平　崔　翔　崔光磊　崔新维　康重庆　康智俊　鹿院卫　章　桐　章学来　阎兴斌　梁　鹏　梁振兴　隋　军
揭建胜　彭子龙　彭景平　葛云征　葛庆杰　葛君杰　董玉杰　蒋方明　蒋利军　韩　立　韩中合　韩宏伟　韩武林
韩英铎　韩怡卓　韩培德　韩敏芳　惠　东　程谟杰　傅　闯　储富祥　鲁　瑾　童建忠　曾湘波　游亚戈　游经碧
谢　君　谢尉扬　靳殷实　靳巍巍　雷廷宙　简弃非　解　衡　蔡国田　蔡昌达　蔡翔舟　裴　玮　裴普成　漆小玲
谭　毅　谭占鳌　缪　平　樊卫斌　樊栓狮　黎作武　颜克君　潘　旭　潘　牧　魏　伟　魏进家　魏贤勇